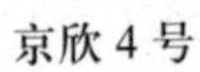

京欣 4 号

拿比特品种坐果情况

西农 8 号

金　碧

京抗 2 号

金　福

大总统

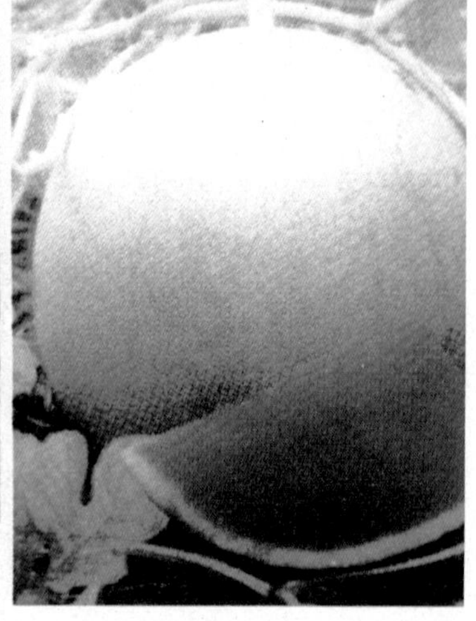

洞庭 2 号

丰乐8号

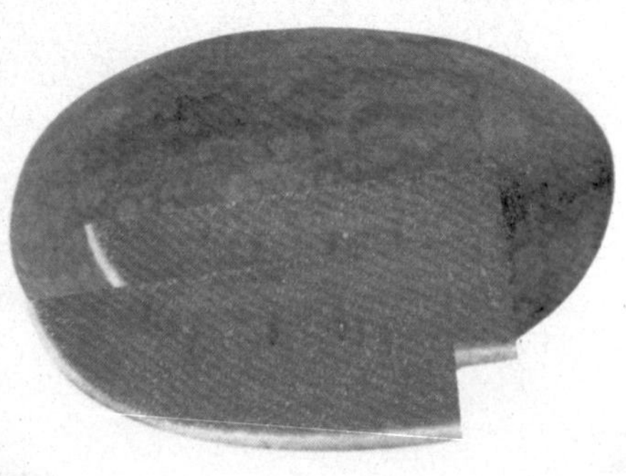

春　光

特小凤

拿比特

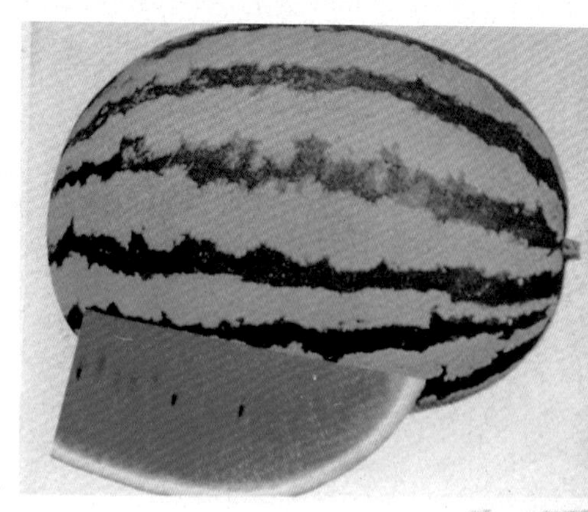

小天使

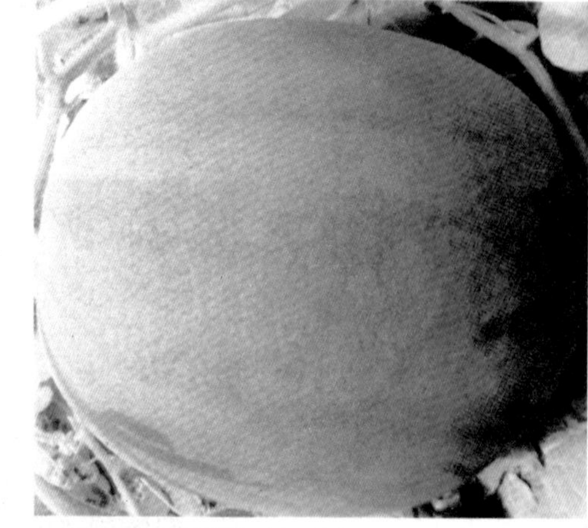

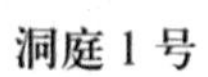

洞庭 1 号

墨童无籽

京欣无籽

小龄童无籽

绿龄童无籽

无籽 2 号

金蜜童无籽

高锰酸钾溶液浸种消毒

特早红

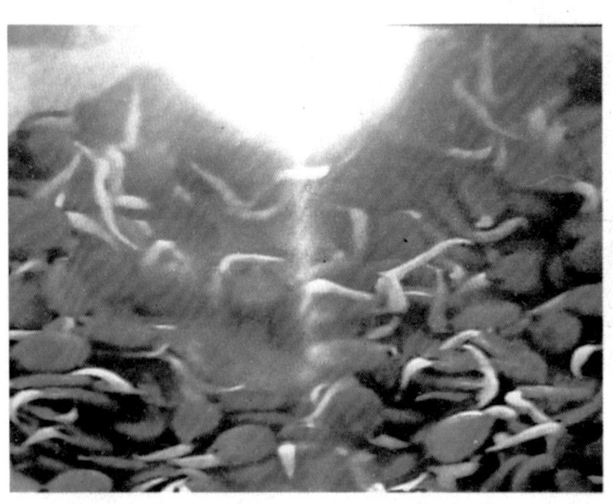

西瓜催芽过长，
用紫光灯照射

嫁接西瓜子叶苗

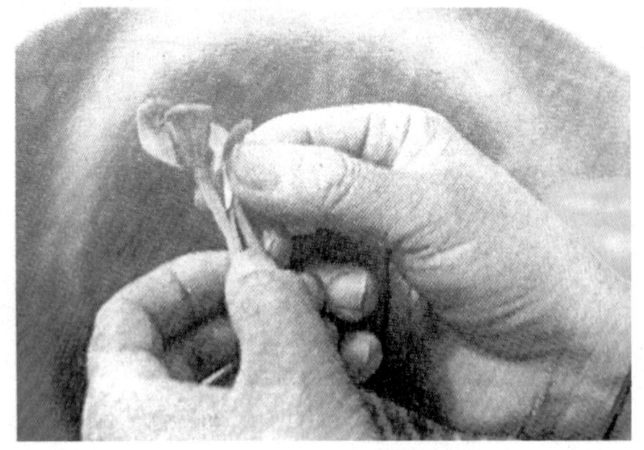

西瓜嫁接苗

西瓜蔓切段扦插
生根情况

西瓜植株同向整枝

人工授粉

西瓜枯萎病

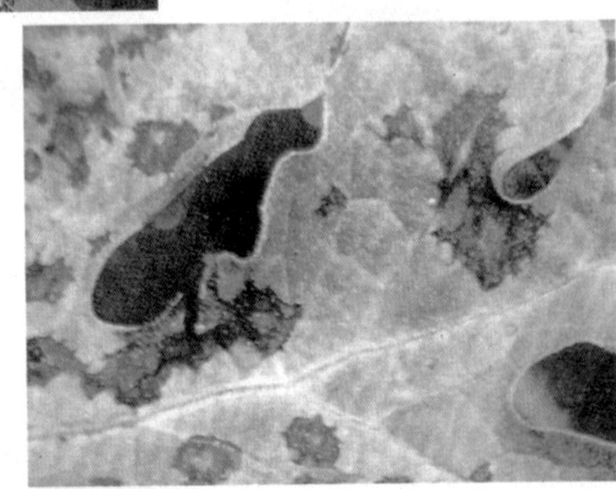

西瓜炭疽病叶片

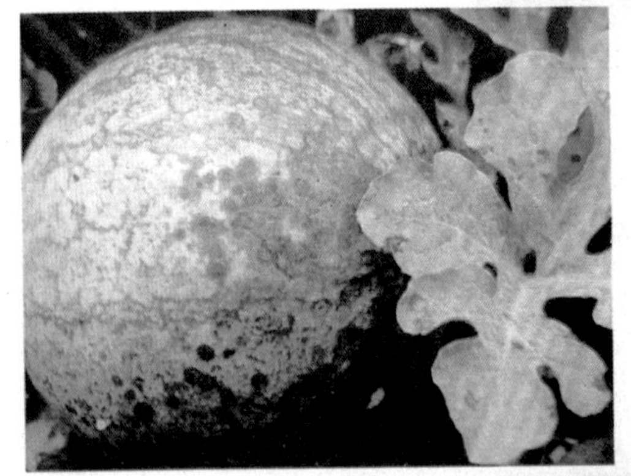

西瓜炭疽病

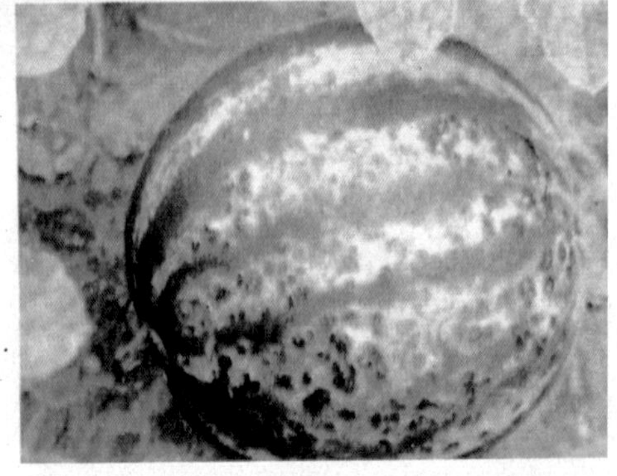

西瓜炭疽病果实

西瓜栽培新技术

主　编

贾文海

副主编

吴春光　贾学连

编著者

贾文海　吴春光　贾学连　张春雨

王涵仪　张　峰　刘旭东

金盾出版社

内 容 提 要

本书由原中国园艺学会西瓜甜瓜协会理事、山东省农业劳动模范、山东省西瓜甜瓜专业委员会副主任、西瓜栽培研究专家贾文海主编，内容包括西瓜栽培基础知识、品种选择及种子检验，西瓜常规栽培、棚室栽培、特殊栽培和无籽西瓜栽培技术，西瓜的间种套作，西瓜种植专家经验介绍、西瓜病虫草害防治及西瓜的收获与贮藏等10章。全书紧密结合西瓜生产实际，全面而又有重点地介绍了西瓜栽培的最新技术成果，先进性、实用性和可操作性强，文字通俗易懂，适合基层农业技术人员和广大农民阅读，对西瓜生产将起到指导和促进作用。

图书在版编目(CIP)数据

西瓜栽培新技术/贾文海主编.— 北京 ：金盾出版社，2010.7
(2019.4 重印)
ISBN 978-7-5082-6473-8

Ⅰ.①西… Ⅱ.①贾… Ⅲ.①西瓜—瓜果园艺 Ⅳ.①S651

中国版本图书馆 CIP 数据核字(2010)第 106619 号

金盾出版社出版、总发行
北京太平路 5 号(地铁万寿路站往南)
邮政编码：100036 电话：68214039 83219215
传真：68276683 网址：www.jdcbs.cn
北京印刷一厂印刷、装订
各地新华书店经销
开本：850×1168 1/32 印张：11.75 彩页：8 字数：277 千字
2019 年 4 月第 1 版第 7 次印刷
印数：30 001～33 000 册 定价：36.00 元

前 言

西瓜在发展高产优质高效农业中具有重要地位。西瓜优质高产栽培技术，特别是设施栽培、特殊栽培和无籽西瓜栽培新技术等又是发展西瓜生产、提高农业经济效益的关键。

随着西瓜栽培技术的不断发展，一些高新技术、优良新品种、科研新成果等应运而生。为了适应西瓜生产、科研、教学的需要和满足广大瓜农了解和掌握西瓜生产新技术、新品种、新方法等最新成果的需求，我们组织部分全国著名西瓜专家，深入西瓜栽培生产区进行实地考察，特别是通过与老“瓜把式”及“西瓜状元”的促膝交谈，结合当前国内外有关西瓜生产发展的部分信息，经系统整理，编写了今天与广大读者见面的这本书。

本书以先基础知识，后实际操作，有理论、有实践的基本思路，依次将西瓜产业的产前、产中、产后有关技术分别介绍。力求通俗易懂，注重实用。只要通读全书或所需部分，即使从未接触过西瓜生产的人，也能照书“依样画葫芦”。

由于笔者水平所限，加之时间仓促，错误之处在所难免，望读者多多指正！

编著者

2010 年 5 月

目　录

第一章　西瓜栽培基础知识

第一节　西瓜栽培概况及经济地位

一、栽培概况

西瓜原产于南非卡拉哈里沙漠边缘地带，在汉朝至五代期间传入我国。由于西瓜具有丰富的营养成分和较高的经济价值而为世人所青睐。据联合国粮农组织(FAO)统计，1994 年全世界西瓜栽培总面积为 231.4 万公顷，2003 年则扩大为 377.8 万公顷，仅 9 年间增加近 63.3%。

我国是世界西瓜栽培面积最大的国家，而且发展得很快。1994 年我国西瓜栽培面积为 85.3 万公顷，2003 年则达到 219.9 万公顷，增加近 157.8%。山东又是我国西瓜栽培面积最大的省，2008 年种植面积达 33.3 万公顷，其中东明县为 2.6 万公顷，昌乐县为 2 万公顷；有近 20 个县(市)种植面积超过 1.3 万公顷。目前，种西瓜已成为不少农民增收奔小康的致富之路。

从 2005 年开始，西瓜栽培面积全球性下滑。我国栽培面积也减少至 168.6 万公顷，到 2007 年下降至 144.5 万公顷。但西瓜栽培技术、单产和果实品质却在不断提高。特别是由于西瓜新品种的引进和培育，其经济效益不断增加，弥补了西瓜种植面积减少所带来的影响。

二、经济地位

西瓜除作为水果食用外，还可以加工成多种产品及提取果胶、瓜氨酸、番茄红素等多种化工、日用、医药产品，现已成为重要的经济作物之一。西瓜的营养成分很丰富。瓜瓤含多种糖和维生素。全糖含量因品种而异，一般成熟果实含量为7%～12%，优良品种可达14%，其中含果糖5%～6%、葡萄糖1.5%～2.5%、蔗糖1.5%～6%。每百克鲜重含维生素A 0.17毫克、维生素B_1 0.02毫克、维生素B_2 0.02毫克、维生素B_5 0.2毫克、维生素C 5～10毫克，苹果酸0.032%～0.142%，果胶0.8%～2%，纤维素和半纤维素1.2%～1.5%。西瓜种子营养价值也很高。据史蒂特(Steet)等测定：种仁含淀粉5%、脂肪48%、蛋白质38%，并含多种矿物质元素。西瓜除作为水果食用外，还可入药。西瓜皮中药别名为“西瓜翠衣”，味甘，性凉；入心、胃、膀胱经；有清暑，止渴，利尿之功效；治暑热烦渴，肾炎浮肿，小便不利，口舌生疮，还有降压作用。西瓜汁味甘，性寒；入心、胃、膀胱经；有清热解暑，止渴利尿之效；治暑热烦渴，热盛伤津，小便不利，故有“天生白虎汤”之称。据现代医学研究，西瓜中的配糖体有降低血压的作用，所含某些矿质盐类对于肾炎有一定疗效；含有的一种蛋白酶(胰化酶)能把不溶性蛋白质转化为可溶性蛋白质。故吃西瓜有助于治疗高血压、肾炎、浮肿、黄疸、膀胱炎等疾病。

西瓜还可以进行综合加工利用。它的外果皮可制成“西瓜翠衣”供药用；中果皮可加工糖渍果脯，大量远销科威特等国家和地区，深受国外市场欢迎；瓜瓤可加工成西瓜汁、糖水西瓜、西瓜酒及西瓜酱等。西瓜种子可以炒食；种仁可作糕点辅料。西瓜种仁出油率为17%～20%，种仁油既可食用，又可作为化工原料。加工后的各种下脚料还可作猪或奶牛等家畜的饲料。

此外，西瓜整个生育周期较短，株行距又很大，前期占地面积小，很适宜进行间种套作，以提高复种指数。西瓜是一个好茬口。由于西瓜地一般均进行深翻和多施有机肥料，所以西瓜地实际上等于是经过认真改良的土地，具有十分明显的增产效果。瓜农说：

“种一季西瓜能长一季好玉米、两季好麦子。”

三、西瓜生产现状及发展对策

（一）西瓜生产现状　最近几年，西瓜栽培面积逐年下滑，经济效益出现波动。究其原因，从北方市场看，主要受南方水果北运和国外进口水果的冲击。但从整体来看，目前在西瓜生产中急需进行三个方面的更新：一是品种更新。尽管现在市场上品种繁多、五花八门，但从抗逆性、优质、丰产、特色及多样性等综合性状去考察，真正过硬的品种却不多。特别是一些西瓜主产区的主栽品种较单调，且更新较慢。二是技术更新。据实地调查，各地栽培技术差异较大，各唱各的调，不规范、不标准。三是生产模式更新。西瓜主产区要把西瓜栽培作为骨干产业，切实形成规模，创出品牌，因地制宜地发展棚室栽培、反季节栽培、无公害绿色栽培和有机栽培等多种生产模式。

（二）我国西瓜生产发展对策　根据各地区的生态与生产条件，针对不同品种、不同市场要求，通过综合农艺措施的系统研究，提出生产管理的量化指标，明确各类条件下的种植要求和栽培技术。积极研究和制订与国际惯例接轨的国家西瓜商品标准，提倡生产者和管理部门积极采用西瓜品牌与商标的市场信誉制度。具体对策如下：①以市场为导向，因地制宜选育、推广新优品种。②普及不同地区和不同品种类型的标准化栽培模式，提高上市西瓜商品质量，推广病虫害的无公害防治，发展绿色生产。③研究设施栽培，普及嫁接育苗，推广采光、保温性能更好的设施材料与方法。④发展产业化，建立注重品牌和品质的高效产销体系。⑤通过引进资源、种质创新等措施，尽快选育、筛选、推广适合我国各地生产条件的优良品种，重点推广抗逆性强、坐果率高、具有良好商品性的新品种。⑥推广标准化栽培模式，发展符合食品安全标准的绿色食品西瓜，提高商品瓜质量。⑦研究开发西瓜初级产品的深加工。⑧加强市场导向机制,做好市场产销协调,保障可持续发展。

(三)有机西瓜的展望 让我们先来认识一下有机西瓜未来的产出标准:在专门生产基地出生(有机农业生产基地);产出前后 2～3 年内未使用过化学农药、化肥等化学物质;它的父母本及本身未经基因工程技术改造;生产基地无水土流失及其他环境问题;在产出后(采收、运输、贮藏)未受化学物质的污染;产出全过程必须有完整的记录档案,并建立完善的产销档案,实行从土地到餐桌的质量跟踪。

有机西瓜与无公害、绿色环保西瓜的区别如下。

第一,有机西瓜在其生产过程中绝对禁止使用农药、化肥、激素等人工合成物质,并且不允许使用基因工程技术;而无公害、绿色环保西瓜则允许有限量地使用这些物质,且不禁止基因工程技术使用。

第二,在生产转型方面,考虑到某些物质在环境中会残留相当一段时间,而生产一般西瓜到生产有机西瓜,土地需要 2～3 年的转换期,而生产其他西瓜(包括绿色西瓜和无公害西瓜)则没有转换期的要求。

第三,在跟踪制度方面,有机西瓜的认证要求认证种植地块、品种和数量,在销售过程中必须经过认证机构对销售品种及销售数量和认证品种及认证数量的再确认。

第二节 西瓜的植物学特征

一、西瓜植株各器官的形成

西瓜(Citrullus Ianatus)系葫芦科西瓜属,为 1 年生蔓性草本植物。

(一)根 西瓜有发达的根系。旱瓜主根入土较深、可达 120～150 厘米,水瓜亦达 50 厘米以上。主根上一般发生 20 余条支根，每条支根上又分生许多侧根。早熟品种可发生 2～3 次侧根，经移栽的早熟品种或晚熟品种可发生 4 次以上侧根。各次侧根上均密生根毛，构成庞大的根群（图 1-1）。主要根群多分布于地面下 50～60 厘米深、半径 150 厘米左右（旱瓜）或 20～40 厘米深、半径 100 厘米左右（水瓜）的范围内。西瓜根群吸收水分和矿质营养的能力很强。

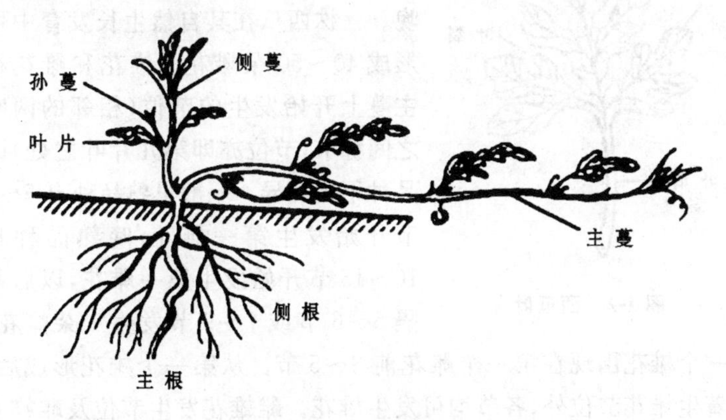

图 1-1　西瓜植株

（二）蔓　西瓜蔓生长很旺盛，有很强的分枝性，在生长和结果过程中不断地发生分枝。最初由瓜苗顶端伸出的蔓称主蔓，也叫母蔓。主蔓开花、坐瓜较早，而且品质较好，所以一般在主蔓上留瓜。主蔓上许多叶腋可形成分枝，通称侧蔓，也叫子蔓。主蔓、侧蔓均能开花结果，但以主蔓和主蔓基部发生的侧蔓较早而且健壮，可正常结果，以后发生的侧蔓生长较弱，多不能形成理想的果实。一般在早熟品种主蔓长出 3～5 片叶、晚熟品种长出 8～9 片时，即自其叶腋处发生 3～4 条侧蔓。当主蔓一旦因不良条件遭到损害时，也可考虑在侧蔓上留瓜。侧蔓上的叶腋处还可发生分枝，称为副侧蔓，也叫孙蔓，但生长衰弱。基部还常着生一片变态叶、呈匀状，称小苞片。

（三）叶 西瓜叶较大，色深绿，掌状深裂、裂刻深，叶缘具细锯齿，茸毛多而密。叶脉为掌状网脉。叶柄长，中空。叶互生，无托叶（图1-2）。

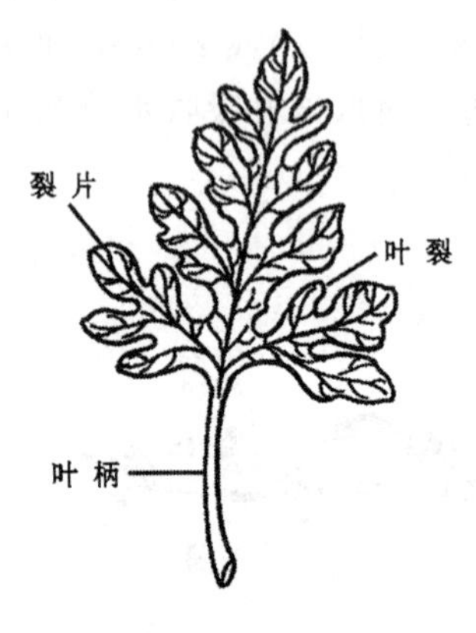

图1-2 西瓜叶

（四）花 西瓜的花多数为雌雄同株异花（单性花），也有少数雌雄同花的品种。雄花出现较早，雌花出现较晚。一株西瓜在其自然生长发育中可形成40～50朵雌花。雄花和雌花在主蔓上开始发生的节位（相邻的两叶之间称节，节位亦即第几片叶之处）因品种不同而异。一般早熟品种自5～7节开始发生第一雌花；晚熟品种自10～15节开始发生第一雌花，以后每隔5～6节或7～9节发生1朵雌花。第一个雄花出现在第一个雌花前3～5节。从第一个雄花形成后，除着生雌花节位外，各节均可发生雄花。雌雄花发生节位及雌雄花的比例，除决定于品种的遗传性外，还与温度、光照、育苗条件、营养成分及株龄等有关。西瓜为半日花，在春播条件下，一般于晴天凌晨5时左右启冠，6时左右花粉开始散出，花冠即全部展开，12时左右冠色变淡并开始闭花，下午4时左右花冠合拢。开花的早晚主要受夜间温度的影响，夜温较高时开花就早，夜温较低时开花就迟些。白天气温高时，闭花早；气温低时，闭花晚。花粉粒发芽最适宜的温度是21℃～25℃。当气温过高、过低或多雨、干燥时，花粉粒的发芽和花粉管的伸长就会受到严重影响。

（五）果 西瓜果实是由子房发育而成。子房在开花前即出现，所以雌雄花很容易辨认（图1-3）。果形不同的品种，当子房开始发育时形状就不相同，通常可分为圆形、椭圆形、圆柱形等（图1-3）。幼瓜初期密生茸毛，完成受精后数日茸毛开始逐渐稀少，到果实成熟时就全部褪掉，并出现果粉和蜡质。果实由三心皮一室构成，果肉（俗称瓜瓤）是由3个侧模胎座（着生种子的位置叫胎座，凡雌蕊由多心皮构成，种子着生于各心皮交接处的，就叫侧模胎座）组成。果实为瓠果。外果皮较硬，由花托形成。果皮颜色分白皮、绿皮、黑皮、黄皮、花皮等，因底色深浅和条纹形状的不同又可分成更多的皮色。

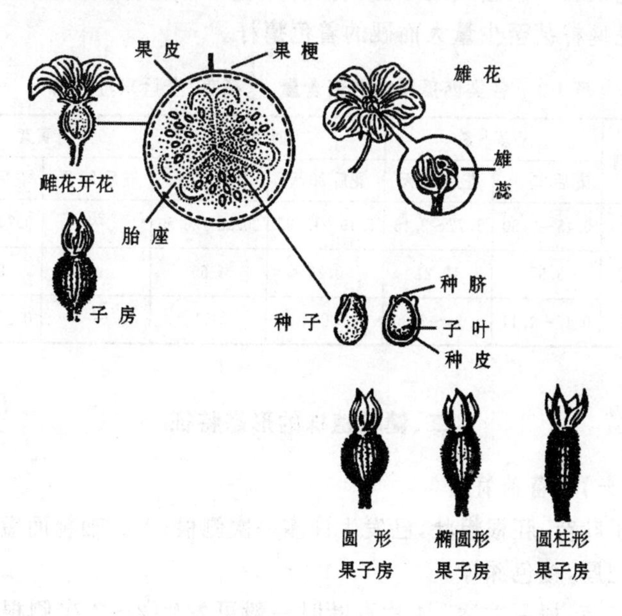

图1-3　西瓜的花和果实　（仿朱奇）

西瓜随着果实的膨大和成熟，果肉细胞不断增大、变软，水分和糖分逐渐增多，瓜瓤颜色也逐渐变成本品种所应有的颜色（一般有红色、粉红色、橙色、黄色和白色等）。红色、粉红色的品种，其果肉中含茄红素最多；橙瓤品种，果肉中含胡萝卜素和叶黄素最多，茄红素很少；黄瓤品种，只含胡萝卜素和叶黄素，不含茄红素(表 1-1);而白瓤品种,只含黄素酮类与糖结合成的苷。

西瓜果实内种子的数量、形状、大小和颜色因品种而异。就总体情况而言,一般种子扁平,分大、中、小,颜色有白、红、褐、黄、黑及花边等多种。种皮坚硬,内有发达的两片子叶(俗称瓜瓣子),贮藏大量营养物质。无籽西瓜果实内没有发育完全的种子,只有败育的泡状胚。但当栽培不当或品种不良时,果实内也可形成较大的白色瘪籽甚至少量大而硬的着色瘪籽。

表 1-1 各类西瓜果肉色素含量 (毫克/全量)(涩谷等)

瓜瓤类别	胡萝卜素		茄红素		叶黄素	
	花后 20 天	花后 30 天	花后 20 天	花后 30 天	花后 20 天	花后 30 天
红　瓤	0.45～0.60	1.77～2.46	6.19～13.95	20.92～26.50	—	0.74～1.26
橙　瓤	3.97	19.21	0.26	4.65	—	2.08
黄　瓤	0.12～1.11	1.15～2.30	0	0	—	0.35～1.55

二、健壮植株的形态特征

(一)壮苗的特征

子叶苗:胚根粗壮,已发生许多一次侧根;下胚轴粗而短;子叶阔大肥厚,颜色深绿。

幼苗:根系发达。4 片真叶时一般可发生 2～3 次侧根,主根长可达 20～30 厘米。叶柄粗短,叶片肥大,叶脉粗壮。

生长衰弱或徒长的幼苗:下胚轴细长,子叶狭小而薄;根系不发达,侧根少,叶柄细长,叶片瘦小,叶脉细。

(二)抽蔓期的正常生长特征 叶片在茎蔓上排列的方式,称为叶序。叶序是植物正常生长的标志之一,通常以一定数目的叶在茎蔓上排列成几周来表示。正常生长的西瓜,每 5 片叶片在瓜蔓上排列成两周。水瓜生态型的西瓜品种,生长正常的成龄叶,叶长一般为18～22厘米，叶宽19～23厘米。叶柄长8～12厘米，叶柄粗0.4～0.5厘米。旱瓜生态型的西瓜品种，生长正常的成龄叶，叶长一般为20～28厘米，叶宽22～30厘米。叶柄长10～15厘米，叶柄粗0.5～0.8厘米。生长衰弱或肥水不足时，叶片变小，叶柄变短变细；植株徒长或肥水过多时，叶片和叶柄均变长。无论任何品种，在正常生长情况下，叶柄长度都小于叶片长度，如果出现叶柄长度大于叶片长度的情况，就说明植株徒长了。

（三）结果期的正常生长特征

1. **植株生长健壮** 凡丰产栽培植株衰弱的很少见，但要特别注意防止徒长。经多年调查，西瓜结果期生长健壮的植株形态指标是：成龄叶片大而宽，长与宽之比为0.92～0.95，叶柄较短，叶片长与叶柄长之比为1.6～2，蔓粗0.5～0.8厘米，节间长度小于或等于叶片长度，雌花开花节位距该瓜蔓生长点30～60厘米。这些具体指标仅供栽培时参考。一般来说，凡是符合上述指标的植株多为丰产株型，凡是大于或小于上述指标的植株多为徒长或衰弱的植株。

2. **坐果率高** 从产量的构成来看，在一定的密度条件下，单位面积产量与采收果实数成正比，而采收果实数与坐果率也成正比。这就是说，在密度固定的条件下，坐果率高，收瓜数就多，收瓜数多，单位面积产量就高。提高坐果率的主要办法，是人工辅助授粉和合理施用肥水。

3. **果实发育良好** 果实发育的状况是丰产的关键之一。果实发育状况最初应看子房的大小及果梗的粗细和长短。通常认为，开花时子房大，果梗粗而长的，果实发育快，最终果实也大。开花时子房小而圆，果梗细而短的果实发育慢，最终果实也小。在同一栽培条件下，成熟果实大小之差，可以从开花后5天时果实的横径和12天时果实的纵横径方面看出明显的差别。

（四）采收前的植株特征 采收前维持一定的叶面积是稳产高

产的基础。要使单瓜重达4千克以上，在整枝的情况下，应使每一个果实平均保留1平方米以上的成龄叶面积(不包括幼叶和基部老叶)。

采收前果实的数量和整齐度是高产的关键。单位面积产量与坐果数及平均单瓜重有密切关系。特别是成熟期一致、果实整齐的品种，产量与坐果数及平均单瓜重的关系更为密切。就是说，凡是果实大小一致、坐果多、单瓜重量大的，那么单位面积产量必然高，这就是具备丰产的特征。但是还必须明确，如果在密度不一致的条件下，单瓜重不一定与产量成正比，如过密则成反比。就是说，在密度越大的条件下，平均单瓜重就越小。所以，丰产的首要因素是增加果实数，其次是提高单瓜重量。因此，因稀植或缺苗时而减产的部分，用增加单瓜重量的办法是不能弥补的。

高产的另一关键，还要看果实生长盛期所维持的时间。果实生长盛期持续的时间越长，果实生长越大、产量越高。

第三节　西瓜的生物学特性

西瓜从种子萌发到开花结果产生新的种子，都要经历营养生长和生殖生长过程。这个过程大致分为发芽、幼苗、抽蔓和结果4个时期。各期所经历的时间，与品种、气候及栽培管理条件有关。不同生育时期有不同的形态特征和生长中心，而且对外界环境条件有不同的要求。因此，在栽培上应根据生育规律和各期特点，采取相应措施。

一、生长发育规律

(一)营养生长和生殖生长　西瓜根、茎、叶等营养器官的建成及增长过程，通常叫做营养生长；花、果实及种子等生殖器官分化与形成的过程，叫做生殖生长。西瓜的根、蔓、叶、花、果各器官在生长发育过程中，相互促进，彼此制约，不同生育期有一定的生长中心。西瓜植株的生长表现出慢—快—慢的节奏性。在不同生育时期，根、蔓、叶、花、果等各器官的相对生长量也不同，生长中心也随着各器官的生长进程不断更替。发芽期以胚根为生长中心。从幼苗期到结果期的果实褪毛阶段，以蔓、叶为生长中心。进入果实膨大阶段后，则以果实为生长中心。随着生长中心的转移，就形成了营养物质在体内运输分配的先后和多少之分。但制造有机物质主要靠叶片，吸收水和无机物主要靠根，这就需要科学地调整各器官之间的相互关系，使其彼此协调、充分发挥其有利的一面，以达到高产优质。

（二）地上部分与地下部分生长的关系　西瓜在生长发育过程中，随着地下部根系和地上蔓、叶、花、果等器官的生长发育，根冠比（植株地下部根系重量与地上部蔓、叶、花、果重量之比值）有递减的趋势。例如，发芽期为 0.29，幼苗期为 0.16，果实褪毛阶段减至 0.01（表 1-2）。进入结果期，由于蔓、叶特别是果实生长量剧增，使根冠比迅速减小。为获得高产，通常在果实褪毛后加大肥水，以促进地上部的旺盛生长和果实迅速膨大。

表 1-2　西瓜不同生育期的根冠比

项　目	发芽期	幼苗期	抽蔓期	果实褪毛阶段	果实成熟阶段
地下部（克）	0.09	1.08	7.14	23.85	27.42
地上部（克）	0.31	6.77	251.49	2351.61	5080.93
根冠比	0.29	0.16	0.03	0.01	0.005

（三）营养生长和生殖生长的关系　营养生长是生殖生长的基础。欲达到高产优质，需要有一定的叶面积。在生殖生长过程中，由于花果生长需大量的营养物质和水分，使营养生长受到抑制。也就是说，生殖生长所需的物质是由营养器官供给的，而生殖生长

初期又是营养生长最旺盛时期，这时两者既统一又矛盾，因而必须采用栽培措施加以调整，生殖生长才能顺利进行。例如，在西瓜抽蔓期，正是蔓、叶生长旺盛期，节间迅速伸长，新叶陆续展开，光合产物不断增加，以营养生长为主；到了结果期，果实生长加速进行，营养生长速度开始减缓，到果实膨大阶段，营养生长基本稳定，并渐趋衰弱。

西瓜果实的生长发育与叶片营养面积有密切关系。同一品种在正常生长情况下，雌花开放时的叶片数，不仅直接影响子房的大小(表 1-3)，还可影响西瓜果实的大小(表 1-4)。

表 1-3　西瓜(乐蜜 1 号)雌花开放时叶片数与子房发育的关系

坐瓜节位	叶片数	子房大小(厘米)		子房重(克)
		子房纵径	子房横径	
9	16	1.13	0.87	0.41
12	19	1.32	0.93	0.58
16	23	1.69	1.21	1.15
21	28	1.81	1.47	1.39

表 1-4　西瓜叶面积与果实重量的关系　(贾文海,1992)

叶片数	叶面积(厘米^2)			果实重(克)	叶/果(厘米^2/克)
	果　后	果　前	合　计		
26.8	489.4	1648.2	5137.6	2183	2.35
78.3	8143.5	2514.7	10658.2	4650	2.29
94.7	9852.3	2873.3	12725.6	5475	2.32
115.4	10076.2	3028.5	13104.7	6025	2.18
147.7	13706.1	2125.3	15831.4	3125	5.07

从表1-3中可以看出，在雌花开放时，叶片数多，子房发育就大；叶片数少，子房发育就小。从表1-4中可以看出，并不是叶面积越大果实越重。当叶面积过大造成植株徒长时，产量反而下降。实践证明，丰产田西瓜的最适叶果比为2.18（每株西瓜叶面积÷每株果实重）。

营养生长与生殖生长的关系，受水肥等外界条件的影响较大。如果在抽蔓以后，水肥不足，会直接影响伸蔓、坐瓜和果实发育；如果水肥过多，会造成蔓、叶徒长，延迟开花或坐不住瓜。营养生长和生殖生长的矛盾，只有在现蕾后才激化，如果水肥施用不当，就会造成两者关系的失调。这种失调可概括为营养生长过弱和营养生长过旺两类。在水肥不足条件下，植株生长过弱，蔓细叶小，营养面积小，有机物质积累少，营养生长和生殖生长均被削弱，这是营养生长过弱。在水肥过多的情况下，植株生长旺盛，蔓、叶发生徒长，大量营养物质被用在抽蔓长叶上，虽然蔓粗叶茂，但迟迟不坐瓜（俗称跑了蔓子），此时营养生长对生殖生长产生了抑制作用，这属于营养生长过旺。

在结果期间，做好施肥、浇水、除虫等项管理工作，保持较大的营养面积，防止叶片早衰，是获得西瓜高产的关键。

二、生长发育与栽培条件的关系

（一）植株调整与果实产量的关系　西瓜植株调整包括整蔓、压蔓、打杈和摘心等。其目的是控制营养生长，促进生殖生长，调整叶面积系数（指单位面积土地上的叶片面积），改善植株内部和植株之间的通风透光条件，以利于提高产量和品质。但不同品种对植株调整的反应不同，这与其生长结果习性，特别是生长势及分蔓性有关。此外，与栽培方式和栽植密度也有关。一般晚熟品种、保护地栽培植株调整较露地栽培有更重要的意义，但有些生长势较弱的品种若进行打杈、摘心反而会引起减产。这是因为西瓜产量的形成要求适宜的叶面积,而生长势弱的品种,叶面积不会过大,而打杈、摘心就会减少叶面积。因此,要夺取西瓜高产,必须根据不同品种采用合理密植,适当施肥、浇水和搞好植株调整等措施,以促进叶面积尽快达到最适大小,并长期稳定于这个水平。

(二)果实发育与化瓜 西瓜果实最早发育的是果梗、外果皮和种皮,它们生长缓慢时种仁才开始迅速生长。在正常情况下,果实褪毛阶段以子房纵向伸长生长较快,进入果实膨大阶段则横向生长明显加快,从而发育为该品种固有的果形,并达到一定大小(即定个)。但是,如若果实发育期间遇到不良条件,就容易形成小球果或畸形果,甚至造成化瓜。例如,在开花后遇到阴冷、干旱等恶劣天气,可使子房纵向伸长生长过早停止,而横向生长也无明显加快,就形成小球果;在果实发育前期遇到低温、干旱或营养不良时子房纵向生长逐渐缓慢,但当环境条件改善后子房横向生长明显加快则形成偏头果;在低节位坐瓜、授粉不良、不正瓜或果实偏向阳面与着地面温差过大时,就容易形成各种变形果。

化瓜是西瓜生产中的重要问题。引起化瓜的原因很多,可综合为内因和外因两类。

1. 化瓜的内因 ①没有授粉或受精。西瓜为雌雄同株异花,如果在阴雨天就不能授粉,或虽已授粉而不能受精。如花粉不发芽或花粉管生长不正常时,均不能完成受精。②花器畸形。雌花或雄花中的任何一方发育不正常,如柱头过短、无蜜腺、花药中无花粉或雌蕊退化等均能引起化瓜。③营养生长过强或过弱。西瓜蔓、叶生长过旺或过弱,使营养物质分配不平衡,以致发生器官之间的竞争,其结果均不利于果实的生长发育。实践证明,以营养生长中庸偏上最有利于果实的生长。

2. 化瓜的外因 ①水分不足或过多。开花期间土壤水分不足容易引起落花;水分过多易造成蔓、叶徒长,使子房营养不良而化瓜。降雨影响授粉也易引起落花和化瓜。②温度不适宜。温度过高过低影响花粉管的伸长，因而影响受精，引起落花。③光照不足。在开花时，由于光照不足常常造成子房内养分暂时缺乏，而引起“饥饿”性化瓜。

三、西瓜的生长发育过程

（一）发芽期　西瓜的发芽期是指从播种到子叶出土平展的一段时间，需8～10天。发芽期的长短与种子处理及土壤温、湿度有关。如浸种催芽的，在20℃～25℃条件下，经6～8天子叶出土、平展；未浸种催芽的在18℃～20℃条件下，需经9～11天子叶出土、平展。

根据西瓜种子的发芽过程及对环境条件的不同要求，又可把整个发芽期分成吸水、发芽、发根、脱壳、顶鼻、直脖6个阶段（图1-4）。发芽期的开始，首先是吸水阶段，这一阶段是从干种子到吸水膨胀为止。在这一阶段要求有充足的水分和氧气，以完成种胚（俗称种仁）的吸水膨胀和气体交换。发芽阶段是从种子膨胀到胚根（俗称种子芽）发出为止。这一阶段要求温度较高，湿度较大，还需要有一定的黑暗时间。如温度低于15℃，或水分过大、种

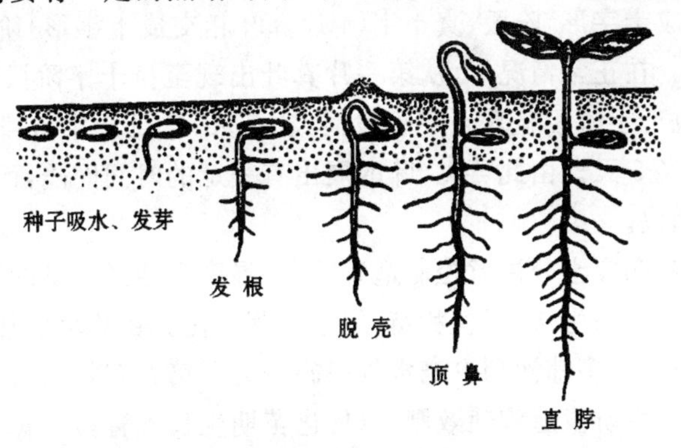

图1-4　西瓜发芽期的各个阶段　（仿朱奇）

皮积水，造成种胚供氧不足，就会严重影响发芽。发根阶段是从胚根发出到侧根发出。脱壳阶段是从侧根发出到种壳脱掉。顶鼻阶段是从种壳脱掉到子叶出土。以上 3 个阶段都要求较高的温度、较大的湿度和充足的氧气。从子叶顶土而出到两片子叶平展，称为直脖阶段。这一阶段要求光照充足、较低的温度和较小的湿度，如果光照不足、温度高和湿度大，很容易形成又高又细又黄的徒长苗。

据试验，西瓜种子发芽的最低温度为 15℃，最高温度为 40℃，最适温度为 28℃～30℃（表 1-5）。

表 1-5　温度对西瓜种子发芽的影响

温度(℃)	15	20	25	30	35	40	45
发芽率(%)	6	10	79	74	71	64	52
发芽期(天)	9.5		4.7	4.0	4.3	4.8	4.1

（二）幼苗期　西瓜幼苗期是从第一片真叶（俗称实叶）出现到第五片真叶展出（俗称团棵）。当气温在 18℃～20℃时，中熟品种幼苗期历时 30 天左右。幼苗期又可分拉十字（2 片子叶和 2 片真叶相交成十字形）阶段、真十字（4 片真叶相交成十字形）阶段和团棵阶段。在正常情况下，从第一片真叶出现至拉十字阶段需经 14 天，从拉十字阶段至真十字阶段需经 11 天，从真十字阶段至团棵阶段需经 5 天。由此可见，叶的展出有一定的时间间隔，而且前期慢、后期快。

幼苗期应十分注意控制适宜的温、湿度和增强土壤的通气性，以便加速根系生长，培育壮苗，促进花芽分化。在栽培上常采用勤松土（中耕）、多铺沙和少浇水等措施。为了培育健壮的大苗，还常常在拉十字阶段追施速效肥，以促进苗期生长发育。

（三）抽蔓期　西瓜的抽蔓期从伸蔓（俗称甩龙头、甩辫子）到第一雌花现蕾。由于瓜蔓比较柔软，木质部不发达而髓部（茎的中心部分，后期往往形成空腔）比较发达，因而开始匍匐生长，这一时期骨干根（主根和侧根）发育基本健全，地上部生长速度和生长量显著增大并开始发生侧蔓。无论主蔓或侧蔓在伸长生长时，不同节位的节间长度有一定的规律性，即基部短、中部长、前部短（表1-6）。

表1-6　西瓜（蜜宝）抽蔓期蔓的生长情况

节位和分枝	1	2	3	4	5	6	7	8	9	10
主蔓长度（厘米）	1.8	5.1	8.8	5.5	1.2	0.8	0.6	0.3	0.1	0
侧蔓总长度（厘米）	8	6	5	—	—	—	—	—	—	

西瓜植株伸蔓后，早熟品种从第五至第七节开始，晚熟品种从第十至第十五节开始，长大以后的各节叶腋中均有花芽的陆续形成、孕蕾和开花，但雌花比雄花发生晚3节左右。

抽蔓期主要是蔓、叶的旺盛生长，但又有花果的孕育和相继出现。此期，在栽培上，一方面要促进蔓、叶健壮生长，使其形成足够的叶面积，积累更多的光合产物；另一方面又要防止蔓、叶徒长，以便促进开花结果。所以，这一时期水肥施用是否得当最为重要。前期应以促为主，即抽蔓后追一次优质肥（饼类或大粪干），并多次适量灌水，称为“催蔓肥、促叶水”。现蕾前后，以控为主，节制肥水，控制分蔓过多和瓜蔓顶端过旺，以利于坐果。

（四）结果期　西瓜的结果期是从第一雌花开放到整株果实成熟。此期又分为果实褪毛、果实膨大和果实成熟三个阶段，在果实褪毛阶段，根系和蔓、叶生长都很旺盛。进入果实膨大阶段，西瓜主根和侧根停止发育，蔓、叶生长达到高峰，果实的体积和重量不断增加。接近果实成熟阶段，叶面积开始稳定，进入果实成熟阶段，叶片由基部开始衰老，光合产物大量地流入果实，使糖分不断积累，果实和种子逐渐发育成熟。结果期的长短，除气温外，与留瓜个数及管理条件有关。

根据对单一果实的生长发育观察，果实生长可分为以下三个阶段。

1. 褪毛阶段　是从雌花开放到子房茸毛明显变稀、果梗开始变直（俗称转把子）的一段时间，需经 5～6 天。当雌花成熟后即可进行授粉。受精后，花冠凋萎，经 2～3 天子房开始迅速膨大。在这一阶段中，果梗、果皮、瓜瓤及种子等各部分已初具规模，果实细胞的分裂（细胞增殖的一种方式，通常细胞数成倍增加）、分化（母细胞在分裂中逐渐形成不同的细胞群，不同的细胞群又构成不同的组织，这个过程叫分化）基本完成。这是坐瓜的关键阶段，天气不良和肥水失调均能造成幼瓜脱落（俗称化瓜）。控制水肥，及时整蔓和人工授粉等可促进坐瓜。

2. 果实膨大阶段　是从幼果褪毛至果实定个（不再膨大）的一段时间。当气温在 25℃～30℃时，需 18～22 天。这一时期又可分为两个阶段：第一阶段从褪毛到泛瓤（瓜瓤细胞膨大盛期）前，需 8～10 天。果实褪毛后，种皮发育加速，果皮颜色加深，果实出现暂时停长现象。这是泛瓤前的临界特征。这一暂时喘息，孕育着即将来临的果实细胞急剧膨大时期。这个阶段应及时追膨瓜肥，浇膨瓜水，并开始整瓜，加强防治病虫害等项管理措施。第二阶段为泛瓤阶段，历时 10～12 天。此期蔓、叶生长显著减缓，果实生长大大加速，为果实生长极期，一昼夜生长量可达 0.5 千克左右。果实膨大阶段结束时，果实的大小和形状基本固定，果皮变硬，果面呈现出固有的光泽，果肉开始变色，种皮开始变硬，果实可达七成熟。果实膨大阶段由于营养物质大量流入果实，蔓、叶开始衰败。因此，应连续灌水和追速效肥，并及时防治病虫害。

3. 果实成熟阶段　是从果实定个到果实成熟的一段时间，需经 7～10 天。在泛瓤阶段结束后，果实生长大大减缓。达到成熟时，果实停止发育，而进行物质转化。如淀粉转化为葡萄糖、蔗糖和果糖;原果胶转化为果胶;胎座细胞充分膨大,果胶分解;叶绿素分解,形成大量茄红素、胡萝卜素和维生素等。随着果实的成熟,蔗糖和果糖的合成逐渐加强,所以甜度不断增加。为提高甜度,此期除应及早增施磷、钾肥外,还应停止灌水,并注意排涝。

四、西瓜对环境条件的要求

(一)温度　西瓜是耐热性作物,在整个生长发育过程中要求较高的温度。据观察,西瓜生长所需的最低温度为10℃,最高温度为40℃,最适温度为25℃～30℃,适应范围为10℃～40℃。西瓜整个发育期间的有效积温为2 500℃～3 000℃,其中从雌花开放到该果实成熟的有效积温为800℃～1 000℃。

土壤温度影响根系的活动,特别影响水分和矿物质的吸收,并影响叶片的光合作用和根系有益微生物的活动。当土温在28℃～32℃时最适于西瓜根系的各种活动。

西瓜不同生育期对温度要求不同。发芽期最适温度为28℃～30℃,幼苗期最适温度为22℃～25℃,抽蔓期最适温度为25℃～28℃,结果期最适温度为30℃～35℃。

昼夜温差对西瓜的生长发育影响很大。较高的昼温和较低的夜温有利于西瓜的生长,特别是有利于西瓜糖分的积累。这是因为在适温范围内虽然光合作用与呼吸作用都随温度的升高而增强,但在通常情况下,白天光合作用总是显著大于呼吸作用,所以较高的昼温有利于碳水化合物的积累。而较低的夜温,一方面可使呼吸作用降低,另一方面也有利于碳水化合物由叶片运转到茎蔓、花、果和根部。然而,当夜温低于15℃时,果实生长缓慢甚至停止。一般来说,坐瓜前要求较小的昼夜温差(夜温较高),坐瓜后要求较大的昼夜温差(昼温高、夜温低)。此外,温度可影响到西瓜的花芽分化、开花时间和花粉发芽等。花芽分化与温度的关系,温度与西瓜开花时间的关系极为密切,特别是夜间温度与开花时间关系更密切。据日本仓田久男试验，夜温每上升或下降1℃，开花时间大约提前或延迟30分钟。如果夜温能维持在18℃以上，则开花时间可提早到清晨6时。

（二）光照 对西瓜的生长及产量的形成有重要意义。光照充足，蔓粗叶肥，组织结构紧密坚实。光照不足时，茎蔓细长，木质部和髓部发育不良，细胞壁较薄，组织结构松软、脆弱。光照强度直接影响西瓜产量和品质。据测定，西瓜幼苗期的光饱和点为80 000勒克斯，这证明西瓜是需光性最强的作物之一。当光照强度较高时，光合作用比呼吸作用高好几倍；而光照强度下降时，光合作用与呼吸作用逐渐接近，以至两者相等，这时的光照强度称为光补偿点。西瓜的光补偿点为4 000勒克斯。在这种光照强度下，光合作用制造的有机物质与呼吸作用消耗的有机物质相抵消，西瓜植株不积累有机物质。光合作用的补偿点随外界条件而发生变化，特别是受温度影响很大。当温度升高时，呼吸作用的增强比光合作用的增强大得多。因此，在较高的温度时，为了弥补呼吸作用的消耗就需要有较高的光照强度。西瓜不同生育期对光照强度的要求不同，幼苗期要求80 000勒克斯以上，结果期要求100 000勒克斯以上。日照时数为10～12小时。如果幼苗期光照不足，则蔓叶细弱、易徒长、抗病力差。结果期光照不足易化瓜，即使坐住瓜含糖量也低、品质差。安排适宜的栽培季节、保持苗期覆盖物的透光和清洁、选择向阳通风的栽培地等，是增强光照的主要措施。

（三）水分 西瓜果实按鲜重计算，一般含水量达90%～92%。西瓜发芽期要求土壤湿度占田间最大持水量的80%～85%。西瓜根毛的吸水力可达到1.02×10^{6}帕，1毫米粗的胚根其吸收力亦达6.2×10^{5}～6.6×10^{5}帕。在果实膨大阶段对水分的要求更高，这时细胞体积的扩大主要靠进入细胞的水分，缺水时膨大期过早结束而进入成熟期，将使果实变小。每株西瓜一生中大约需水1立方米。因此，西瓜比其他蔬菜更多地灌水，方能获得高产。

西瓜地上部要求空气较为干燥，当空气相对湿度为50%～60%时最为适宜。特别是进入结果期，空气干燥有利于果实成熟，并且可减少炭疽病的发生。当空气湿度过高时，植株容易得病，果实成长较慢，含糖量低、品质差。但空气相对湿度也不能过低，特别是开花前后干旱时，易造成受精不良和化瓜。据观察，当空气相对湿度由95%降至50%时，花粉的萌发率由92%降至18.3%。通过中耕松土和地面灌水或喷雾，可以调节土壤湿度和空气相对湿度。

(四)二氧化碳　植物进行光合作用时，吸收二氧化碳，释放出氧气。二氧化碳是植物进行光合作用的重要原料。西瓜植株周围二氧化碳浓度的大小，能直接影响到光合作用。据国外报道，当二氧化碳气体浓度由300毫升/米^{3}降到50毫升/米^{3}时，一般植物叶片不仅不再吸收二氧化碳，相反还可放出二氧化碳(呼吸加强了)。要维持西瓜较高的光合作用，应使二氧化碳浓度保持在250～300毫升/米^3。增加有机肥料和碳素化肥，可以提高二氧化碳的浓度。注意改良土壤、排水防涝及加强中耕松土等，有利于西瓜对二氧化碳的吸收利用。

(五)土壤及矿质营养　西瓜根系喜欢通气性好、吸热快、疏松的沙质土壤。为了使根系向纵深发展、扩大吸收面积，应深翻土壤，以改善土壤结构，增加土壤透水层，增强通气性。沙质土壤白天吸热快，春天地温回升早，夜间散热迅速，昼夜温差大，不仅有利于西瓜根系的生长发育，而且还有利于矿物质的运输和地上部营养物质的运转。但是，沙质土壤中有机质含量较少，肥料分解和流失较快，应多施有机肥料。黏重土壤如不掺沙改良，将使西瓜生长不良，果实品质差、甜度低。

西瓜对土壤酸碱度适应性较强，其适应范围的pH为5～8，即土壤微酸、中性、微碱均可，以中性土壤最为适宜。土壤酸度太大时，西瓜叶易发生变形，抗病力降低。在酸性土壤或盐碱地种植西瓜，必须对土壤进行改良，使其变为中性或微酸、微碱性土壤。

西瓜整个生育期对氮、磷、钾三要素的吸收量以钾为最多，氮次之，磷最少。不同生育时期对三要素的需要量和吸收比例不同。发芽期吸肥量极少，主要靠子叶内贮藏的养分。幼苗期吸肥也较少，抽蔓期吸肥增多，结果期吸肥量最多。坐瓜前以氮为主，坐瓜后对钾的吸收量剧增，果实褪毛阶段吸收氮、钾量相等；果实膨大阶段达到吸收高峰；果实成熟阶段吸收氮、钾吸收量大大减少，磷的吸收量相对增加。这可能是因为果实成熟时，有机物质的转化、糖类、维生素以及种胚的形成需要大量磷素的缘故。在生产实践中，施用基肥以土杂肥为主，对子叶苗及大苗追施尿素，伸蔓后增加饼肥和过磷酸钙；坐瓜以后追施草木灰、硫酸钾等，基本能满足西瓜不同生育时期对氮、磷、钾三要素的要求。为了防止早衰，获得二次瓜，在第一个瓜生长中、后期须重施氮肥。

在西瓜栽培中，温、光、水、气及矿质营养等因素综合地影响着西瓜的生长和发育，只有全面满足其要求，才能获得高产优质。

第四节　西瓜栽培产业需要具备的基本条件

一、西瓜生产的基本要求

(一)西瓜高产栽培的基本条件

1. 地理条件　西瓜是商品性生产，瓜田应选在小气候利于西瓜生产和交通运输方便的地域。如瓜田宜选在城镇郊区、厂矿区附近，或靠近公路、铁路、水路等交通方便，便于运输的地方。瓜田还要充分利用自然条件。如宜选择村庄南面，或北面有山、南面开阔的地段，这样的环境可减少早春北风和南风的吹袭，阳光充足，地温回升快，有利于西瓜生长发育和提早上市。

2. 排灌设施　主要包括机井(电井)和排灌渠道。排灌设施要配套,水源要充足,排水要畅通。井灌的一般瓜田为3.3～4.6公顷要配一眼75毫米泵机井或电井,如果井距离瓜田较远,还要配备足够的塑料输水管,以便于灌水和节约用水,保证每眼井所管范围都能灌上水。最末一级灌水沟间距以10～20米为宜,并与排水沟间隔设置,即每排畦的上水头设灌水沟,下水头设排水沟。整个地块必须设有总排水沟,以便及时排出地内多余的水,防止涝害。此外,在有条件的单位可采用喷灌或滴灌,既能定时定量供水,又可节约用水。

3. 保护地设施　主要指各种规模的塑料薄膜棚及温床、阳畦等,用于春季保护地栽培和育苗。这些设施最好设在背风向阳,地下水位低,靠近水源的地方。保护地设施的规模及面积应根据生产规模等确定。

4. 劳力和机具　在当前生产条件下,一个劳动力一般能承担0.067～0.133公顷瓜田。生产规模为1.33～3.34公顷的瓜田,要有10～20人管理。大规模生产的瓜田,要配备手扶拖拉机(或拖拉机)及全套农机具,以承担耕作、运肥、运瓜等作业。

(二)制订西瓜种植计划

1. 西瓜品种要适销对路　目前,用于生产的西瓜品种繁多,性状各异。首先,应根据市场需要情况和当地消费者对西瓜商品性状的要求,以及其他特殊需要,确定生产目标,并选择适宜的品种。既要考虑丰富和活跃市场,又要考虑增加经济收入。

2. 因地因条件安排计划　因地因条件种植是安排西瓜生产的原则。如瓜田背风向阳、小气候好,又有育苗设备,就应选用早熟品种,安排早熟栽培,并根据自己的经济条件确定早熟栽培的保护地设备和规模。

3. 因条件安排播种期　要根据管理水平、劳动力多少及运输能力,合理安排西瓜的播种期。一般来说,早、中、晚分期播种;西瓜成熟时分期上市;可减轻西瓜运输的压力,并能丰富市场,延长西瓜供应期。但是由于田间苗情不一,管理比较复杂,这样做就需要较多的劳动力。如果产销关系协调,运输条件较好,可以集中播种、集中上市,这样不仅管理方便、节省劳力,而且可以集中早倒茬,及时安排下茬作物。

4. *注意轮作换茬* 西瓜忌重茬,大田种植一般应实行5年以上的轮作,否则地力不足,病虫害严重,产量不高,甚至减产。轮作可合理利用自然条件,科学地用地养地和减轻病虫危害。比如有0.67公顷可以种植西瓜的土地,每年只能安排0.067公顷种植西瓜,这样才能保证连续种植,而不出现重茬所致的病害。同时,还要根据生产条件和作物特点,合理安排西瓜与粮食作物、油料作物和多种蔬菜等作物的间作套种,以增加经济收入。

二、搞好西瓜生产经营

西瓜生产经营是种植业中最近几年发展较快的一种,它与粮食作物和其他经济作物相比有三个突出特点。

第一,要妥善运输,就近供应。西瓜产品含水量高、脆嫩多汁,与粮谷相比不耐藏、不耐运输,而且由于西瓜需要分期分批采收,所以应尽量就地生产,成熟一批采收一批,及时销售,妥善运输,就近供应。

第二,需要劳力多,技术水平高。与大田粮食作物相比,西瓜生产技术环节多,集约化程度高,经营西瓜生产需用较多的劳力、较多的设备。要精耕细作,田间管理技术也比较复杂,因此生产者本人要有较高的生产管理技术水平。

第三,要以销定产,产销平衡。西瓜生产与销售的关系十分密切,生产者必须根据当地的市场需求变化及运输条件安排生产,而且要排开播种,均衡上市,避免积压而又延长供应期。否则,容易造成产销脱节,不利于西瓜产销稳定发展。

三、掌握西瓜生产技术

西瓜生产要想获得高产、优质、高效，必须严格把好"三关"，掌握"八项措施"，简称"种瓜三八经"。"三关"就是壮苗关、坐瓜关、中后期管理关。"八项措施"是优良品种、培育壮苗、植株调整、人工授粉、选胎留瓜、肥水施用、病虫防治、适时采收。"八项措施"与上述"三关"为因果关系，掌握"八项措施"的技术高低和熟练程度，就决定了上述"三关"能否顺利通过，也就决定了西瓜生产能否获得高产、优质、高效。

第五节　西瓜高产优质高效栽培的关键措施

一、西瓜高产栽培的关键技术

（一）西瓜高产的主要因素

1. 密度较大　西瓜种植密度大，有效雌花数多，但密度越大，坐瓜率越低。因此，为了保持一定的坐瓜率，密度不可过大，掌握的原则是在不致引起徒长和空秧或化瓜的前提下，尽量增加密度。虽然由于密度的增加，会使平均单瓜重量减小，但是研究证明，产量与平均单瓜重之间没有密切的关系，有的年份平均单瓜重虽大，但产量增加并不多（相关系数为 0.1～0.4）；有的年份平均单瓜重虽大，但产量反而减少（相关系数为 0.5～0.83）。这说明高产的首要因素是增加瓜数，其次是提高单瓜重量。因此，因稀植或缺苗而减产的部分，用增加单瓜重量的办法是不能弥补的。

2. 坐瓜率高　西瓜在一定的密度条件下，单位面积产量与采收瓜个数成正比，而采收瓜个数与坐瓜率也成正比。这就是说，在密度固定的条件下，坐瓜率越高，收瓜个数越多；在平均单瓜重基本固定的条件下，收瓜个数越多，单位面积产量就越高。西瓜提高坐瓜率的主要办法是人工辅助授粉、合理施肥和浇水。

3. 瓜个大　西瓜果实的发育状况是产量高低的关键之一。瓜的发育良好，瓜个就大。瓜的发育状况最初应看子房的大小及瓜把的粗细和长短。通常认为，开花时子房大，瓜把粗而长的，瓜的发育快，最终瓜个也大。开花时子房小而圆，瓜把细而短的，瓜的发育慢，最终瓜个也小。

凡表现高产的西瓜，在开花后 5 天幼瓜即迅速发育，膨大较快。5～20 天期间瓜的横径平均每天增长量都很大，一般为 1.16～1.21 厘米。在生产实践中，为了获得高产，当开花后 5 天即开始加大肥、水供应量，到花后 12 天，在短短的 1 周内可追肥 1～2 次、浇水 2～3 次。此外，西瓜果实生长发育盛期所持续时间的长短也与产量高低有密切关系。瓜的生长发育盛期持续时间越长，瓜个越大，产量越高。

(二) 西瓜生产的关键技术

1. 精选良种　一是要尽量选择当前国内外推广的综合经济性状优良又适合本地栽培的品种；二是要注意种子质量，特别是纯度、发芽率等。对品种成熟性方面，不能只注意全生育期，尤其应注意各生育时期的长短。对产量的评价应注意早期产量、商品产量、坐瓜率及平均单瓜重等。对品质方面，不仅要注意果实含糖量，还要注意到含糖梯度、瓤质、风味和瓜皮厚度等。对抗病性则要特别注意抵抗炭疽病、枯萎病、病毒病能力的强弱。根据上述要求，宜选用西农 8 号、红冠龙、开杂 12、美抗 8 号、郑抗 8 号、聚宝 3 号、华蜜 8 号、豫艺 2 000、陕农 9 号、华西 7 号、黑美人、京欣、双星及燕都巨龙王等品种。

2. 及早培育壮苗　早育苗是西瓜早熟高产的基础。西瓜每 667 平方米株数不多，只不过几百株到 1 000 株。营养钵育苗费工不多，却能节省种子，提早播种，集中育苗，易于管理，可培育壮苗，定植时又能按大小苗分别定植，使瓜苗生长平衡，生长势一致。大面积栽培坚持营养钵育苗的都可做到壮苗早发，平衡增产，因而可提高总产量。

3. *覆盖栽培*　因地制宜地选择地膜、拱棚或双膜覆盖栽培西瓜，具有提高土壤温度，减少土壤水分蒸发，保持土壤疏松，增进土壤微生物活动，改善土壤营养条件，防止肥料流失和促进瓜苗生长发育等作用，能够确保苗全、苗壮，从而使西瓜达到早熟、高产。目前各地凡采用地膜覆盖栽培的增产效果都很明显，而且覆盖方法简便，成本不高。如采用1米宽的单幅地膜覆盖，每公顷只需60千克地膜。为了防止西瓜早衰，便于抽蔓期追肥，铺膜时可于植株的内侧铺30厘米，植株的外侧铺70厘米。这样，日后施追肥时就不必破膜或揭膜了。覆盖的方法，可先栽植营养钵苗，然后在苗的两侧施复合肥，以供苗期生长之用。施肥后再开始铺膜，边覆盖地膜边开口将瓜苗扶出膜面，并用土将开口处封严压牢，以利于提高温度和防止冷风吹入而影响根系生长。双覆盖就是在地膜上再覆盖一层小拱棚以防霜冻，可以在清明前定植，而且定植后生长迅速，拱棚可于立夏后拆掉。

4. *适当密植*　西瓜产量的构成因素是单位面积株数、单株结果数和平均单瓜重量。在一定限度内，产量可随着株数的增加而提高，但不是栽植越密产量就越高。如果超过一定密度，不但不会继续增产，还会引起减产。因为栽植密度与品种、整枝方式、肥水用量、栽培方式及土质条件等有关，所以目前无法具体规定最适密度。这里只能大致介绍各类品种的密度范围：较早熟品种、双蔓式整枝，每667平方米800株左右；中熟品种、双蔓式整枝，每667平方米700株左右；晚熟品种、双蔓式整枝，每667平方米500株左右。密植总的原则是：在维持西瓜叶面积系数为1.5～1.7的前提下尽量增加株数，就会达到最适密度和最高产量。

5. *合理整枝*　整枝是人为地调节植株生长势，控制叶面积，从而使营养生长和生殖生长协调进行的有效措施。整枝与栽植密度有直接关系，通过整枝去掉一些不必要的部分，使养分集中供应所保留的部分，因而不但植株不会被削弱，还可以使植株生长健壮，通风透光良好，促进早熟、优质、高产。但如果整枝过重，就会造成单株叶面积过小，光合产物积累少，瓜个显著变小，即使密度再大，总产量也不会太高，何况过密会使坐瓜率显著下降。但如果整枝过轻或放任生长，则由于蔓叶过多，叶柄过长，叶质薄弱，功能叶片(具有较强光合作用能力的叶片)寿命短等，而使植株易徒长、感病；坐瓜率降低，最终造成产量低、品质差。因此，生长势和分枝力强的品种应以双蔓式整枝为宜；生长势或分枝力其中之一强的品种，以三蔓式整枝为宜；种植密度每 667 平方米为 900～1 000 株时宜采用单蔓式整枝；密度为 700～800 株时宜双蔓整枝；密度为 500～600 株时宜三蔓整枝；密度为 500 株以下时可轻整枝或放任生长。应该注意的是：整枝应及时进行，如果等到应整掉的部分长大以后再行剪除，则不仅消耗了大量营养，更主要的是由于它的存在而影响了其他部位的正常生长。

6. *科学施用肥水* 西瓜需肥量较大，特别喜欢有机肥料和复合肥料。露地栽培与覆盖栽培、旱瓜栽培与水瓜栽培肥水施用有很大的不同。目前各地栽培的绝大部分品种，多采用地膜覆盖水瓜栽培。在施肥方面，应改变传统的多次追肥的露地栽培施肥法，减少追肥，增加基肥。每 667 平方米施土杂肥 5 000 千克，棉籽饼或花生饼 50 千克，复合肥 25 千克，硫酸钾 10 千克。果实膨大期每 667 平方米追施尿素 20 千克，硫酸钾 15 千克。由于各地土壤肥力和施肥水平不同，也可按当地每 667 平方米总施肥量参照以下施用比例确定每次的用肥量：基肥占总施肥量的 60％～70％，追肥占总施肥量的 30％～40％，这种比例产量最高。追肥可分 1～2 次追施：第一次在幼瓜褪毛后(约鸡蛋大)，在植株一侧开沟追施，数量可占总施肥量的 20％～25％；第二次在西瓜碗口大时，于植株另一侧开沟追施，数量可占总施肥量的 10％～15％。

西瓜田浇水总的原则是看天、看地、看苗浇水，即根据天气、土质、土壤含水量及瓜苗需水情况确定是否浇水和浇水量的大小。一般的原则是：水瓜生态型品种如金甜宝、庆红宝、庆农5号及开杂5号等，坐瓜前浇水量小，浇水次数少，瓜褪毛后加大浇水量和增加浇水次数，每隔3～5天浇1次水，西瓜成熟前5～7天停止浇水。

此外，留瓜节位、人工授粉、病虫害防治和适时采收等与西瓜早熟、优质、高产也都有密切关系，应该引起注意。

二、西瓜早熟栽培基本知识

（一）早熟栽培的意义　根据我国北方大部分地区的气候特点，春播西瓜必须抓住“早”字，在适宜西瓜播种期间，尽量将播种期提前，做到早播早管。

西瓜适期早播所以能高产，是因为西瓜苗体内贮藏物质的多少，与苗龄大小及苗期生长发育的环境条件有关。苗龄越大，苗期的生长条件越好，体内贮藏的营养物质就越多，开花、坐瓜就越早，将来的产量也就越高，品质越好。坐瓜期间的气候条件对西瓜的产量和质量影响很大。开花期间阴雨天会影响授粉；坐瓜期间阴雨天会造成化瓜。整个西瓜生长发育期间阴雨天较多，日照不足，瓜的生长慢，雨水多，西瓜的含糖量低，特别是当西瓜膨大盛期雨水多，会造成裂瓜，使质量大大降低。各地应根据各自的气候条件，适期早播以避开汛期，充分利用有利条件，使西瓜在降雨少、晴天多、气温不太高时开花授粉，以提高坐瓜率；使瓜膨大期正好在气温高、光照强、昼夜温差大时，以提高产量和品质。

（二）早熟栽培的措施

1. *选用早熟品种*　可选用特小凤、红小玉、世纪春蜜、小天使、早佳、黑美人、极早蜜龙等早熟品种。西瓜早熟品种雌花坐瓜的节位较低，而雌花开放至西瓜成熟的天数较少。如京欣3号雌花多数在 8～9 节，雌花开放坐瓜后 28～30 天便可成熟，故适于早熟栽培。

2. 大苗带土移栽　应用土块、营养纸袋或塑料钵育苗，培育成有 3～4 片真叶的壮苗，再定植于大田，这样生育期可提前 10 天左右，露地栽培可以提前到 7 月上旬收获。

3. 地膜覆盖栽培　大田定植后接着覆盖宽 70～100 厘米的地膜，可提高土壤温度，防止水分蒸发，保持土面疏松，促进土壤微生物活动和加速养分分解。因此，有利于西瓜的加速生长，提前生育，提早坐瓜，增加产量。西瓜地膜覆盖栽培，种植行要略高于地面，以防止种植孔积水；畦面要整得平、细，地膜要绷得紧使膜紧贴地面；种植时开口要小，四面及种植孔要压紧，并注意压蔓防风。

4. 棚室覆盖栽培　利用塑料棚室的增温保温作用，可以使西瓜的播种时间大大提早。提早的时间因棚室结构、规格及性能而异。一般来说温室早于大棚，大棚早于中棚，中棚早于小拱棚。现以最简易、推广最快的小拱棚覆盖栽培为例，简要介绍其早熟栽培。小拱棚是在种植畦上用竹竿架一个宽约 120 厘米、高约 60 厘米的拱架，其上覆盖塑料薄膜，可以提高气温。据测定，3 月上旬，晴天时温度可以提高 8℃～10℃，阴天时可以提高 2℃～3℃。小拱棚覆盖栽培，应提前到 3 月上中旬育苗，4 月中旬定植有 3～4 片真叶的大苗，5 月中下旬开花坐瓜，6 月中旬开始采收。覆盖栽培应加强栽培管理：适当密植，每公顷以种植 15 000 株为宜，以尽量利用棚内空间；采用双蔓整枝，加强理蔓和压蔓，使叶、蔓分布均匀；注意温度的控制，前期应以保温为主，中、后期晴天应争取多见阳光；夜间保温，阴雨天应覆膜防雨、保温；温度高、湿度大时，要适当通风，避免 40℃以上的高温危害；坐瓜后应增施肥料等。

三、西瓜高效栽培措施

(一)延长西瓜上市供应期　过去按老传统栽培西瓜，一般都是春种夏收，上市时间多集中在7～8月份。近几年来，新的栽培技术不断涌现，不仅提高了西瓜的产量和品质，同时也利用不同栽培方式，调节播种期，可经济有效地延长西瓜上市供应期。

1. 塑料大棚上架栽培　这种方式与生产大棚黄瓜基本相似。山东省通常在1月上旬播种，3月上中旬陆续坐瓜，4月下旬开始上市。塑料大棚栽培西瓜，是早春西瓜生产中增产最显著、上市最早、经济效益最高的一种栽培方式。利用塑料大棚生产西瓜，一般可比露地直播提早70～75天上市，每667平方米产量可达6 000千克以上。但由于建造大棚投资较大、用工较多，发展受到限制。

2. 双覆盖栽培　这种方式分为地膜加拱棚双覆盖和双层拱棚双覆盖两种。山东省通常在2月下旬播种，4月下旬坐瓜，5月底至6月初上市。利用塑料薄膜双覆盖栽培西瓜，一般可比露地直播提早50～60天上市，每667平方米产量可达5 000千克。由于双覆盖栽培投资比大棚少，上市早，收入高，所以目前发展较快。

3. 阳畦育苗移栽　即利用单斜面或拱形苗床覆盖塑料薄膜进行育苗，当幼苗长出2～3片真叶时再定植到露地中。山东省通常在3月中旬播种，5月下旬开始坐瓜，6月下旬至7月上旬上市。西瓜用阳畦育苗移栽，一般可比露地直播提早30天左右，每667平方米产量可达3 000～4 000千克。由于阳畦育苗移栽设备简单，投资少，成本低，产量高，所以这种方式适于在许多地区采用。

4. 地膜覆盖直播栽培　即用0.015～0.02毫米厚的地膜沿西瓜植株行向紧贴地面进行全生育期覆盖栽培。山东省通常在4月中下旬播种，6月上中旬坐瓜，7月中下旬上市。利用地膜覆盖直播栽培西瓜，一般比露地直播可提早10天左右上市，每667平方米产量可达 2 500～3 500 千克。由于地膜覆盖栽培方法简便易行，不需特殊设备，成本很低，经济效益较高，所以最近几年在我国各地发展极为迅速。

5. 麦茬栽培　即在小麦收获后立即灭茬整畦，浸种直播。山东省通常在 6 月上旬播种，7 月中旬开始坐瓜，8 月中下旬上市，每 667 平方米产量可达 1 500～2 000 千克。麦茬栽培在春田较少而秋季较热的地区越来越受到重视，北方各省栽培面积逐年增加。

6. 秋西瓜栽培　也叫延后栽培。山东省通常在 6 月下旬至 7 月上中旬播种，8 月下旬至 9 月上旬坐瓜，10 月上中旬上市，每 667 平方米产量一般为 1 500～2 000 千克。秋西瓜栽培是延长西瓜下半年供应期最有效的一种方式。由于秋西瓜贮藏期较长，如果配合贮藏保鲜技术措施，可使西瓜供应期延长到春节前后。

（二）开发旱瓜栽培　旱作西瓜，有些地区也叫旱瓜栽培。通过种植业内部结构调整和积极推广瓜、粮、棉、油、菜、果、茶间套复种等各项措施，扩大西瓜经济作物的栽培面积，是我国发展高产、优质、高效农业生产的一条有效途径。我国旱坡地面积约占总耕地面积的 68.3%，如果能在旱坡地上种植西瓜，将可极大地提高我国农业整体经济效益。我国早有旱瓜栽培历史，但随着农田水利的建设和因旱瓜产量低而逐渐放弃。面对水浇田面积的逐年减少（菜田面积和城镇建设用地逐年增加）的现实，不少地方已把开发旱瓜栽培提到议事日程。旱瓜栽培可提高西瓜品质（皮薄、瓤沙、味甜），但也存在产量低、果形差的缺点。要提高旱瓜栽培的产量，要抓好以下几个环节。

1. 选择耐旱品种　我国许多优良地方品种大都具有很强的耐旱性，在生物学特性方面具有旱瓜生态型的典型特征。旱瓜生态型的主要特点是植株生长势较旺，分枝力强，主根入土深，根系发达、呈菱形分布；叶裂深，叶片大；蔓粗壮易生不定根；第一雌花出现较晚，坐瓜节位较高；瓜个中大或大型，瓜皮稍厚，种子较大；

成熟期较晚，生育期110～120天；抗旱性强，不耐湿。主要品种有西农8号、庆农5号、红冠龙、郑抗8号、华西7号和大江2008等。

2. 露地直播 西瓜根系生长迅速，组织脆嫩，再生能力较弱，移植时常造成伤根，影响幼苗正常生长。直播的西瓜根系发达，瓜苗较粗壮。露地直播以点播法为好。一般用锄或铁铲在瓜田正中按一定株距开穴，穴深2～3厘米，长10～15厘米。每穴浇满水，等水渗下后，播下4～5粒（水瓜栽培直播时每穴按3～4粒）种子，种子间距为2厘米左右，随播随覆土且轻按一下。播种时最好将种子平卧播下，这样不仅可以使整个种子所吸收的水分一致，而且上层土壤压住种壳，借胚茎基部向上突起的机械力，易使瓜种脱去种壳。旱瓜直播需种量较多，每667平方米200～250克。

3. 整枝压蔓 旱作西瓜一般采用双蔓式整枝，即保留主蔓和自主蔓基部发生的一条粗壮的侧蔓作为副蔓，而在主蔓上留瓜。株距较小，行距较大，以主、副蔓背向生长为宜；若株距较大，行距较小，则以主、副蔓同向生长为宜（主、副蔓一面倒）。若主蔓上留不住瓜时，可及早在副蔓上留瓜。除选留的主蔓、副蔓外，其余发生的各次分枝应随时摘除，以减少水分和养分的消耗。压蔓多采用暗压法，即用瓜铲沿瓜蔓延伸位置在地面开一条浅沟，然后将瓜蔓埋入沟内，并使叶柄露出地面。瓜蔓在土面可产生不定根，以增加抗旱性，并且可以防止风吹瓜蔓及磨伤幼瓜。

4. 加强中耕 旱作西瓜中耕很重要，除了使土壤疏松、通气性良好及清除杂草等以外，主要的作用是保墒防旱，促使西瓜根系扩大以提高吸收能力。瓜苗出土以后，要经常中耕松土，一般进行7～8次。最初用锄或瓜铲在瓜沟处耥锄深3～4厘米，将杂草锄掉，土块打碎，并将地面整平。随着瓜苗的生长和根系的扩展，松土深度渐浅。除每次雨后要进行中耕划锄以外，一般每隔5～6天应划锄1次。当瓜蔓基本占满地面时，可结合拔草用铁铲将见光地面划锄一下。

5. 根外追肥　旱作西瓜根外追肥不仅可以对西瓜提供营养元素，同时肥液中的水分也可被叶面吸收，从而增强植株的抗旱能力，防止叶片萎蔫。许多西瓜产区还结合防治病虫害，在药液内加入0.3%尿素或腐熟人尿液作根外追肥效果很好。根外追肥所施用的肥料主要有磷酸二氢钾、尿素、复合肥以及微量元素等。喷洒时间最好在下午至傍晚前进行。

四、提高西瓜品质的主要措施

（一）影响西瓜品质的主要因素和关键时间　除选用优质品种外，光照、温差、肥水等都对西瓜品质有重要影响。西瓜果实的发育期一般为30～40天，前20～25天主要影响果实产量，后10～15天主要影响品质。据笔者多年观察，决定其品质风味的关键时间是果实成熟前15天左右至采前2～3天。也就是说，当子房（瓜胎）在授粉后的20天左右时间内，一切环境条件和栽培措施只能对果皮、胎座、种壳等组织的形成和膨大（亦即整个果实的膨大）起决定作用，而此时的果实组织特别是胎座和种子正处在迅速发育阶段，还没有贮存、转化大量果糖的能力，故不能也无法影响果实品质。但果实发育到成熟前15天左右时，环境条件和栽培措施主要对果实品质起决定作用，而对其产量高低则影响甚小。

（二）提高西瓜品质的主要措施

1. 提高光合强度　西瓜甜度的高低主要是由蔗糖、果糖、葡萄糖等糖类的多少所决定的，而这些糖类的形成，都离不开光合作用。因此，提高西瓜植株的光合作用强度，通过一系列复杂的生理转化过程，输送到瓜里的蔗糖、葡萄糖、果糖等糖类的含量就会大大增加，因而西瓜的甜度也会相应地提高。为保持较高的光合作用强度，可以通过三方面实现：一是提高光照强度；二是延长光照时间；三是增加空气中二氧化碳含量。后两种措施在塑料大棚内是能够做到的，但提高光照强度则比较困难。延长光照时间可以通过人工补光(增挂300瓦或500瓦的太阳灯)来实现。增加二氧化碳的方法有两种：一是利用碳酸氢铵与稀硫酸反应，生成二氧化碳和硫酸铵；二是燃烧丙烷气，产生二氧化碳(具体使用方法详见本书第四章第二节中的“五、大棚西瓜的管理”)。

2. *减少氮素的供应比例*　西瓜膨大后应减少氮素肥料的供应，适当增加钾肥用量。具体做法是：在追膨瓜肥时，每株增施硫酸钾15～20克。特别要控制西瓜生长后期植株对氮素的吸收。一般应使氮(N)、磷(P_2O_5)、钾(K_2O)的比例由抽蔓期的3.59∶1∶1.74改变为3.48∶1∶4.6。这时如果西瓜吸收氮素过多，就会降低品质。因为瓜不再生长，多余的氮素在瓜内积聚反而使西瓜甜度和风味变坏。在此期间侧蔓增多就是氮素过多的特征。

3. *提高昼夜温差*　白天温度较高可以提高光合作用，但日落后要降低大棚的温度，以便降低呼吸强度，减少糖分的消耗，使更多的糖分贮存到瓜中。因此，加大白天与夜间的温差，有利于糖类物质的积累，能提高西瓜甜度。新疆吐鲁番地区的瓜果之所以特别甜，就是这个原因。利用塑料大棚栽培西瓜，比露地栽培易于调节昼夜温差，因而可以人为地加大大棚内的昼夜温差。

4. *采收前控制浇水*　在许多西瓜产区流传着“旱瓜甜”的说法，这种说法是有一定道理的。当西瓜采收前天旱无雨，西瓜确实较甜；当西瓜采收前遇到大雨，西瓜确实味淡不甜。西瓜的甜度，目前国内外采用的测量方法，都是用手持折光仪糖量计，测定瓜瓤汁液中可溶性固形物含量(浓度)。因此，西瓜含水量越高，西瓜汁液中可溶性固形物的浓度越低，可溶性固形物的相对含量也就越少，所测出的数值也越小。同时，用口品尝也因含水量的多少所感觉的甜度也不同。一般含水量多的西瓜，吃起来甜味较淡；含水量少的西瓜，吃起来甜味较浓。所以，当西瓜采收前4～5天停止浇水，可使西瓜甜度相对提高。

5. 选择优良品种　良种不仅是增产的重要条件，也是提高品质，提供不同果型、不同皮色、不同瓤色、不同风味和不同档次商品西瓜的主要措施。国内外西瓜育种家，为人类选育了大量高产优质的西瓜良种（详见本书“第二章西瓜品种选择及种子检验”），为提高西瓜品质提供了最直接和最简易的措施。

第二章　西瓜品种选择及种子检验

第一节　西瓜品种和熟性

一、区别西瓜不同品种的依据

(一)生育期　从播种到果实成熟的时间。应特别重视从雌花开放到果实成熟的时间。

(二)果实特征　包括果实形状、大小、皮色及花纹,果皮、瓜瓤颜色,瓤质及含糖量等。

(三)种子特征　包括种子大小、颜色,单瓜平均种子数及千粒重等。

(四)植株生长特征　如生长势、分枝力强弱,节间长度,第一雌花着生节位,雌花间隔节位及某些特殊性状等。

(五)适应性和抗逆性　主要指对气候、土壤的适应性和抗病性。

二、西瓜熟性的划分

西瓜品种的熟性一般是按生育期划分的。即根据生育期的长短可分为早熟品种、中熟品种和晚熟品种。但由于各地气候条件不同,栽培方式和栽培季节不同,因而很难采用绝对固定的数字来划分。目前也没有统一的国家标准。20 世纪 80 年代,贾文海曾将生育期为 80～100 天的品种称作早熟品种,生育期 100～120 天的品种称作中熟品种,生育期 120 天以上的品种称作晚熟品种。全生育期的长短是由结果前的苗期(幼苗期和抽蔓期)和结果后的果实发育期构成的。第一雌花出现的早晚,决定了苗期的长短;果实成熟的早晚,决定了果实发育期的长短。在生产实践中,通过对西瓜不同品种的大量田间调查,发现第一雌花出现的早晚对西瓜采收期的影响小于果实成熟早晚对西瓜采收期的影响。所以,从生产实际出发,可以用果实发育时期所需天数的多少来代表生育期的长短。通过在不同地区对许多品种的大量调查,认为以坐瓜节为基准,一般从雌花开放到该果实成熟所需天数在28～30天者为早熟品种,24～28天者为极早熟品种;从雌花开放到该果实成熟所需天数在30～35天者为中熟品种,35～40天者为中晚熟品种;从雌花开放到该果实成熟所需天数在40天以上者为晚熟品种。

早熟品种的主要特点是:第一雌花出现较早,坐瓜节位低,瓜码较密,一般雌花在主蔓上每隔3～5节着生1个,易坐瓜,较耐低温弱光。生长势与分枝性较弱,一般抗病力较差。果实成熟早,早期产量高,单瓜重较小,总产量不高等。

中熟品种的主要特点是:第一雌花出现稍晚,坐瓜节位较高,雌花密度较小。生长势较旺,分枝力强,果型较大,抗病性较强,产量高。

晚熟品种的主要特点是:第一雌花出现晚,坐瓜节位高,雌花间节位多(瓜码稀)。生长势旺,分枝力很强,根系发达,瓜蔓粗壮,叶片大,抗病性强,耐旱,果型大,果实发育期长,产量高,耐贮运。

目前我国栽培面积最大、品种最多的是中熟品种。从国外引进和国内育种单位选育最多的也是中熟品种。据中国园艺学会西瓜甜瓜协会1994～1996年多次统计,中熟品种在我国西瓜栽培总面积中占75%～85%,有的省可达到90%以上。笔者认为,作为一个地区特别是一个省应早、中、晚熟品种适当搭配,不同的栽培方式和不同的栽培季节应选择具有不同特点和不同熟期的品种与之相配套,只有这样才能更充分地发挥不同栽培方式的优越性,并更好地适应不同的栽培季节。

第二节　普通食用西瓜的主要品种

据近几年全国西瓜种子交易、交流、协作等各种会议及全国各西瓜主产区种子市场的调查，每年有1 000多个西瓜品种上市，全部为一代杂交种。但其中不乏同品种异名、同母(本)异父(本)、同父(本)异母(本)及同品种不同包装、不同生产厂家的品种、品系。虽为不同育种单位育成，但其主要性状大同小异，经去伪存真、求同存异之精选，实际上每年推向我国种子市场的西瓜品种不足400个，其中有籽西瓜品种为320～350个，无籽西瓜品种为50～80个。在全国西瓜主产区成为主栽品种的就更少了。我国目前种子市场尚不规范，西瓜种子市场尤为突出。笔者试图从生育期(熟性)、果实品质(性状)、产量、抗病性及适应性等多方面分别介绍各具特点的一些品种，供各地根据各自的栽培条件、栽培季节、栽培方式及当地西瓜市场的消费习惯进行选择。

一、特早熟品种

特早熟品种的生育期一般为80～90天，其中果实发育期为22～28天。多为小型果，平均单瓜重1.5～3千克。株型较小，瓜蔓生长势较弱，但主蔓分枝力较强，伸展力较弱，适合露地双行密植栽培和棚室多茬栽培。近年来，这类品种(系)的引进和选育工作发展迅猛，为我国西瓜市场实现周年均衡供应提供了良好条件。

(一)特小凤　由台湾农友种苗公司育成。全生育期80天左右，雌花开放至该果实成熟(亦称果实发育期，以下统一简称果实发育期)22～25天。果实近圆形，果皮鲜绿色，果面有不规则的黑条纹。单瓜重1.5～2千克。果肉金黄色，肉质细嫩、脆甜多汁，果实中含糖量12%左右。果皮极薄，种子特少。耐低温弱光，适合我国南北各地早熟或多季栽培。

(二)拿比特 从日本引进的红玉类最新西瓜品种。全生育期85天左右,果实发育期24～26天。果实长椭圆形,果皮绿色,上覆墨绿色条带。果肉红色,质脆嫩,果实中心含糖量12%以上。单瓜重2千克左右,易连续坐果。适宜我国各地春季早熟和秋延后保护地栽培。

(三)红小玉 由湖南省瓜类研究所从日本引进的一代杂交种。全生育期80～85天,果实发育期22～25天,极易坐果,每株可坐果2～3个。果实高球形,果皮深绿色,上有16～17条纵向细虎纹状条带。果肉深桃红色,瓤质脆沙味甜,风味极佳,中心含糖量12%左右。生长势较强,可连续结果,单瓜重约2千克。适宜全国各省、直辖市早熟栽培。

(四)特早红 由黑龙江省大庆市庆农西瓜研究所育成,全生育期85天,果实发育期28天左右。果实圆形,浅绿色果皮上有深绿色条带。果肉红色瓤质细脆多汁,风味好,中心含糖量12%以上。单瓜重4～5千克。适宜北方棚室早熟栽培。

(五)世纪春蜜 由中国农业科学院郑州果树研究所育成。全生育期85天左右,果实发育期25天左右。果实圆形,果皮底色浅绿,上有深绿色细条带。果肉红色,瓤质细脆多汁,风味佳,果实中心含糖量为12%以上。单瓜重3.5～4千克。适宜棚室早熟栽培。

(六)小天使 由合肥市丰乐种业股份有限公司育成。全生育期80天左右,果实发育期24天左右。果实椭圆形,果皮鲜绿色,上覆深绿色中细齿状条带。果肉红色,质脆,纤维少,爽口多汁,风味佳,果实中心含糖量12.5%。平均单瓜重1.5～2千克。适宜浙江、上海等地生态区栽培。

(七)早佳(新优3号) 由新疆维吾尔自治区农业科学院园艺研究所育成。全生育期75天左右,果实发育期28天左右。果实圆形，果皮绿色，上覆深褐色条带。果肉粉红色，松脆多汁，纤维少，果实中心含糖量12%以上。单瓜重3～5千克。耐低温弱光，适宜棚室早熟栽培。

（八）美抗9号　由河北省蔬菜种苗中心育成。全生育期85天左右，果实发育期28天左右。果实圆形，果皮深绿色，上覆墨绿色条带。果肉红色，质脆多汁，中心含糖量12%以上。单瓜重4千克左右，种子小而少。适宜北方地膜覆盖及棚室栽培。

（九）玉美人　由新疆昌农种业有限公司选育。全生育期80～85天，果实发育期22～24天。果实椭圆形，果皮浅绿色，上覆绿色条带，皮极薄。果肉鲜黄色，细脆爽口，中心含糖量13%左右。一株多果，平均单瓜重2.5千克以上。适应性广，抗病性强，全国各地均可栽培。

（十）春光　由合肥市华夏西甜瓜科学研究所育成。全生育期90～95天，果实发育期30天左右。果实长椭圆形，果皮鲜绿，上覆深绿色细条带。果肉粉红色，质细嫩，中心含糖量13%左右，梯度小，风味佳。果皮极薄，仅为0.2～0.3厘米，具弹性，不裂果，耐贮运。单瓜重2～2.5千克，植株生长稳健，低温下伸长性好，在早春不良条件下易坐果。目前在上海郊区、江浙等地有较大面积栽培。

（十一）早红玉　从日本引进的一代杂交种。全生育期80天左右，果实发育期25天左右。果实短椭圆形，果皮深绿色，上覆黑色条状花纹，果皮极薄具弹性，耐运输。果肉桃红色，质细风味佳，果实中心含糖量12%以上。单瓜重1.5～2.5千克。适宜春、秋、冬多季设施栽培。

（十二）绿美人　由新疆昌农种业有限公司选育。全生育期70～80天，果实发育期26天左右。果实椭圆形，果皮浅绿色，上覆绿色细网纹。果肉鲜红色，质脆、沙，中心含糖量13%左右。单瓜重2.5～3千克。适应性广，抗病性强。适宜各西瓜主产区春、夏、秋季栽培。

(十三)其他极早熟品种

1. 国内育成的特小凤类型品种　玉玲珑、春兰、黄冠、小黄宝、早黄宝、京阑、秀雅、新金兰、宝凤、鲁青金凤等。

2. 拿比特类型的品种(系)　京秀、秀顾、春光、华晶5号、万福来、丽春、春秋早红玉、红小宝等。

3. 红小玉类型的品种(系)　京玲、秀美、秀绿、鲁青红玉等。

4. 从国外引进的品种　红大、新红玉、黄小玉、拿比特、乙女等。

5. 从我国台湾省引进的品种　小兰、特小凤等。

二、早熟品种

早熟品种的全生育期一般为90～100天,其中果实发育期为28～30天。多为中果型,平均单瓜重4～6千克。

(一)黑美人　由台湾农友种苗公司育成。全生育期90天左右,果实发育期28天左右。果实长椭圆形,果皮墨绿色,有暗黑色斑纹。果肉鲜红色,肉质细嫩多汁,中心含糖量12%以上。单瓜重2.5～4千克。果皮硬而韧,具弹性,极耐贮运。是目前栽培面积最大的早熟品种。我国台湾、大陆南北及东南亚各国均有栽培。

(二)改良京抗二号　由国家蔬菜工程技术研究中心最新育成。全生育期90天左右,果实发育期30天左右。果实高圆形,果皮深绿色,上覆黑色中宽条带。果肉朱红色,质脆嫩,纤维少,口感风味佳,中心含糖量12%以上。单瓜重7～8千克。耐裂性较其他京欣系列品种有较大提高。适宜早春中、小拱棚及地膜覆盖露地栽培。

(三)禾山玉丽　由新疆昌农种业有限公司选育。全生育期90天左右,果实发育期30天左右。果实高圆形,果皮翠绿、上覆深绿色窄条带。果肉红色,质细脆爽口,中心含糖量13%左右。

单瓜重6～8千克。适应性广，抗病性强，较耐重茬。我国南北方均可栽培。

（四）早熟抗枯巨龙 由新疆昌农种业有限公司选育。全生育期88～90天，果实发育期26～28天。果实椭圆形，果皮翠绿、上覆墨绿色条带。果肉鲜红色，质沙脆，风味佳，中心含糖量12%左右。单瓜重6～7千克。适应性广，抗病性强，全国各地均可栽培。

（五）大总统 由济南市学超种业有限公司通过太空育种而成。全生育期85～95天，果实发育期26～28天。果实近圆形，果皮浅绿色、上覆黑色窄条带。果肉大红色，质脆，中心含糖量12%左右。单瓜重7～10千克。耐低温弱光，高抗病。皮薄坚韧，耐贮运。适宜露地早熟栽培和保护地春、秋栽培。

（六）金早8号 新疆昌农种业有限公司选育。全生育期90天左右，果实发育期28天左右。果实椭圆形，果皮黄绿色，上覆深绿色宽条带。果肉大红色，风味好，中心含糖量12%左右。单瓜重7～8千克。适应性广，抗病性强，我国南北方均可栽培。

（七）兴华 由台湾农友种苗公司选育。全生育期90天左右，果实发育期28天左右。果实长椭圆形，果皮淡绿色，上有粗宽黄绿色条带。果肉深红色，中心含糖量12%左右。果皮薄而韧，耐贮运。单瓜重3～4千克。适宜我国各地早熟栽培。

（八）早巨龙 由河北省蔬菜种苗中心育成。全生育期96天，果实发育期31天左右。果实椭圆形，果皮深绿色，上覆墨绿色条纹。果肉粉红色，籽少，中心含糖量11.5%左右。单瓜重4～6千克。适应性广，抗病性强，适宜各地早春栽培。

（九）丰乐5号 安徽省合肥市丰乐种业股份有限公司育成。全生育期90天左右，果实发育期31天左右。果实椭圆形，果皮浅黑色，上覆黑色暗条带。果肉桃红色，中心含糖量12.5%左右。单瓜重4～5千克。抗枯萎病，兼抗炭疽病。适宜露地和保护地早熟栽培。在湖南、浙江等省栽培面积较大。

（十）京欣2号 由国家蔬菜工程技术研究中心育成。早熟品种，全生育期88～90天，果实发育期28天左右。果实圆形，皮绿色，上覆墨绿色条带，有蜡粉。瓜瓤红色，质脆嫩，口感好，甜度高，中心含糖量在12%以上。皮薄而韧，耐裂性较京欣1号强。单瓜重6～8千克。抗病性较强。适合全国保护地栽培和露地早熟栽培。

（十一）京欣系列及同类品种 京欣1号、京欣3号、京欣4号、国宝、国风、国优、特大京欣王、冬喜3号、大总统、致富星、超甜京欣、禾山玉丽、禾山真美、禾山真奇、瑞禧、科德福宝、早熟亚欣、科德超冠、鲁青7号、欣优一号、冠星一号、鲁青双冠、爱民7号、京欣霸王、京研抗病新星、鲁青早熟冠星等。

（十二）国内早期育成的早熟品种 郑杂7号、郑杂9号、丰乐1号、丰乐8号、特早佳龙、极早熟蜜龙、庆农3号、中选1号、燕都大地雷等。

三、中熟有籽西瓜良种

（一）大果型品种 这类品种多为椭圆或长椭圆形，果实单瓜重较大，生长势和分枝力较强。抗病、丰产。

1. 西农8号 由西北农林科技大学育成。全生育期95～105天，果实发育期34～36天。果实椭圆形，果皮浅绿色，上覆墨绿色齿状条带。果肉红色，质细脆甜，中心含糖量11%以上。单瓜重7～8千克。适宜长江以北露地或地膜覆盖栽培。

2. 红冠龙 由西北农林科技大学园艺学院育成。全生育期100天左右，果实发育期36天左右。果实椭圆形，果皮浅绿色，上覆不规则深绿色条带。果肉大红色，质细嫩脆爽，风味好，中心含糖量11%以上。单瓜重9～10千克。适宜我国各主要西瓜产区露地栽培。

3. 开杂12 河南省开封市农林科学研究所育成。全生育期

106天，果实发育期34天。果实椭圆形，果皮黑色，上覆暗黑条带。果肉红色，质脆多汁，中心含糖量11%左右。单瓜重8～10千克。适宜华北及长江下游地区露地或地膜覆盖栽培。

4. 庆发黑马　由黑龙江省大庆市庆农西瓜研究所育成。全生育期110～120天，果实发育期35天左右。果实椭圆形，果皮黑色。果肉红色，质脆甜，中心含糖量12%左右。单瓜重8～10千克。适宜东北、西北、华北及生态条件类似的地区种植。

5. 美抗8号　河北省蔬菜种苗中心育成。全生育期105～110天，果实发育期32天左右。果实椭圆形，果皮浅绿色，上覆墨绿色条带。果肉鲜红色，质细脆而多汁，中心含糖量12%左右。单瓜重7～10千克，最大可达28千克。适宜华北地区春季露地栽培。

6. 庆农5号　由黑龙江省大庆市庆农西瓜研究所育成。全生育期105天左右，果实发育期33天左右。果实椭圆形，果皮浅绿色，上覆深绿色条带。果肉红色，少籽，瓤质细脆而多汁，中心含糖量12%左右。单瓜重8～10千克，最大可达28千克。适宜华北地区春季地膜覆盖栽培。

7. 郑抗8号　由中国农业科学院郑州果树研究所育成。全生育期95～100天，果实发育期28～30天。果实椭圆形，果皮墨绿色、上有隐形暗网纹。果肉鲜红色，质细脆沙、汁多纤维少，中心含糖量11%以上。单瓜重6～8千克。适宜华北地区露地栽培。

8. 聚宝3号　由合肥市丰乐种业股份有限公司育成。全生育期95～98天，果实发育期33～35天。果实椭圆形，果皮黄绿色，上覆深绿色中宽齿条。果肉红色，质脆多汁，纤维少，中心含糖量11%左右。单瓜重7～8千克。适宜东北、华北、西北、华东等地各生态区露地栽培。

9. 华蜜8号　合肥市华夏西瓜甜瓜科学研究所育成。全生育期95～100天，果实发育期35天左右。果实椭圆形，果皮绿色，上覆有墨绿色齿状条带。果肉红色,质细脆甜,纤维少,风味好,中心含糖量12%左右。单瓜重8～9千克。适宜华东、华北及长江中下游地区露地栽培。

10. 豫艺2000　由河南农业大学育成。全生育期105天左右,果实发育期33～35天。果实椭圆形,果皮黑色。果肉红色,瓤质脆甜,中心含糖量11%以上。单瓜重10～15千克,适宜在北方各省及南方旱季露地栽培。

11. 陕农9号　由西北农林科技大学园艺学院育成。全生育期95～100天,果实发育期35天左右。果实椭圆形,果皮浅绿色,上覆深绿色中宽条带。果肉红色,质细,纤维少,中心含糖量12%以上。单瓜重8～9千克,最大可达20千克。适宜陕西、河南等地露地栽培。

12. 华西7号　由新疆华西种业有限公司育成。全生育期95天左右,果实发育期35天左右。果实椭圆形,果皮浅绿色,上覆墨绿色条带。果肉朱红色,品质好,风味佳,中心含糖量11%以上。单瓜重7～8千克。适宜新疆、河北等地露地栽培。

13. 丰乐圣龙　由合肥市丰乐种业股份有限公司育成。全生育期95～100天,果实发育期33天左右。果实椭圆形,果皮底色浅绿、上有齿状黑条带。果肉红色,质脆,纤维少,中心含糖量12%左右。单瓜重6～7千克。适宜安徽、河南、山东等省露地栽培。

14. 燕都巨龙王　为中熟一代杂交种。全生育期95～100天,果实发育期30～32天。果实椭圆形,果皮绿色,上覆黑色齿状条带。果肉红色,质脆爽而多汁,中心含糖量12%左右。单瓜重9～11千克。适宜辽宁、山东、河南、河北等省露地或地膜覆盖栽培。

15. 大江2008　为中熟大型果一代杂交种。全生育期100天左右,果实发育期32天左右。果实椭圆形,果皮纯黑色,果肉朱红色，少籽，中心含糖量11%～12%。单瓜重9～12千克，最大可达25千克。适宜河南、山东、河北、辽宁等省露地栽培。

16. **其他同类品种**　丰抗8号、西农10号、郑抗1号、丰乐旭龙、豫艺新墨玉等。

(二)高糖少籽品种

1. **金鹤黑美龙**　由广东省珠海裕友种苗有限公司选育。系黑美人改良品种，极早熟，全生育期85～90天，果实发育期28天左右。果实长椭圆形，果皮墨绿色，上覆黑色条斑。果肉深红色，肉质细嫩多汁，中心含糖量12%～14%，籽少。单瓜重3.5～5千克。适宜广东、广西、云南、贵州等地早熟栽培。

2. **裕友美麒麟**　由广东省珠海裕友种苗有限公司选育。早熟品种，全生育期90～95天，果实发育期30天左右。果实短椭圆形，果皮绿色，上覆墨绿色至黑色条斑。果肉深红色，质脆，多汁，中心含糖量13%～14%。单瓜重3.5～4.5千克。籽少。适宜西南及华南地区露地栽培。

3. **京抗2号**　由北京农林科技学院蔬菜研究中心育成。全生育期90～95天，果实发育期30天左右。果实圆形，果皮绿色，上覆深绿色条带。果肉红色，种少子，口感好，中心含糖量为12%以上。单瓜重4～5千克。适宜北京、河北、山东、辽宁、黑龙江、吉林等省(直辖市)露地栽培。

4. **庆发8号**　由黑龙江省大庆市西瓜研究所育成。全生育期100～105天，果实发育期约33天。果实圆形，果皮绿色，上覆较宽的黑色齿状带。果肉红色，质脆多汁，味纯甜爽口，中心含糖量12%左右，高者可达13.5%，中边梯度小。单瓜重7～10千克。籽少，每果仅70～120粒。适宜河北、河南、山东、江苏、安徽、湖南等省露地栽培。

5. **新优20号**　由新疆生产建设兵团农六师农业科学研究所育成。全生育期90～98天，果实发育期29天左右。果实椭圆形，果皮深绿色，上覆约 12 条墨绿色条带。果肉桃红色，质脆多汁，纤维少，风味好，中心含糖量 12%左右，籽较少。单瓜重 3.5～4.5 千克。不裂果，耐运输。适宜新疆、甘肃等地露地栽培。

6. 甜王世纪星　由黑龙江省青园种业有限公司经销。全生育期 95～100 天，果实发育期 28 天左右。果实近椭圆形，果皮绿色，上覆墨绿色条带。果肉红色，质脆味极甜，中心含糖量 13%以上。单瓜重 4～5 千克。适宜东北、华北地区地膜覆盖露地栽培或北方小拱棚覆盖栽培。

7. 平优 5 号　由浙江省平湖市西瓜豆类研究所育成。全生育期 95～100 天，果实发育期 32 天左右。果实椭圆形，果皮墨绿色，无条纹。果肉大红色，瓤质松脆，口感好，味甜，中心含糖量 12%以上。单瓜重 5～8 千克。适宜江浙一带栽培。

8. 昌农黑冠　由新疆昌农种业有限公司育成。全生育期 100 天左右，果实发育期 35 天左右。果实椭圆形，果皮黑色，有蜡粉。果肉大红，中心含糖量 12%左右。单瓜重 10～12 千克，最大 18 千克。生长势强，易坐果，适应性广，抗病性强。我国各地均可栽培。

9. 其他同类品种　少籽巨宝、黑旋风、巨龙、庆农 5 号、禾山黑金等。

（三）高抗枯萎病的品种　中国西瓜甜瓜协会西瓜甜瓜育种组和其他西瓜育种单位近几年育成一批抗枯萎病的西瓜品种，在种植中发挥了抗病、增产作用。

1. 西农 10 号　由天津市科润蔬菜研究所与西北农林科技大学合作育成。全生育期 98～102 天，果实发育期 32 天左右。果实长椭圆形，果皮绿色，上覆黑色齿状条带。果肉大红色，瓤质细脆，风味好，中心含糖量 11%左右。单瓜重 6～8 千克。高抗枯萎病，可适度连作。适宜陕西、河北、天津等省（直辖市）栽培。

2. 抗病黑旋风　由天津市科润蔬菜研究所育成。全生育期

95～102天,果实发育期30～33天。果实椭圆形,果皮黑色。果肉红色,质脆沙,中心含糖量12%左右。单瓜重9千克以上,籽少。抗病性强,特抗西瓜枯萎病。适宜河北、天津等地露地栽培。

3. 豫艺15　由河南农业大学园艺学院育成。全生育期95～100天,果实发育期33天左右。果实椭圆形,果皮黑色,上覆蜡质白粉。果肉红色,肉质细脆,中心含糖量12%左右。单瓜重6～8千克。抗逆性强,高抗枯萎病,兼抗病毒病。适宜河南、河北、山东等省露地或地膜覆盖栽培。

4. 郑抗1号　由中国农业科学院郑州果树研究所育成。全生育期100天左右,果实发育期30～32天。果实椭圆形,果皮绿色,上覆8～10条深绿色不规则条带。果肉大红色,质细,纤维少,中心含糖量11%左右。单瓜重5～6千克。抗西瓜枯萎病。适宜河南、山东、河北等省露地栽培。

5. 丰乐旭龙　由合肥市丰乐种业股份有限公司育成。全生育期95天左右,果实发育期30天左右。果实椭圆形,果皮深绿色,上覆黑色齿状条带。果肉红色,中心含糖量11.5%～12.5%。单瓜重4～5千克。高抗枯萎病。适宜安徽、江苏等地露地栽培。

6. 新先锋　由济南市三优高科技种业有限公司育成。全生育期95～100天,果实发育期32天左右。果实近圆形,果皮绿色,上覆墨绿色齿状条带。果肉红色,质脆多汁,中心含糖量11.5%。单瓜重5～6千克。高抗枯萎病。适宜山东、河北等地露地栽培。

7. 美国重茬王　由山东省济南市学超种业有限公司引进。全生育期100天左右,果实发育期30天左右。果实椭圆形,果皮草绿色,上覆墨绿色双条窄带。果肉大红色,风味佳,中心含糖量11%以上。单瓜重10～20千克。高抗枯萎病,兼抗疫病、炭疽病。

8. 高抗3号　由新疆昌农种业有限公司选育。全生育期100天左右,果实发育期30天左右。果实椭圆形,果皮草绿色,有隐形条带。果肉大红色,质细脆,梯度小,中心含糖量12%左右。单瓜重8～10千克。耐重茬，高抗枯萎病。

9. **墨丰**　由东方正大种子公司推出。全生育期102天，果实发育期32天左右。果实圆球形，果皮墨绿色至黑色。果肉大红色，质脆多汁，中心含糖量12%以上。单瓜重5～8千克。植株耐湿热，抗病性极强。

10. **其他同类品种**　重茬黑霸王、双抗8号、重茬1号、墨冠1号、黑冠龙、星研7号、高抗9号、特懒大霸王、亚洲王、高抗88号、太空新八号、鲁青抗九号等。

四、独具特色的西瓜珍稀品种

在自然界，西瓜原本就有黑、白、绿、花、黄不同皮色和红、黄、白不同瓤色的品种存在，但由于其产量、品质、抗性及适应性的不同，特别是由于受生产者、消费者价值观的取向所影响，有些品种的栽培面积迅速扩大，而有些品种的栽培面积越来越小，甚至会绝种，如白皮、白瓤、白籽的“三白”，浅绿网纹皮、白瓤的“冰激凌”等。随着人们生活水平的不断提高，消费市场需要多样化，西瓜品种需要多样化。目前西瓜育种工作者已选育出一部分独具特色的西瓜新品种，现介绍如下。

（一）黄瓤品种　果肉金黄色，瓤质细嫩多汁，纤维少，有冰糖风味。

1. **冰晶**　由袁隆平农业高科技股份有限公司湘园瓜果种苗分公司育成。全生育期85天，果实发育期27天左右。果实高圆形，果皮浅绿色，上覆17条深绿色条纹。果肉晶黄色，质细脆，纤维少，味甜多汁，中心含糖量12%左右。单瓜重1～1.5千克。适宜多季棚室栽培。

2. **小兰**　由台湾农友种苗公司育成。全生育期80天左右，果实发育期25天左右。果实近圆形，皮色浅绿，上覆青色细条纹。果肉黄色晶亮，质细脆多汁，中心含糖量12%左右，籽小而少。单瓜重1.5～2千克。适宜冬春棚室栽培。

3. **晶迪** 由新疆维吾尔族自治区农业科学院园艺研究所育成。全生育期100天左右,果实发育期30天左右。果实圆形,果皮浅绿色,上有暗绿色条带。果肉金黄色,瓤质细嫩,风味佳,中心含糖量12%左右。平均单瓜重3千克左右。

4. **中选12号** 由中国农业科学院蔬菜花卉研究所育成。全生育期90天左右,果实发育期29天左右。果实高圆形,果皮底色浅绿、上覆墨绿色齿状条带。果肉金黄色,质细脆甜,中心含糖量11%以上。皮薄而韧,耐贮运。平均单瓜重3千克左右。适宜北京、河北、辽宁等省(直辖市)早熟栽培。

5. **金鹤玉凤** 由广东省珠海市裕友种苗有限公司育成。极早熟品种,全生育期90天左右,果实发育期28天左右。果实高球形,果皮浅绿色,上有深绿色纵横向网纹。果肉晶黄美观,中心含糖量12%左右。单瓜重1.5千克左右。瓜皮极薄,高温多雨天气成熟时易裂果。适宜北方地区棚室内早熟栽培。

6. **阳春** 由安徽省合肥市华夏西甜瓜科学研究所育成。全生育期90天左右,果实发育期28天左右。果实高圆形,果皮翠绿色,上覆墨绿色条带。果肉金黄色,质细爽口,中心含糖量12%～13%,梯度小,品质上等。单瓜重平均2千克。耐低温弱光,抗性强。适宜各地早熟栽培。

7. **黄小玉** 由湖南省瓜类研究所育成的一代杂交新品种。全生育期85～90天,果实发育期26天左右。果实高圆形,单瓜重2千克左右。果皮厚约3毫米,不裂果,果肉金黄色略深,中心含糖量12%～13%,肉质细,纤维少,籽少,品质极佳。抗病性强,易坐果,极早熟。适于大棚早熟覆盖栽培。

8. **其他黄瓤品种** 与以上品种大同小异的其他品种有蜜露、华晶6号、春兰、小黄宝、黄冠、京阑、早黄宝、玉蛟龙、玉美人等。

(二)黄皮品种 果皮金黄色,外观美丽。但这类品种一般抗病性较差，产量较低，所以要求较高的栽培技术。

1. 金帅2号　由中国农业科学院蔬菜花卉研究所育成。全生育期80～90天，果实发育期28～30天。果实短椭圆形，果皮金黄色，果肉浅黄色，质脆多汁，中心含糖量11%左右。果皮薄而韧，耐贮运。平均单瓜重4千克左右。

2. 丰乐8号　由安徽省合肥市丰乐种业股份有限公司育成。全生育期85～90天，果实发育期28天左右。果实圆形，果皮黄色，上覆深黄色暗条带。果肉红色，质脆，中心含糖量为11%左右。果皮薄而韧，耐贮运。单瓜重3～4千克。

3. 金福　由湖南省瓜类研究所育成。全生育期75～85天，果实发育期23～25天。果实圆球形，果皮金黄色、油亮、上覆深黄色花纹。果肉桃红色，质脆味甜，中心含糖量11%～12%。单瓜重1.5～2千克。

4. 金冠1号　由中国农业科学院蔬菜花卉研究所育成。全生育期85～90天，果实发育期25～28天。果实高圆至短椭圆形，果皮深金黄色，果肉红色，瓤质细，脆而多汁，中心含糖量11.5%左右。单瓜重2～3千克。

5. 华晶3号　由河南省孟津县西瓜协会育成。全生育期80～90天，果实发育期25～28天。果实圆形，果皮金黄色，上覆深黄色暗细条带。果肉红色，质脆汁多，口感甜爽，中心含糖量11%左右。单瓜重1.5千克左右。皮薄而韧。耐旱、耐涝，易坐果，抗病性较强。

6. 其他黄皮品种　金碧、黄珍珠、黄皮京欣1号等。

（三）白瓤品种　白瓤西瓜原为野生西瓜。在非洲（如埃及）和欧洲（如前苏联）的许多国家多用作饲料。19世纪末始选育出食用品种，20世纪初"三白"西瓜品种传入我国山东省德州、菏泽等地。近年来，通过引进、选育，育成了我国稀有的珍贵品种。

1. 京雪　由北京市农林科学院蔬菜研究中心育成。全生育期100天左右，果实发育期28～30天。果实圆形，果皮绿色，上覆墨绿色中宽条带。果肉白色，着生种子部位常出现粉红色“眼圈”，瓤质酥脆爽口，中心含糖量11%左右。单瓜重4～5千克。

2. 冰激凌　从日本引进的一代杂交种。全生育期95～105天，果实发育期30～32天。果实近圆形，果皮浅绿皮，上覆深绿色网状细纹。果肉乳白色，质脆、细嫩、多汁，有冰糖味，中心含糖量10.5%～11%。单瓜重3.5～5千克。

3. 其他白瓤品种　德州三白、昌乐埃及等。

第三节　无籽西瓜的主要品种

无籽西瓜栽培历史较短，品种较少。但我国从20世纪70年代起即投入大量人力物力进行研究，现已育成了不同皮色、不同瓤色及不同果型等多类型的新品种。

一、黑皮红瓤品种

这类品种果皮硬度大，韧而具弹性。果肉脆，甜度高，抗病性强。

(一)黑蜜2号　由中国农业科学院郑州果树研究所育成。中晚熟品种。全生育期100～110天，果实发育期36～40天。果实圆球形，皮色墨绿，上覆隐暗墨色宽条带。瓜瓤红色，质脆多汁，中心含糖量为11%以上。果皮厚1.2厘米，坚硬，具弹性，耐贮运，采收后在室温下贮藏20天风味不变。单瓜重5～7千克，最大可达10千克。该品种是目前国内制种量最大、栽培范围最广的无籽西瓜品种，在南方和北方均有大量栽培。

(二)雪峰无籽304　由湖南省瓜类研究所育成。中熟品种，全生育期95～100天，果实发育期35天左右。果实圆球形，果皮黑色，上覆深黑色暗条纹。果肉红色，肉质脆沙，无着色秕籽。皮厚1.2厘米。果实中心含糖量为12%左右。单瓜重7～8千克。适宜我国南北各省、直辖市露地或小拱棚栽培。

(三)洞庭1号 由湖南省岳阳市农业科学研究所育成。全生育期105天左右,果实发育34天左右。果实圆球形,果皮墨绿色,上覆蜡粉。皮厚1.1厘米左右。果肉红色,瓤质脆细嫩,中心含糖量11.5%～12%。单瓜重5～8千克。该品种耐湿热,适宜湖南、湖北等地栽培。

(四)郑抗无籽2号 由中国农业科学院郑州果树研究所育成。中晚熟品种。全生育期105～110天,果实发育期35天左右。果实椭圆形,果皮黑色至墨绿色。果肉红色,质脆细,不空心,不倒瓤,白色秕籽少而小。果实中心含糖量11%～12%。单瓜重6～7千克。适宜我国北方各地栽培。

(五)丰乐无籽3号 由合肥市丰乐种业股份有限公司育成。中熟品种,全生育期105～110天,果实发育期35天左右。果实圆形,果皮墨绿色,上覆黑色暗窄条纹。果肉大红色,质酥脆,纤维少,中心含糖量12%左右。单瓜重7～9千克。适宜安徽、江苏、浙江等省露地栽培。

(六)世纪304 由新疆昌农种业有限公司选育。全生育期105天,果实发育期32～35天。果实圆形,果皮墨绿色。果肉鲜红色,无着色秕籽,中心含糖量13%左右。易坐瓜,适应性广,抗病性强。平均单瓜重8千克左右。适宜全国各地栽培。

(七)黑马王子 由湖南省瓜类研究所选育。全生育期105天,果实发育期36天左右。果实近圆形,果皮墨绿色,上有蜡粉。果肉鲜红,质脆,风味佳,中心含糖量12%以上。果皮而韧,耐贮运。单瓜重6～8千克。适宜全国各地栽培。

(八)津蜜2号 由天津市蔬菜研究所选育。全生育期110天,果实发育期33～35天。果实圆形,果皮墨绿色。果肉红色,质脆,中心含糖量12%左右,梯度小。单瓜重6～7千克。适宜全国各地栽培。

(九)蜜都无籽　由湖南省瓜类研究所选育。全生育期100天左右,果实发育30天左右。果实高圆形,果皮深绿底色,上有墨绿色暗条带。果皮厚1.2厘米,硬而韧,耐贮运。果肉鲜红,质细脆,中心含糖量12%左右。白秕籽小而少。适合长江以南一带种植。

(十)墨丽1号　由新疆昌农种业有限公司育成。全生育期105～110天,果实发育期35天左右。果实高圆至短椭圆形,果皮黑色,上有隐形细条纹。果肉大红,质脆、爽口,中心含糖量12%以上。单瓜重8～10千克。生长势强,易坐果,适应性广,抗病性强。全国各地均可栽培。

(十一)农友新1号　由台湾农友种苗公司选育。全生育期100天左右,果实发育期33天左右。果实高圆形,果皮深绿色,上覆墨绿色条带。果肉鲜红,品质佳,中心含糖量12%左右。单瓜重6～8千克。适宜我国各地栽培。

(十二)其他同类品种　黑蜜5号、蜜宝无籽、78366无籽、商道2号、暑宝、禾山无籽1号、湘育308、兴科无籽2号、庆发无籽1号、丝路1号、禾山昆仑等。

二、绿皮红瓤品种

这类品种多数瓜皮较薄,但抗病性和耐贮运性一般不如黑皮品种。

(一)绿宝无籽　由中国农业科学院郑州果树所育成。全生育期100天左右,果实发育期30天左右。果实短椭圆形,绿皮网纹。果肉大红,质脆甜多汁,中心含糖量12%以上。白秕籽少而小。平均单瓜重5千克以上。露地、大棚、温室栽培均可。适宜在温暖、潮湿气候条件下栽培。

(二)广西5号　由广西农业科学院园艺研究所选育。全生育期105天,果实发育期32天左右。果实椭圆形,果皮深绿色、坚韧,皮厚1.1～1.2厘米,耐贮运。果肉鲜红色,质细嫩爽口,中心含糖量12%左右。不空心,不裂果。平均单瓜重5～6千克。适宜我国长江以南各地栽培。

(三)春韵2号 由东方正大种子公司选育。全生育期105天左右,果实发育期33天左右。果实圆形,果皮深绿色,略显墨绿色细条纹,有较厚蜡粉。果肉大红,口感好,中心含糖量12%左右。单瓜重7～8千克。抗病性较强。适宜春季露地和保护地栽培。

(四)商道四号 由山东省鲁青园艺研究所、鲁青种苗有限公司选育。全生育期98～100天,果实发育期32天左右。果实高圆形,果皮绿色,上有深绿色细网纹。果肉大红,质脆不倒瓤,品质风味一流,中心含糖量12%以上。单瓜重5～6千克。适宜露地和保护地栽培。

(五)玉童 由先正大种业集团选育。全生育期95～100天,果实发育期32天左右。果实圆球形,果皮浅绿色,上有青色网纹。果肉鲜红,质细嫩,中心含糖量12.5%～13.5%。单瓜重3～4千克。适宜棚室早熟或多茬栽培。

(六)其他同类品种 新红宝无籽、风山一号、无籽新秀等。

三、花皮红瓤品种

这类品种果型较大,产量高,但瓤质和风味多数不如黑皮类品种。

(一)无籽京欣1号 由国家蔬菜工程技术研究中心选育。全生育期98～100天,果实发育期28～30天。果实近圆形,果皮绿,上覆黑色中宽条带。果肉桃红色,质脆嫩,中心含糖量12%以上,且梯度小。单瓜重6～7千克。耐低温弱光,易坐果。适宜保护地和露地早熟栽培。

(二)国蜜2号 由国家蔬菜工程技术研究中心选育。全生育期100天左右,果实发育期35天左右。果实近圆形,果皮深绿色,上覆黑色宽条带。果肉红色，品质好，中心含糖量12%左右。单瓜重7～8千克。生长势强健，易坐果，抗病性强。适应性广，适宜全国各地露地或保护地栽培。

（三）京蜜8号　由新疆益海嘉里种业公司选育。全生育期100天左右。果实发育期32天左右。果实圆形，果皮绿色，上覆墨绿色宽条带。果肉鲜红色，味甜质脆，中心含糖量13%左右。易坐果，单瓜重8～10千克。适应性广，抗病性强，全国南北方均可栽培。

（四）花蜜5号　由新疆昌农种业有限公司选育。全生育期105天左右。果实发育期35天左右。果实高圆形，果皮浅绿色，上覆绿色宽条带。果肉大红，质细脆、爽口，中心含糖量13%左右。适应性广，抗病性强，适宜露地和保护地栽培。

（五）春韵1号　由东方正大种子公司选育。全生育期100天左右，果实发育期32天左右。果实圆形，果皮绿色，上覆墨绿色条带。果肉大红，口感好，甜度高，中心含糖量12.5%左右。单瓜重7～8千克。果形整齐，产量高，适应性广，抗病性强。全国各地均可栽培。

（六）雪峰花皮无籽　又名湘西瓜5号。由湖南省瓜类研究所育成。中熟品种，全生育期95～100天，果实发育期35天左右。果实高圆形，果皮浅绿色，上覆17条深绿色宽条带。果肉桃红色，中心含糖量11.5%左右。单瓜重5～6千克。适宜湖南、贵州等省露地栽培。

（七）郑抗无籽3号　由中国农业科学院郑州果树研究所育成。全生育期95～100天，果实发育期31天左右。果实圆形，果皮浅绿色，上覆深绿色齿状条带。果肉红色，质脆，中心含糖量11%以上。单瓜重6～7千克。适宜河南、河北等省及相同生态区栽培。

（八）丰乐无籽2号　由合肥市丰乐种业股份有限公司育成。

中熟品种，全生育期105天左右，果实发育期33天左右。果实圆球形，果皮浅绿色，上覆墨绿色齿状窄条带。果皮厚1.2厘米。果肉红色，纤维少。中心含糖量11.5%左右。单瓜重6～8千克。适宜我国西北、华北、华东等地区露地栽培(铺地膜)。

(九)翠宝3号 由新疆八一农学院与昌吉园艺场合作育成。中熟品种，全生育期95～98天，果实发育期33～35天。果实圆形，果皮浅绿色，上覆墨绿色条带。果皮厚1.1厘米，耐贮运。果肉红色，质脆，中心含糖量12%左右。单瓜重5～6千克。适宜新疆、甘肃等地露地栽培。

(十)花蜜 由中国农业大学西甜瓜育种中心育成。全生育期100天左右，果实发育期30～33天。果实高圆形，果皮绿色，上覆黑色齿状条带。果肉红色，质脆嫩，中心含糖量12%左右。单瓜重6～8千克。适宜我国北方各地区栽培。

(十一)其他同类品种 鲁青1号B、商道1号、卫星无籽、兴科无籽6号、花露无籽、翠宝无籽、湘育301、郑抗无籽1号、新秀1号、红宝石、蜜红无籽等。

四、黄瓤品种

这类品种包括绿皮黄瓤、花皮黄瓤和黑皮黄瓤品种。

(一)无籽京欣4号 由北京市农林科学院蔬菜研究中心育成。中熟品种，全生育期105天左右，果实发育期33天左右。果实圆形，果皮绿色，上覆墨绿色窄条带。果肉黄色，着色均匀，质地脆嫩，中心含糖量在11%以上。平均单瓜重约6千克。适宜华北各地小拱棚或露地栽培。

(二)黄宝石无籽西瓜 由中国农业科学院郑州果树研究所育成。中熟品种，全生育期100～105天，果实发育期30～32天。果实圆球形，瓜皮墨绿色，上覆黑色暗宽条带。皮厚1.2厘米。果肉黄色，纤维少，无着色秕籽，中心含糖量11%以上。单瓜重5～7

千克。适宜我国西北、东北、华北、华东等地区露地栽培。

（三）雪峰蜜黄无籽　由湖南省瓜类研究所育成。中熟品种，全生育期95天左右，果实发育期33～35天。果实圆球形，果皮绿色，上覆深绿色条纹。果肉金黄色，瓤质细脆，中心含糖量12%以上。单瓜重4～5千克。适宜湖南及相同生态地区栽培。

（四）洞庭3号　由湖南省岳阳市农业科学研究所育成。中熟品种，全生育期103天左右，果实发育期33天左右。果实圆球形，果皮深绿色。果肉鲜黄色，质脆爽口，中心含糖量11.5%以上。单瓜重5～7千克。适宜湖南、湖北等省栽培。

（五）花蜜2号　由中国农业大学西甜瓜育种中心育成。中熟品种，全生育期100～105天，果实发育期33～35天。果实圆形，果皮浅绿色，上覆深绿色条带。果肉金黄色，瓤质脆嫩，有清香味，中心含糖量12%左右。单瓜重6～10千克。适宜北京、河北、天津等地露地栽培。

（六）含金　由新疆益海昌农种业有限公司选育。全生育期105天左右，果实发育期32天左右。果实圆球形，果皮墨黑色，有蜡粉。果肉晶黄，汁多味美，中心含糖量12%左右。单瓜重6～7千克。适应性广，抗病性强。皮特硬，耐贮运。凡种过蜜宝无籽和黑蜜2号无籽西瓜的地区均可栽培。

（七）其他同类品种　洞庭6号、玉黄无籽、黄露无籽等。

五、黄皮品种和小型袖珍无籽西瓜品种

这类品种属特色品种，要求较高的栽培技术。适宜棚室或露地多季栽培。其果实多作为礼品或高档商品水果投放市场。

（一）金太阳无籽1号　由中国农业科学院郑州果树研究所育成。中熟品种，全生育期110天左右，果实发育期30～32天。果实圆球形，果皮金黄色，果肉大红色，瓤质硬脆，白色秕籽少而小，中心含糖量11.5%左右。单瓜重6～8千克。适宜有无籽西瓜栽

培经验的地区栽培。

(二)金蜜1号 由中国农业科学院蔬菜花卉研究所育成。中熟品种,全生育期100天左右,果实发育期35天左右。果实高圆形,果皮深金黄色,果肉深红色,质细脆沙多汁,中心含糖量12%左右。单瓜重4～6千克。适宜地区同金太阳无籽1号。

(三)金蜜童 由先正达种业有限公司推出。全生育期95～100天,果实发育期30天左右。果实高球形,果皮黄色,上覆深黄色窄条纹。果肉红,质脆嫩,中心含糖量12.5%～13.5%。单瓜重2.5～3千克。可连续坐果,品质优,耐贮运。适应性广,适合全国各地棚室栽培。

(四)小玉黄无籽 由湖南省瓜类研究所育成。早熟品种,全生育期85～87天,果实发育期28天左右。果实高圆形,果皮绿色,上覆深绿色细纹状条纹。果肉金黄色,口感风味极佳,中心含糖量12.5%～13%。果皮极薄,约0.5厘米。单瓜重1.2～2千克。适宜华北、华东地区棚室栽培和华中、华南露地栽培。

(五)雪峰小玉红无籽 由湖南省瓜类研究所育成。早熟品种,全生育期88～90天,果实发育期28～29天。果实高圆形,果皮绿色,上覆深绿色虎纹状细条带。果肉鲜红色,中心含糖量12%～13%。单瓜重1.5～2千克,每株可结果2～3个。适宜华北、华东地区棚室栽培,南方可露地栽培。

(六)金福无籽 由湖南省瓜类研究所育成。早熟品种,全生育期86～88天,果实发育期28天左右。果实高圆形,果皮金黄色。果肉桃红色,中心含糖量12%～13%。果皮厚度约0.5厘米。单瓜重1.5～3千克。适宜华北、华东地区棚室栽培,南方可露地栽培。

(七)蜜童 由先正达种业公司推出。全生育期95～100天,果实发育期28～30天。果实高球圆形,果皮绿色,上覆墨绿色宽条带。果肉鲜红,纤维少,汁多味甜,中心含糖量12%以上。皮厚

0.8 厘米，耐贮运。平均单瓜重 2.5 千克。适宜各地棚室栽培。

（八）先甜童　由先正达种业公司推出。全生育期 100～105 天，果实发育期 32～35 天。果实近圆形，果皮浅绿色，上覆青黑色宽花条带。果肉鲜红，中心含糖量 12%左右。品质佳，耐贮运。单瓜重 2.5～3 千克。适宜保护地早熟栽培。

（九）小玉无籽四号　由湖南省瓜类研究所选育。全生育期 100 天左右，果实发育期 32 天左右。果实圆球形，果皮深黄色，略显细纹。果肉黄色，风味好，中心含糖量 11.5%以上。单瓜重 2～3 千克。适宜棚室保护栽培。

（十）同类品种　墨童、帅童、玉童等。

第四节　西瓜种子的检验

一、西瓜种子的贮藏时间与其生命力的关系

种子寿命因贮藏条件的不同而异。一般在低温、干燥的条件下贮藏寿命较长，在温度较高、湿度较大的条件下贮藏寿命较短。据试验，将保存在牛皮纸种子袋内的蜜宝西瓜种子，按贮藏年数分别浸种催芽，分别调查发芽率（以胚根露出种脐 1 毫米为已发芽种子），结果贮藏 1 年的发芽率为 98%（蜜宝）和 99%（乐蜜 1 号）；贮藏时间在 2 年以上的，贮藏时间越长，发芽率越低（表 2-1）。

表 2-1　西瓜种子不同贮藏年限的发芽率　（%）

贮藏年数	1	2	3	4	5	6
蜜　宝	98	96	72	42	22	7
乐蜜 1 号	99	95	89	65	38	9

注：成熟、干燥种子，牛皮纸袋包装，放置室内木箱中

另外，据试验，西瓜种子的贮藏时间不仅影响发芽率和发芽快慢，而且还会影响到幼苗的前期生长（表 2-2）。因此，栽培西瓜还是采用贮藏 1 年以内的新种子为好。

表 2-2　西瓜种子贮藏时间与其发芽及生长的关系

贮藏时间（年）	发芽率（%）	50%出苗时间（天）	播种后 20 天的幼苗		
			叶片数（枚）	叶　长（厘米）	植株重（克）
1	96.4	3.6	2.54	8.15	3.95
3	72.7	5.9	2.21	7.14	3.13
5	21.5	9.4	1.87	6.53	2.37
7	0	—	—	—	—

二、鉴别西瓜种子新陈的方法

快速而准确地鉴别西瓜种子的新陈，无论在西瓜生产中还是在种子经营中，都是十分需要的一项技术。准确鉴别种子新陈主要有感官鉴别、化学鉴别和发芽试验 3 种方法。

（一）感官鉴别　即通过对西瓜种子的色泽、光洁度、气味及种仁特征进行鉴别。凡是新种子，一般都具有该品种固有的颜色，而且种皮上有胶质物并往往附着一层极薄的白色膜状物；种子具有光泽，种皮表面光洁，将手插入种子内感觉细而涩；种仁洁白，含油较多，具有香味。凡是陈种子，一般种皮颜色变暗，无光泽；种皮表面往往有黄斑或霉状物，角质层干缩，种皮变粗糙；种脐部（种子嘴）波状纹加深；将手插入种子内感觉粗而滑；种仁灰白或具有白蜡状（泛油），无香味甚至有霉变异味。

（二）化学鉴别　用某些化学药品处理种子，由于种子的呼吸作用而使药品发生还原反应，从而改变了原来的种仁颜色。利用这些药品改变颜色时间的长短以鉴别种子的新陈。例如，将西瓜种子用四氮茂盐（2，3，5 一氯三苯四氮茂）浸种 5 小时后，观察种仁的变色（变红）程度，所以这种鉴别方法也叫染色法。利用染色法鉴别种子的新陈程度，比感官鉴别准确，但需要时间较长；比发芽试验较为迅速，但准确度不如发芽试验。

（三）利用催芽法进行发芽试验　这种鉴别方法能十分准确地鉴别西瓜种子的新陈。据试验，在一般贮藏条件下，有籽西瓜种子贮藏期在 1 年以内，发芽率可保持在 95%～100%；贮藏 2～3 年，发芽率为 80%～90%；贮藏 4～5 年，发芽率为 30%～40%；贮藏 6 年以上，发芽率极低，甚至完全丧失发芽能力。

采用发芽试验鉴别西瓜种子的新陈十分准确，但比感官鉴别和化学鉴别麻烦，需消耗的种子较多。因而该方法对种源充足、价格便宜的种子适用，而对珍贵稀有品种不太适宜。

三、西瓜种子的发芽试验

种子发芽试验，不但是鉴别种子新陈的一种方法，而且可以检验种子的发芽快慢和发芽能力，预测播种和幼苗的发育情况及确定播种量，以免因种子发芽率低而造成播后大量缺苗。

西瓜种子的发芽试验一般可采用催芽法和育苗法两种。催芽法操作时间较短，方法简单，管理方便，但只能粗略计算发芽率，不能计算发芽势。育苗法操作时间长，方法与培育子叶苗相同，需实行西瓜整个发芽期的全部管理措施。育苗法的优点不仅能十分准确地计算种子的发芽率，而且还能计算出种子的发芽势。

（一）催芽法　从待测样品种子中随机取出 100 粒（珍贵品种可取 50 粒或更少一些），在室温下用清水浸泡 8～10 小时，控去水分，用湿纱布包好（或在发芽皿内垫上滤纸、细沙等，将种子均匀地放在里面），保持温度为 28℃～30℃，空气相对湿度为 95%，并置于黑暗而通风的条件下，绝大多数品种的种子经 48 小时后即可计算出发芽率。如果温度较低,湿度适宜,发芽时间将会推迟6～10小时。

(二)育苗法 任意取100粒或50粒样品种子,首先用清水浸种8～10小时,然后进行催芽(方法与上述催芽法完全相同)或不经催芽而直接播种。种子可播在发芽皿、花盆、瓷盆或木盘中。播种前先在育苗容器内铺放发芽基质。发芽基质可选用细沙(直径为0.05～0.8毫米)、珍珠岩、岩棉或土壤。发芽基质铺设厚度为4～5厘米,整平后将发芽试验的西瓜种子均匀地播上,再覆盖1厘米厚的沙或细土,然后用喷壶喷水。喷洒水量以湿透发芽基质和覆盖种子的沙土为度,不可喷水过少,也不可使育苗容器内积水。育苗容器播好种子后放在温暖处,保持在28℃～30℃。开始发芽后子叶露出沙或土面即为已发芽,每天都要观察记载发芽数。根据西瓜完成发芽期的时间,我国规定西瓜在播种后第四天计算发芽势,播种后第八天计算发芽率。发芽势和发芽率的计算公式如下:

$$发芽势=\frac{规定天数内种子发芽粒数}{供发芽试验的种子粒数}\times 100\%$$

$$发芽率=\frac{已发芽种子粒数}{发芽试验种子粒数}\times 100\%$$

四、西瓜种子不发芽的原因

有时西瓜种子不发芽,其原因得从种子发芽过程和发芽条件说起。西瓜种子的发芽过程大致可分吸水、发芽、发根、出土等几个阶段。西瓜种子吸水阶段,是从干种子到吸水膨胀为止。这一阶段要求充分的水分和氧气,种胚(俗称种仁)吸水后逐渐膨胀起来,同时吸入氧气,排出二氧化碳,种子生理活动加强。西瓜种子发芽阶段,是从种子膨胀到胚根(俗称种子芽)发出为止。这一阶段要求温度维持在28℃～30℃,空气相对湿度在95%～99%,还要有一定的黑暗时间。在这期间如果温度低于15℃,或水分过大,种皮积水,造成种胚供氧不足,就会严重影响发芽。西瓜种子发根阶段,是从胚根发出到侧根发出。脱皮阶段,是从侧根发出到种皮脱掉。顶鼻阶段,是从种皮脱掉到子叶出土。以上3个阶段,都要求较高的温度、较大的湿度和充足的氧气。

西瓜种子的整个发芽过程,要求95%～99%的空气相对湿度,28℃～30℃的温度,有充足的空气和12小时以上的黑暗。如果缺少其中任何一个条件,均会影响种子发芽。在生产中,往往是因为温度过低而使种子不能发芽,这是因为温度过低影响了种胚的吸水速度和吸水过程。种子的吸水过程分两步进行:第一步水分主要到达种胚的外围组织,叫做吸胀;第二步水分到达种胚内部被吸收利用。西瓜种子在10℃时的吸水速度只相当于在20℃时吸水速度的50%,而且种胚不能进行吸水活动,子叶内贮藏的营养物质无法流入胚芽,胚芽得不到必要的营养,自然不会萌发。这就是育苗时西瓜种子不发芽的原因。

第三章　西瓜常规栽培技术

第一节　西瓜定植前的准备

一、栽培方式与栽培季节

（一）栽培方式与栽培季节的划分　西瓜的栽培方式有露地栽培、保护栽培和特殊栽培。作物在没有保护设施的条件下栽培，称为露地栽培；在有保护设施的条件下栽培，称为保护地栽培。露地栽培因灌溉条件或品种生态型不同，又可分为水瓜栽培和旱瓜栽培。无论水瓜栽培还是旱瓜栽培，又因采用直播或育苗移栽的不同，分为早熟栽培和晚熟栽培。保护地栽培，因保护设施不同，分为温室栽培、塑料大棚栽培、支架栽培、再生栽培、扦插栽培和无土栽培。栽培季节与栽培方法有密切关系。就露地栽培而言，可按季节划分为春播栽培、夏播栽培和秋播栽培。在不同栽培季节里，要根据各地气候特点和栽培方式确定播种适期。

（二）播种适期的确定　适期播种是西瓜高产的基础。播种期掌握不好，即使有了高产良种，也不会获得最佳生产效益（包括经济效益和社会效益）。

播种的最佳时间叫做适宜播种期，简称播种适期。西瓜的播种适期应根据品种、栽培季节、栽培方式和消费季节等条件来确定。

1．品种　不同的品种有不同的生育期。同时，不同品种之间，在耐低温、抗旱及耐涝等方面也有一些差别。所以，生产中一般将生育期较长的早播种，生育期较短的晚播种；将耐低温的早春播种，将抗旱的品种旱季播种，将耐涝的品种雨季播种。

2. 栽培季节　由于我国地域辽阔、气候复杂，从而形成了不同的栽培季节。在不同的栽培季节里，也都有最适宜的播种期。这时播种适期应根据当地的气温、光照、降雨、霜期等气候条件和栽培方式来确定。春季露地直播栽培，最适宜的播种期是在当地终霜后开始播种。夏季栽培，最早播种时间一般在5月底或6月上旬。最晚的播种时间应考虑西瓜成熟前不受初霜危害，一般可在当地初霜前90～120天(主要根据品种生育期而定)播种。我国秋季栽培和冬季栽培除海南省外，必须有保护设施，适宜的播种期可因保护设施的不同而异。

3. 栽培方式　西瓜的栽培方式主要有露地直播、栽子叶苗、阳畦育苗栽培、地膜覆盖栽培、小拱棚栽培、塑料大棚栽培和温室栽培等。由于各地气候不同，不仅不同的栽培方式其播种适期不同，就是同一栽培方式其播种适期也不尽相同。

4. 消费季节　各地群众对西瓜的消费习惯不同。如有的地区流传着“天不辣(炎热)不吃瓜”的说法，即习惯上不到大暑不吃西瓜。在这样的地区，春季栽培的播种期就要相应地推迟到4月下旬至5月上旬。有些地区立秋以后很少再吃西瓜，播种期就要相应地提早些。一般应在3月上旬至4月上旬播种。总之，要根据消费习惯。将西瓜的成熟时间安排在市场销售旺季。

二、播种前的准备

(一)土地选择

1. 西瓜对土质的要求　西瓜根系的生长，喜欢通透性良好、吸热快、疏松的沙质壤土。为了使西瓜根系向纵深发展、扩大吸收面积，就要深翻土壤，改善土壤结构，增加土壤透水层，加大通气性。

西瓜较耐瘠薄，对土壤要求不太严格。在土层较薄、甚至新开垦的荒地内种植，也能生长。但是，为了获得高产优质，栽培西瓜的土地最好选择在土层较厚、排灌方便、土质疏松的沙质壤土地块上。因为沙质壤土通透性良好，能吸收较多的太阳光。而且吸热快、散热快，形成较大的昼夜温差。有利于光合产物的积累和提高西瓜的含糖量。沙地也可以种西瓜，但应在种植穴内换上深、宽各20～30厘米的肥沃沙质壤土。沙地种植西瓜的特点是苗子生长快，西瓜成熟早，品质好，但因沙土保肥保水能力差，植株因肥水不足，容易早衰，发病也早，故应加强肥水管理和防病措施，争取西瓜高产。春季黏土地的地温回升慢、地温低，西瓜苗期生长缓慢，而且土壤越是黏重，地温回升越慢，地温也就越低；沙质壤土则是沙性越大，地温回升越快，尤其在晴朗白天，黏重土地与沙土地的地温回升差别特别明显。我国北方农民常说的"春田沙质土发苗，黏土不发苗"就是这个道理。但因黏土保肥保水能力强，一般比较肥沃、有后劲。所以，虽然黏土早春不发苗，可是一旦地温提高后植株却生长旺盛、不早衰；西瓜成熟虽晚，产量却较高。又因黏土通透性差，昼夜温差小，西瓜的品质大都不如沙土地种植的西瓜好。所以，在黏土地种西瓜应深耕细耙，多施有机肥，并加强铺沙、中耕、排水等项工作，以改善渗水和通气、调温等性能。

西瓜喜弱酸性土壤，但对土壤溶液的反应不太敏感，在pH 5～8(弱酸性→中性→弱碱性)的范围内，生长发育没有多大区别。嫁接栽培时，由于葫芦、南瓜等砧木不耐酸性，而且需磷量高，所以应选择中性而且有效磷含量较高的土地。在发生过枯萎病的地区种西瓜，应选择酸性小的土壤种植。在含盐量不超过0.008%的土壤中，西瓜也可以较正常地生长，但是出苗不好，应育苗移栽，并带大土块，以利于幼苗生长健壮。在酸性较强的土壤中种西瓜，应增施石灰或碱性较强的肥料，以便中和酸性，有利于西瓜生长。西瓜在强酸性(pH 4.2以下)土壤中生长困难，不宜种植。

2. 重茬地栽培西瓜应注意的问题　一般来说，西瓜最忌重茬。重茬后西瓜植株生长衰弱、易感病，严重时能造成大幅度减产。但在一定条件下，采取某些农业措施，西瓜也是可以连作重茬的。根据各地多年经验，在重茬地种西瓜应注意下列几点。

(1)要未发生过枯萎病 如果第一年种西瓜的田间没有枯萎病发生，一般第二年连作时也很少发病。同样，第二年种西瓜的田间仍没有枯萎病发生，第三年还可以连作。如果一旦西瓜发生枯萎病时，则下一年就不能再继续连作西瓜。

(2)选用抗病品种 在重茬地种西瓜，应特别注意选用抗病品种，如郑抗1号、黑巨冠、西农10号、新先锋、丰乐旭龙、豫艺15号及多倍体西瓜。

(3)要错开种植行 选作西瓜的种植行，要与上一年的种植行错开位置，其距离为60厘米以上。在当年西瓜收获后，要及时清理瓜蔓、瓜根。在安排茬口种植其他作物时，最好不要打乱原来的西瓜行向土层。在耕翻土地时，要做好标记，不要使原西瓜行的土壤与留作下年西瓜行的土壤相混合。所有这一切都是防止通过土壤传播病害。

(4)实行早熟栽培 连作西瓜要采用育苗移栽、塑料薄膜覆盖早熟栽培等措施，使西瓜及早成熟。早熟栽培可以避开枯萎病的发病季节。

(5)增加密度 任何作物在生理上均具有所谓“连作障碍”(连作后生长发育不良)，瓜类作物尤为明显。西瓜连作后生长势减弱，单瓜重变小，产量降低，甚至常常出现缺株死苗情况。加大密度后，可弥补缺苗及减产。

(6)施用复合肥 连作西瓜应多施复合肥，少施氮素化肥；有条件时要增施磷、钾肥和碱性肥料，少施或不施酸性肥料，以提高西瓜的抗病能力，并抑制枯萎病菌的繁殖。

(7)减少伤口和避免产生不定根 连作西瓜在整枝压蔓时，应掌握尽量减少瓜蔓伤口。压蔓时，以明压或以树条卡子固定瓜蔓，尽量使西瓜茎蔓裸露地面，避免产生不定根（如地面铺草或使用地膜），这样均可减少土壤内枯萎病菌侵害西瓜植株的机会。

（8）嫁接栽培　如果采用南瓜等作砧木，以西瓜为接穗进行嫁接栽培，可以防止西瓜枯萎病的传播，故上述（1）至（6）条可以不予考虑。因此，可以说采用嫁接栽培及（7）条中的要求，是西瓜连作的根本出路。

3. 丘陵地种植西瓜应注意的问题　西瓜较耐瘠薄，对土壤要求不太严格。在土层很薄，甚至新开垦的荒地上种植西瓜也能生长良好。丘陵地的光照充足，昼夜温差较大，同时土壤中所含的微量元素较丰富，种植的西瓜容易获得优良的品质。但是，在丘陵地种植西瓜，要达到早熟、高产、优质栽培的目的，还应注意以下几点。

（1）地势的选择　丘陵地种植西瓜时，应根据当地气候特点、品种及轮作规划，进行合理布局。例如，采用早熟耐湿品种或北方干旱地区早春栽培西瓜，应选择背风、向阳、温暖、地势低洼处；采用晚熟耐旱品种或南方温暖多雨地区栽培西瓜，则应选择高燥、向阳的坡地栽培。

（2）防止"水重茬"　在制订轮作计划时，应特别注意"水重茬"。引起西瓜枯萎病（俗称重茬病）的病原菌，可以存活6～8年之久。病菌可以通过种子、肥料、水流等传播。特别是水流，如在上水头（上坡地）种瓜发生此病，下水头不种瓜的土壤中亦可存在该病菌，第二年或以后的6～8年内种植西瓜时仍可发生此病，因此称为"水重茬"。所以，在丘陵地安排西瓜地一般应是先种低处后种高处，也就是由低而高逐年轮茬。

（3）防止水土流失　丘陵地种植西瓜应以防止水土流失、保水保肥为主，不能过分强调畦向。生产中一般应使瓜沟与坡向垂直延伸，并提前修好灌水渠和排水沟，以利于灌溉和排涝。

（4）增施有机肥料　丘陵地土壤中有机质的含量少，为了增加土壤中有机质的含量、提高西瓜产量，必须增施有机肥料。除适当增加厩肥和圈肥外，还可就地沤制绿肥、土杂肥等。有条件时，可施用部分饼肥。

(5)加强中耕等田间管理 丘陵地一般水浇条件较差，除应注意选用抗旱西瓜品种外，还应按旱作西瓜的要求加强中耕等田间管理工作。

4. 盐碱地种西瓜应注意的问题

(1)增施有机肥料 有机肥料可以改良盐碱地土壤结构，提高土壤肥力，有利于西瓜生长发育。故在盐碱地上种植西瓜要增施有机肥料，尽量少用化肥。

(2)整地做畦要适宜 翻地时不宜过深，一般不深于35厘米，但可适当将畦沟挖宽一些。做畦要短，畦面要保持一定的坡度，以利于排水。整地、做畦要平整，防止返碱。

(3)播前浇透水 直播西瓜播种前要浇透底水，播种后覆盖稻草、麦秸等可以减轻返碱。但最好不要直播而采用育大苗移栽的方法。

(4)栽后淡水冲盐 对移栽的瓜苗，定植时要浇足定植水，冲洗盐分，防止返碱。

(5)浇水要合理 浇水要均匀，排水要及时。可采取沟灌洗碱的方法浇水。

(6)要勤松土 瓜蔓封垄前要勤松土，防止土壤板结，减少水分蒸发和盐分上升。

另外，有条件的地方或者盐碱程度较重的地区，可在盐碱地上按行距挖50厘米深和50厘米宽的沟，沟内铺上塑料薄膜，填满非盐碱性田间土壤，并混施土杂肥作基肥，然后播种或定植瓜苗，可完全避免盐碱影响。

(二)整地做畦 种植西瓜的地块，应于封冻前进行深翻，使土壤充分风化并积纳大量雨雪。结合深翻可施入基肥。深翻后即可根据当地实际需要做成各种瓜畦。

1. 挖西瓜丰产沟　西瓜丰产沟简称瓜沟，就是在西瓜的种植行挖一条深沟，然后将熟土和基肥填入沟内以备做畦。

春西瓜地最好在上年封冻前挖沟，以便使土壤充分风化，而且沟内可以积纳大量雨雪。挖西瓜沟的好处很多：①瓜沟内的土壤全部回填熟土，使疏松层加厚、孔隙增多，提高了贮水和透水能力，为西瓜根系的纵横生长创造了良好条件。②挖沟可以促进土壤有效养分增加。例如，沟内土壤经过深翻后，土壤内可被西瓜吸收利用的磷和氮的含量均有增加，还可促进好气性微生物活动和繁殖，使土壤内的有机物质易于分解。③提高肥料的利用率。此外，沟内土壤经过深翻，还可以将土壤中的越冬害虫翻于地面冻死。

西瓜沟多为东西走向、南北排列。这是因为我国北方各省春季仍有寒冷的北风侵袭，如果瓜沟南北走向，"顺沟北风"将会对瓜苗造成严重威胁。挖沟时可以用深耕犁，也可以用铁锹。西瓜沟宽 40 厘米左右、深 50 厘米左右(约两锹宽、两锹深)。先把翻出的熟土放在西瓜沟两边，再把下层生土紧靠熟土放在外侧(图 3-1)。挖沟时要尽量取直，两壁也要垂直，沟宽要求均匀一致。沟底要平整。沟底土壤坚实，应用铁锹翻或镢头刨一遍，以加深疏松和风化土层。

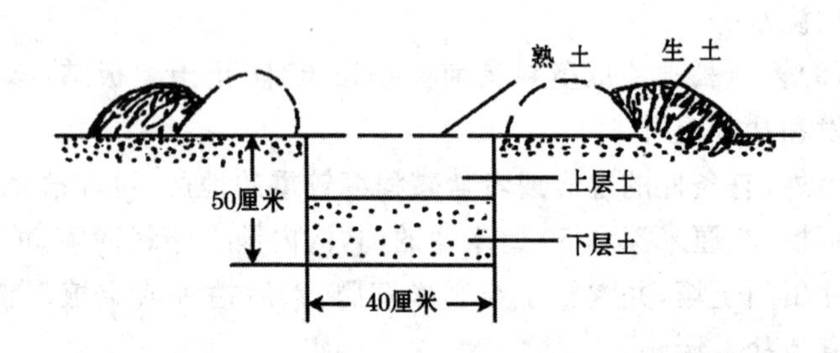

图 3-1　西瓜丰产沟

西瓜沟挖好后不要马上回填土，以利于土壤风化。一般可待做畦时再回填。在做畦前要施基肥、平沟。平沟前先用镢头沿瓜沟两侧各刨一镢，使挖沟时挖出的熟土和原处上层熟土落入沟内，然后将应施入的土杂肥沿沟撒入，与土搅和均匀。从沟底翻出的生土不要填入沟内，留在地面上以利于风化。整平沟面后即可做畦。

在长江流域以南地区，因为春季雨水较多，所以多结合挖瓜沟开挖排水沟。具体做法是：每条瓜沟（畦）两边开竖沟，瓜田四周开围沟，围沟与进水沟和出水沟连接，做到沟沟相通。竖沟深30～35厘米，围沟深45～50厘米。出水沟的沟底要低于围沟，以利于排水通畅。

2. 西瓜畦方向的确定　西瓜畦的方向应当依据当地的地势条件、栽培方式及温度条件确定。一般来讲，我国北方各省春季多有寒冷的北风侵袭，冷空气的危害是早春影响西瓜缓苗和生长的主要因素。所以，西瓜畦以东西走向为好（表3-1）。采用龟背形西瓜沟畦，西瓜苗定植于沟底，沟底距离畦顶的垂直高度为10～20厘米，畦顶便成为西瓜苗挡风御寒的主要屏障。对于早春冷空气较少侵袭的地区，西瓜地北侧有建筑物或比较背风向阳的地方，以及支架栽培或采用塑料拱棚覆盖栽培等，均可采用南北走向的西瓜畦。西瓜的株距比其他作物大，而且西瓜蔓多为爬地生长，所以无论西瓜畦南北向还是东西向，一般不存在植株间相互遮荫的问题。另外，对于坡耕地，应以防止水土流失、保水保肥和便于排灌为主，不能过分强调畦向，应使西瓜畦与坡向垂直延伸。

表3-1　畦向对瓜苗生育的影响

畦　向	主蔓长度(厘米)	侧蔓数(条)	侧蔓总长(厘米)	雌花开放植株(%)
东西向	150.5	3.6	216.2	54.9
南北向	109.9	2.5	116.5	2.0

3. 西瓜畦式的选择与制作 在栽培上，为了便于田间管理，常常先要做成适当的畦式。在播种或定植前半个月左右，将瓜苗南侧的部分熟土与肥料混匀填入沟内，再将其余熟土填入，恢复到原地面高度，整平做成瓜畦。瓜畦的形式很多，南、北方各不相同。常见的有平畦、低畦、锯齿畦、龟背畦、高畦等。北方多采用平畦、龟背畦、锯齿畦，南方则多为高畦。

(1)平畦 分大小两个畦。畦面与地平线相齐，故称平畦。将瓜沟位置整平，做成宽约 50 厘米的小畦，称为老畦或老沟，用作播种或定植瓜苗。将从瓜沟中挖出的生土在老畦前整平做成大畦。称为加畦或坐瓜畦，作为伸展瓜蔓和坐果留瓜之用。大畦和小畦之间筑起畦埂，以利于挡水。

(2)锯齿畦 将原瓜沟整平做成宽 50 厘米左右的畦底，北侧的生土筑成高 30 厘米左右的畦埂并整理成南高北低的斜坡，从侧面看上去，整个瓜田呈“锯齿”形，故称锯齿形瓜畦。锯齿形瓜畦具有良好的挡风、反光、增温和保温作用，适于我国北方地区早春栽培西瓜应用。

(3)龟背畦 把原挖的瓜沟做成畦底，整成宽 30 厘米左右的平面，再将畦底两侧的土分别向畦背(挖瓜沟时放生土的地方)扒，使两沟间形成龟背形，即成龟背畦。龟背畦的坡度要适宜，因为多在畦底处播种或栽苗，所以畦底的深度应根据地势、土质和春季风向而定。高地宜深些，低洼地宜浅些;沙地宜深些，壤土宜浅些;春季顺沟风多宜浅些，横沟风多宜深些。一般畦底深度为 20 厘米左右(畦底与龟背之间的高度差)。

(4)高畦 南方春季雨多易涝，故多采用高畦栽培。高畦有两种规格:一种畦宽 2 米、高 40～50 厘米，两畦间有一条宽 30～40 厘米的排水沟，在畦中央种 1 行西瓜;另一种畦宽 4 米，在畦面两侧各种 1 行西瓜，使其瓜蔓对爬。同样在畦间开挖排水沟。做高畦前将土壤深翻 30～40 厘米，施入基肥后整平。瓜田四周要挖好与畦间排水沟相通的深沟，以利于排水。在地下水位特高或雨水特多的地区，常在高畦上再做圆形瓜墩以利于排水通气。

为了便于浇水和田间其他农艺操作，瓜畦均要平整，各种瓜畦长度以不超过 30 米为宜。

(三)基肥的施用　西瓜是喜肥耐肥作物。为恢复和增加前茬作物所消耗的地力，改善土壤肥力条件，要重视为西瓜生长发育全过程提供基本的养分。

1. *肥料种类*　基肥以肥效较长、养分完全的有机肥料为主，再加入适量速效化肥。西瓜对肥料种类的要求较多。瓜田常用的有机肥料有厩肥、堆肥、草粪、土杂肥等粗肥和大粪干、饼肥、鸡粪、鱼肥、骨粉等细肥，而以含磷、钾量高的鸡肥和鱼肥为最好。

2. *施肥量*　基肥施用量根据土壤的肥力情况确定。在土质瘠薄、肥力较差的土壤上，每 667 平方米可施土杂肥 4 000～5 000 千克或厩肥 3 000～3 500 千克，加饼肥 150 千克；中等以上肥力的土壤，每 667 平方米施土杂肥 3 000～4 000 千克或厩肥 2 000～3 000 千克，加饼肥 100 千克，在肥料中要注意氮、磷、钾三要素的配合。在北方地区一般土壤缺磷，另外西瓜需钾量较大。因此，基肥中要适当增加磷、钾肥的比例。每 667 平方米可以加入过磷酸钙 40～60 千克和硫酸钾 15～25 千克或三元复合肥 30～40 千克。

3. *施肥方法*　基肥的施用方法根据施肥量来确定。土杂肥或厩肥数量较多时，一部分可在耕地前撒施，其余的在做畦时集中沟施；数量不足时，结合做畦一次施入瓜沟即可。沟施时应将肥料和回填的熟土掺和均匀。饼肥和化肥调匀后，在做畦前施入瓜沟表层土壤中。有机肥尤其是饼肥在施用前必须集中堆沤腐熟，避免在地里发酵造成烧苗和滋生地下害虫。在定植畦两侧各开一条深、宽各 20～30 厘米的施肥沟，然后将肥料一次性施入沟内，然后整平畦面，瓜苗定植在两条施肥沟的中间，这样有利于植株根系吸肥均匀。

4. 间作套种地块的整地施肥　西瓜与早春蔬菜间作套种的，冬前可不挖瓜沟，于早春将基肥撒施于地面。基肥施用量应比西瓜单作时多一些，每 667 平方米可施用土杂肥 5 000～6 000 千克、硫酸铵 40 千克、过磷酸钙 50～60 千克，然后全面深耕 20～30 厘米，整平耙细，按预定行距留出西瓜行。在西瓜行间做成 0.8～1.2 米宽的菜畦，畦埂距西瓜定植行不少于 40 厘米。西瓜与小麦间作套种的，应在小麦播种时留出西瓜沟，一般每 9 行小麦留一个 80 厘米宽的空畦。可在小麦播种前挖西瓜沟时施入基肥。

（四）播种前对西瓜种子的处理

1. 西瓜种子的消毒方法

（1）药剂消毒　利用下列药剂可杀死西瓜种子所带的某些病菌，即将西瓜种子浸入药液中一定时间，是最有效的种子消毒方法之一。

①磷酸三钠法：用 10％磷酸三钠溶液浸泡西瓜种子 20 分钟，捞出后在水中清洗干净，除去种子表面的药液。此法可以钝化病毒，对西瓜的花叶病毒防治效果较好。

②代森铵浸种：先将 50％代森铵水剂配成 500 倍液，放入西瓜种子，浸泡 0.5～1 小时，取出用清水冲洗干净。

③漂白粉消毒法：配成 2％～4％漂白粉混悬液，将西瓜种子浸泡 30 分钟，捞出后用清水冲洗干净，可以杀死种子表面的细菌。

④多菌灵浸种：用 50％多菌灵可湿性粉剂 500 倍液放入西瓜种子，浸泡 1 小时，取出后冲洗一下，可以防治炭疽病。

⑤抗菌剂四○一浸种：将种子放入 10％抗菌剂四○一 500 倍液中浸泡 30 分钟，捞出待用，可杀死种子上带有的枯萎病菌、炭疽病菌等。

⑥其他药剂浸种：用福尔马林 150 倍液浸种 30 分钟可防治枯萎病和蔓枯病。用硫酸链霉素 100～150 倍液（必须用蒸馏水稀释）浸种 10～15 分钟，可防治炭疽病。

西瓜种子用药剂浸种后，必须用清水洗净药液才可进行浸种催芽或晾干播种，否则可能发生药害。

(2)高温烫种　在两个容器中分别装入等量的冷水和开水，水量为种子量的3倍。先把选好的种子倒入开水中，迅速搅拌3～5秒钟，立即将另一容器中的冷水倒入，使水温下降，并不断搅拌，待水温降为30℃左右时在室温下浸种3～4个小时。烫种时注意速度要快，不要烫得时间太长，以免影响种子发芽率。此法可杀死种子表面的病原菌。

(3)温汤浸种　将西瓜种子放入55℃的温水中，不断搅拌15分钟，然后任其自然冷却浸种4～6个小时。55℃为病菌的致死温度，浸烫15分钟后，附在种子上的病菌基本上可被杀死。此法可预防西瓜花叶病毒病。

(4)强光晒种　在春季，选择晴朗无风天气，把种子摊在席子或纸张等物体上，厚度不超过1厘米，使其在阳光下暴晒，每隔2小时左右翻动1次，使其受光均匀。阳光中的紫外线和较高的温度，对种子上的病菌有一定的杀伤作用。晒种时不要放在水泥板、铁板或石板等物上，以免影响种子的发芽率。晒种除有一定的杀菌作用外，还可促进种子的后熟，增强种子的活力，提高发芽势和发芽率。

2. 西瓜种子的浸种方法　由于西瓜种子的壳较硬，吸水速度相对较慢。因此，为了加快种子的吸水速度，缩短发芽和出苗时间，一般均应浸种。浸种的时间因水温、种子大小、种皮厚度而异。水温高、种子小或种皮薄时，浸种时间短些；反之，浸种时间则长些，一般为6～10个小时。

将经过灭菌消毒处理过的种子，洗去表面的药液和黏质物后，在准备好的水中浸种。

(1)冷水浸种　用室温下的冷水浸种，一般6～10小时即可，浸种期间每隔3小时左右搅拌1次。

(2)恒温浸种　用25℃～30℃的温水,在恒温条件下浸种,一般浸4～6小时。

(3)温汤浸种　这是常用的浸种方法,具体方法见前述。浸种注意事项如下。

第一,浸种时间要适当。时间过短时种子吸水不足,发芽迟缓,甚至难以发芽;时间过长则会导致吸水过多,造成"裂嘴",同样影响种子发芽。用冷水浸种时浸泡时间可适当延长,温水或恒温条件下浸种时浸泡时间应适当缩短。

第二,利用不同消毒灭菌方法处理的种子,浸种时间应有所区别。如用高温烫种的,由于在温度较高的水中,西瓜种子软化的速度快,吸水速度也快,达到同样的吸水量所用浸种时间会大大缩短。若用25℃～30℃的恒温浸种时,所需时间会更短。一般3～4个小时即可达到种子发芽的适宜含水量。若浸种时间再长,反而会因吸水过多而影响种子发芽,严重者会使种子失去发芽能力。药剂处理时间较长时,浸种时间也应适当缩短。

第三,在浸种前已进行破壳处理的,其浸种时间也应适当缩短。

浸种完毕,将种子在清水中洗几遍,并反复揉搓,以洗去种子表面的黏质物,有利于种子萌发。

3. 西瓜种子的催芽方法　催芽就是在人工控制条件下,促使种子快速发芽的过程。西瓜种子吸足水分后,只要环境条件适宜就会萌动发芽,这时所要求的环境条件主要是温度。据试验,在15℃～30℃的范围内,随着温度的升高,发芽速度将逐渐加快。因此,通过人工控制适宜的温度条件,加快种子萌发过程,促其尽快发芽,对于加快西瓜出苗和保证一播全苗具有重要作用。

西瓜种子催芽的方法有许多,下面介绍几种常见的形式,各地可根据当地实际情况和现有条件,采用合适的方法。

(1)恒温箱催芽法　即采用科研或生产上常用的恒温发芽箱

或恒温培养箱催芽。该种方法最为安全可靠，因有自动控温装置，能控制恒定的温度。催芽时先将控制盘或控制旋钮调到适宜的刻度，一般为28℃～30℃。打开开关通电加热。然后将湿纱布或湿毛巾放在一个盘或其他容器上，把种子平摊在湿纱布上，再盖上1～3层湿纱布，种子要摊匀。最后，将盘放入恒温箱中，令其催芽。每天要将种子取出1～2次，用干净的温水冲洗，沥干水后重新放入。一般经24小时后即可开始出芽，2～3天即可基本出齐。

(2)火炕催芽法　先将浸好的种子包在湿布里，装在一个稍大的塑料袋中，并将其放在炕上的褥子下面，同时插入一个温度计。若温度较高时可取出种子放在褥子的上面，或移至离主火道稍远的地方；若温度低时可向相反方向移动，使种子周围的温度保持在27℃～30℃。最高不超过33℃，若低于25℃则发芽时间延长。要经常观察，不断调节，使之处于适温下。特别是中午和晚上做饭时，要防止过高的温度烫坏种子。注意每天应将种子淘洗1～2次。

(3)人体催芽法　这一方法既安全又简便，在处理的种子较少时非常实用。将100～150克种子用湿纱布包好，装入两层塑料袋内(塑料袋应完整无损)，放在紧靠身体的最内一层衣服外面(一般以身体正面的腰部以上为好)，再用绳或带捆到身上，或扎紧外侧衣服以防漏掉，每天取下在30℃温水中洗1～2次，重新放好，利用人体的热量进行催芽，隔一定时间将种子袋的里外面调换一下，使其受热均匀。由于该法依靠人体温度催芽，温度极为稳定而且可靠，所以目前在部分地区仍在普遍应用。一般经24～36小时开始出芽，当大部分种子露白时即可播种。

(4)电灯催芽法　也称简易温箱催芽法。取一个水桶(铁桶、木桶均可)或小缸，加入8～10厘米深的水，依靠水分蒸发调节桶内湿度。在距水面8～10厘米的高度上，安装一个用8号铁丝做成的支架，也可用两块与桶或缸内径等长的木板或竹片支成十字形的架，并把一只40瓦的灯泡横绑在支架上，灯泡不要与水接触，以防爆炸(最好用防水灯头)。再在距桶口8～10厘米的地方架一个架子放一个平盘，铺上湿布并将种子摊于其上，然后用湿布盖好种子，把桶或缸口用塑料布盖严，密封起来，在中间(桶口中央)插一支温度计。最后接通电源加温，当温度达到28℃～32℃时关掉电源。温度降低时再行通电，达到高限时即行断电，使桶中的温度保持恒定。每天淘洗种子1～2次，一般2～3天即可出齐芽。

(5)暖水瓶催芽法　当需要催芽的种子量较少时(100克以下)，也可以利用暖水瓶来催芽。具体做法是:将浸好的种子用湿布包起来或者装入小布袋中，布袋要小，以能够装入暖水瓶口为宜，外面包上一层塑料布。取一个保温效果较好的暖水瓶，倒人约1/3容积的开水，用冷水将水温调至32℃，调好后的温水数量占暖水瓶容积的一半即可。然后，用一根粗线或细绳一端捆在种子包上，手提另一端将其放入暖水瓶中，种子袋距水面3厘米左右时，用手拉住线，盖紧瓶塞，并将线固定在暖瓶桶上。放在安全的地方催芽，经12小时左右取出种子，重新换水并放入种子。每天将种子用温水淘洗1次，一般24～36小时种子开始发芽，待出齐芽以后即可用于播种。该方法简便易行，只要控制好水温，一般比较安全，适合于家庭应用。

西瓜种子催芽的方法很多，除以上几种外，也可用电热褥、电热丝作为热源进行催芽。另外，还可用煤油灯、煤油炉、火炉、蜂窝煤炉等作为热量来源进行催芽，也可用鲜草或鲜树叶的呼吸热或者用牛、驴、马粪发酵后的热量催芽，以及利用母鸡孵小鸡时的体温来催芽。

(6)催芽注意事项　①催芽温度要稳定，且在适宜温度范围内，最高不要超过33℃。在催芽过程中要勤观察并经常调整，发现问题及时解决。②催芽长度以刚露白为最好。最长也不应超过3毫米，过长容易折断幼芽。若出芽不整齐时，可先将出芽的挑出来先行播种或用湿布包好放在15℃左右的条件下，待基本出齐后再一起播种。③在催芽过程中要经常翻动种子，并用温水清洗，否则易因温度较高而产生一种难闻的酸味。如果幼芽接触到这些物质易变黄或腐烂。

4. 西瓜种子催芽时出现种皮开口的原因　西瓜种子在催芽过程中，有时会出现种皮从发芽孔(种子嘴)处开口，甚至整个种子皮张开的现象。种壳开口后，水分浸入易造成浆种(种仁积水而发酵)、烂种，胚根不能伸长等。即使是暂时不浆不烂的种子，也不能顺利完成发芽过程而夭折。发生这种情况的原因有以下几种。

(1)浸种时间过短　西瓜种子的种壳是由4层不同的细胞组织构成的，其中外面的两层分别是由比较厚的角质层和木栓层组成的，吸水和透水性较差。如果种子在水中浸泡的时间短，水分便不能渗透到内层去。当外层吸水膨胀后，内层仍未吸水膨胀，这样外层种壳对内层种壳就会产生一种胀力；但由于内外层种壳是紧密地连在一起的，而且外层种壳厚、内层种壳薄，所以内层种壳便在外层种壳的胀力作用下，被迫从发芽孔的"薄弱环节"处裂开口。

(2)催芽时湿度过小　西瓜种子经浸种后，整个种皮都会吸水而膨胀。在进行催芽时，由于温度较高，水分蒸发较快，如果湿度过小，则外层种皮很容易失水而收缩，但因内层种皮仍处于湿润而膨胀的状态，这样一来，内外层种壳之间便产生了胀力差，又因内外层种壳是紧密地连在一起的，加之内层种壳较薄，所以内层种壳便会在外层种壳收缩力的作用下被迫裂开口。

(3)催芽时温度过高　西瓜种子催芽温度一般应维持在25℃～30℃的范围内。如果催芽时，温度超过40℃的时间在2小时以上，就很容易发生种壳开口现象。这是因为高温使西瓜外层种壳失水而收缩，从而出现与催芽时湿度过小相同的原因而使种子裂开口。

三、育苗技术

(一)育苗设施

1. 西瓜育苗设施的选择　西瓜育苗设施比较多,各有所长,在生产中可根据西瓜栽培方式和生产条件的不同进行选择。

(1)温室　分加温温室及日光塑料温室两种。加温温室是靠炉火等提高室内温度的温室,是性能较好的育苗设施,即使严寒时节,通过加温也能创造出瓜苗生长适宜的温度条件。但加温温室的造价及育苗的成本较高,除用来培育西瓜新品种等以外,一般生产上较少采用。日光塑料温室是以塑料薄膜保温,靠日光提高室温的温室。这种温室造价较低,密闭性能好,加上其他保温措施(草苫、小拱棚、保温篷布等),在不加温的情况下,可以为早春塑料大棚、中拱棚保护地栽培育出适宜的西瓜苗。

(2)温床　根据热源不同,比较实用的有马粪酿热温床和电热温床两种。马粪酿热温床是通过微生物的活动,将马粪及其他酿热物分解酿热,从而使育苗床土升温。马粪酿热温床设备简单,成本较低。电热温床是通过电阻丝将电能转化成热能,从而使育苗床土升温。采用温床培育的西瓜苗,多用于早春小拱棚保护栽培。

(3)冷床　又称阳畦。它与温床相似,是只有防风保温设备,不进行人工加温的苗床。一般在背风向阳的地方建造苗床,苗床上覆盖塑料薄膜和草苫防寒保温。在寒冷多风地区,冷床的北面可架设防风障。在白天利用阳光提高床温,夜间或阴雨天时利用覆盖物保温。冷床设备简单,成本低。采用冷床培育的西瓜苗,主要用于春季西瓜地膜覆盖栽培和露地栽培。

(4)专业(工厂)育苗　利用育苗专用设备在种苗场或专用场所进行的集中育苗,也称为工厂化育苗。这是快速集中培育西瓜壮苗的先进方法,也是育苗产业化的重要途径(具体方法详见下文“4. 工厂化育苗设施”)。

2. 育苗阳畦的建造　阳畦又名冷床。由于建造方法简单，造价低，省工省料，所以成为瓜类和其他蔬菜作物早春育苗时经常采用的一种设施。我国北方地区多采用半地下式阳畦。

(1)育苗地和阳畦形式的选择　西瓜育苗阳畦应选在距栽培地较近、排灌方便、背风向阳的地方。如果在低洼易存水的地方建造阳畦，为防止积水，可使阳畦畦面稍高于地面。

目前阳畦有两种基本形式：一种是拱形阳畦；另一种是斜面阳畦。拱形阳畦多数建成南北走向、东西排列；斜面阳畦则全部建成东西走向、南北排列，以便更好地接受阳光和抵御寒风。

阳畦位置和阳畦形式选好后，即可着手建造。在山东、河南北部和河北南部各地，3 月中旬以前育苗的，应在前一年封冻前建好阳畦；3 月中旬以后育苗的，可在春季土壤解冻以后建造。

无论拱形阳畦还是斜面阳畦，建造工序基本相同，只是规格标准和建成形状不同。

(2)阳畦的建造程序与方法

①挖畦床：建畦时，首先要挖好畦床。挖畦床时先将表层熟土取出，留作配制营养土之用；底层生土挖出后，留作斜面阳畦的北墙和两头斜墙用。拱形阳畦宽 100～120 厘米，斜面阳畦宽 120～150 厘米；畦床深(畦床底至原地面高度)：拱形阳畦为 20 厘米，斜面阳畦为 25 厘米；畦床长可根据育苗的多少确定(每平方米苗床可育西瓜苗 100～120 株)，但为了便于控制温、湿度及通风等项管理工作，以 8～10 米长为宜，最多不超过 15 米。畦床四周(畦墙)要光滑坚固，防止塌落。拱形阳畦床沿(床口)呈平面状。斜面阳畦北墙高出原地面 45 厘米(高出床底 70 厘米)，畦两头筑起北高南低的斜坡墙，使床沿和塑料薄膜呈斜面状。畦床底要整平、踩实。并铺放一薄层细沙或草木灰。畦床结构要求见图 3-2。

②放置营养土：将盛有营养土的营养钵或营养纸袋逐个依次整齐地排列在畦床上。每个钵(纸袋)之间不可挤得过紧，应留出

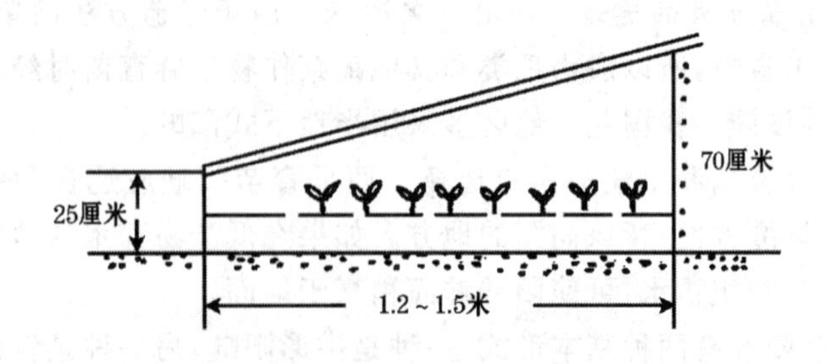

图 3-2　斜面式阳畦横剖面

小的空隙，排完后用沙土充填空隙，以备播种。如果采用营养土块育苗，床底层除先铺一层细沙或草木灰外，还要填入 10～12 厘米厚营养土。西瓜营养土可用熟园土 4 份、土杂肥 5 份、污泥或锯末 1 份(园土松散时加污泥，园土黏紧时加锯末)混合均匀，过筛后填入床内，整平后灌透水，用刀片割成 10 厘米长、10 厘米宽、10～12 厘米深(割至床底)的小方格，以备播种。

③插骨架：拱形阳畦需用 2 米左右长的细竹竿弯曲成弓形，沿阳畦走向每隔 50～60 厘米横插一根，深度以插牢为度。但整个阳畦拱脊应在一条水平线上。另用竹竿或树条分别绑在弓形竹竿的拱脊和拱腰上，并与拱竿呈垂直方向，将每个交叉点用塑料绳绑紧。斜面阳畦可用 1.5～1.8 米长的(根据斜面长确定)细竹竿或树条，沿阳畦走向每隔 60～80 厘米横置一根，南北两端用泥土压住。如果竹竿或树条太细，可将 2 根并作一处放置，或将竹竿、树条间距由 60～80 厘米缩小到 40～50 厘米，以保持足够的支撑力。

④覆盖薄膜：育苗阳畦应采用 0.08～0.1 毫米厚的聚乙烯薄膜或无滴膜，幅宽以 2 米左右为宜。注意不要使用地膜或无滴膜，以免破损后冻伤瓜苗。覆盖薄膜时，最好由 3 人同时操作。两人分别将裁好的塑料薄膜两边伸直、拉紧，对准阳畦盖在骨架上；另一人用铁锨铲湿土埋压塑料薄膜的四边。拱形阳畦可将一侧 20

～30厘米宽的薄膜埋入土中固定封死，将另一侧所余的薄膜暂时封住，以便播种或苗床管理中随时开启。斜面阳畦可将北边20～30厘米宽的薄膜用湿泥压住封死，将南边所余的薄膜暂时埋入土中封住，以便开启。在风多风大地区，盖膜后除将薄膜四周压住外，最好再在薄膜上放置1～3条压膜线(用麻绳或塑料绳)，以固定薄膜，防止大风掀翻。

3. 电热温床的建造

(1)电热温床育苗的意义　电热温床是随着电力事业的发展而兴起的现代育苗技术。它主要靠电加热线对苗床加温，并装有控温仪，可以实现苗床温度的自动控制。所以，不仅温度均匀，而且温度比较稳定，安全可靠，节约用工，育苗效果较好。但育苗成本较高，而且必须有可靠的电源。

(2)电热线的选择　可选用北京电线厂生产的NQVN 0.89农用电热线，每根长160米，功率为1 100瓦。也可采用上海农业机械研究所实验厂生产的DV系列电热线，长度为60～120米，功率为800～1 000瓦。要根据苗床面积来选择电热线，确定电热线的功率。北方地区一般每平方米苗床功率80～90瓦即可，南方只要60～70瓦就足够了。当苗床的面积确定之后，就可确定所用电热线的功率。为了安全可靠，一般在电热线上接有控温仪，控温仪可选用上海生产的UMZK型(能自动显示温度)，或选用农用KWD型控温仪。

(3)电热温床的建造

①建床：床址的选择与阳畦苗床相同，但必须在靠近电源的地方。在选好的床址上，挖深25厘米、宽1米的长方形床池，长一般10～15米。在池底铺5～10厘米厚的麦秸、稻草或草木灰作为隔热材料，铺平踏实，再盖上约2厘米厚的土。苗床最好建成东西向，并在床池北侧建一高40厘米、宽30～40厘米的床墙，南侧垒5～10厘米高的墙，两端呈斜坡形并与南北两墙相连接。

②铺设电热线：当苗床面积和电热线长度已知后，便可根据下式计算出布线条数和线距。

布线条数＝(电热线长－2×床宽)÷床长(取偶数)

线距＝床宽÷(布线条数＋1)

取10厘米长的小木棍，根据线距插在床池的两端，每端的木棍条数与布线条数相等。先将电热线的一端固定在苗床一端最边的1根大棍上，手拉电热线到另一端拴住2根木棍。再返回来挂住2根木棍，如此反复进行，直到布线完毕。最后将引线留在苗床外面。

电热线布完后，接上控温仪，并在床池中盖上2～3厘米厚的土并踏实，以埋住和固定电热线。这时可将两端的木棍拔出。然后通电，证明线路连接准确无误时，可以将营养钵排放在床池中，或装好床土浇水后切块。

③注意事项：一是布线时要使线在床面上均匀分布。线要互相平行，不能有交叉、重叠、打结或靠近，否则通电后易烧坏绝缘层或烧断电热线。也不能用整盘电热线在空气中通电。电热线和部分接头必须理在土壤中，不能暴露在空气中。二是电热线的功率是额定的，不能剪断分段使用或连接使用，否则会因电阻变化而使电热线温度过高而烧断或发热不足。三是接线时必须备有保险丝和闸刀，各种电器间的连线和控制设备的安全负载电流量要与电热线的总功率相适应，不得超负荷，否则易发生事故。四是电热线工作电压为220伏。在单相电源中有多根电热线时，必须并联，不得串联。若用三相电源时必须用星形(Y)接法，不得用三角形(△)接法。五是当需要进入电热温床内时，应首先断开电源。苗床内各项操作均要小心，严禁使用铁锨等锐硬工具操作，以防弄断电热线或破坏绝缘层。一旦断路时，可将内芯接好并用热熔胶密封，然后再用。六是电热线用完后，要轻轻取出，不要强拉硬拽，并洗净后放在阴凉处晾干，安全贮存，防止鼠咬和锈蚀，以备再用。

④管理要点:在播种前一天接好电接点,并将温度计插在床土中,将温度调到30℃,接通电源加温,当床温升至30℃时即可播种。以后根据需要调节电接点温度计至所需温度即可。

4. 工厂化育苗设施　工厂化育苗又叫快速育苗。是采用一定的设备,人为控制催芽出苗、幼苗绿化等育苗中各阶段的环境条件,在较短的时间内培育出较高质量的适龄壮苗的一种育苗方法。

(1)工厂化育苗的特点

第一,缩短苗龄,提高秧苗素质。由于有加温设备,可根据幼苗各阶段的不同需要调节温度,满足幼苗对积温的要求,使育苗时间大大缩短、一般比冷床或其他苗床缩短15～30天,而且秧苗生长环境优越,使幼苗根系发达、苗茎粗壮、干物质积累多,所以瓜苗的质量较高。移植到田间后,表现为缓苗快,幼苗生长茁壮,开花结果早,有利于西瓜高产。

第二,提早成熟,增产增收。利用快速育苗的方法培育出的瓜苗根系发达,生活力强,栽后缓苗快,因而幼苗期缩短,瓜苗生长势较强,可以在开花结果之前形成健壮的营养体,有较多的光合面积和发达的根系,为西瓜的早熟和高产奠定了基础。所以,西瓜不仅结果早,而且果实膨大速度快,瓜个大,产量高,品质也好。

第三,省工省种。采用快速育苗有利于集中育苗、集中管理,明显节约人力和物力,节省用工一半以上。由于快速育苗的条件较好,种子出芽率和成苗率均较高,出苗快而整齐。所以,可以比其他育苗方法节省种子50%左右。

(2)工厂化育苗设施的类型

①三室配套式固定设施类型

催芽室:是专供种子催芽和出苗用的,具有良好的保温保湿性能。其主要设备有育苗盘架、育苗盘和加热装置。育苗盘架用来放置育苗盘,可用2～2.5厘米角铁制成,其大小要与催芽室的容积相配套,一般高1.8米、长62厘米、宽42厘米,可将其分为10

层。育苗盘是用来播种催芽的,其规格应与育苗架配套,一般木制的长、宽、高分别为60厘米、40厘米、5厘米,塑料的为30厘米×20厘米×3厘米,盘底有孔(无土育苗可以不留孔)。加热装置可用电炉或电热线。使用电炉时应将其埋入地下穴中,盖上铁板。电热线加温更为安全、方便,其具体铺设方法与电热温床的电热线铺设方法基本相同,可参照执行。

绿化室:是使幼苗绿化的温室,具有良好的透光保温性能。一般120~150平方米可供10公顷左右瓜田用苗。绿化室可分多间,每间为6米×3.6米=21.6平方米,其中可放12平方米的绿化床,每床放育苗盘50个。绿化室多用三折式单斜面玻璃温室。三折式的角度自上而下分别为10°、30°和55°或15°、30°和45°,以采光效果好为原则。其骨架可用2.5厘米×2.5厘米以上的角钢或T形钢。也可采用冬暖式日光温室作绿化室。绿化室内多采用电热线加温,可按电热温床中电热线的计算和铺设方法进行设置。如电热线根数较多时也可用380伏三相电源,用三相四线制接线法。

分苗室:是将经过绿化后的幼苗进行再培育的设施,可设在温室或塑料大棚内,为降低育苗成本多用大棚。大棚的建造方法可参考大棚西瓜栽培部分。培育西瓜苗时,大棚的利用率一般为60%~70%,每667平方米大棚可培育直径8~10厘米的瓜苗4万~5万株,可根据这一指标和西瓜种植面积确定大棚的面积。分苗室必须有良好的采光条件,因此大棚多建成南北向。其受风面较小,其中温度和光照也比较均匀。棚的大小与棚温关系密切。棚越大保温性能越好,棚内温差也小,但过大时造价过高。一般每棚的面积以334平方米左右为宜。

②塑料大棚加电热温床设施类型:该种育苗方法具有结构简单、制作方便、应用灵活,一次性投资较少等特点。尤其适宜于以村为单位育苗和个体户的育苗。其主要设备有塑料大棚、电热线、

塑料小棚、草苫等。

采用塑料大棚加电热温床的方法育苗时，其催芽室中采用电热线加温。在催芽室中，把电热线环形固定在距地面10厘米以上至墙高3/4处的墙壁上。线距8～10厘米。靠门一侧的墙上一般不装电热线。引线留在门的一侧或靠近电源的地方。然后，用石灰浆土抹上，使电热线固定并嵌入墙内壁中。一般每平方米墙面为80瓦左右即可，最后接上控温仪。它的原理和电接点温度计温床基本相同。

该种育苗方法的绿化室是塑料大棚。由于在大棚中增加简易电热温床，所以可在温床中放置苗盘进行幼苗绿化，也可直接在温床中放置催芽盘促使种子出芽后直接在大棚中进行幼苗绿化。另外，还可用塑料大棚作为苗室，培育西瓜成苗。

塑料大棚中简易电热温床的建造方法与育苗所用的电热温床基本相同。苗床一般宽1.5米，长度根据大棚的宽度而定、一般为10～15米，按上述尺寸挖深10～15厘米的床池，在床底铺上一层塑料薄膜，再放上3～5厘米厚的麦秸或稻草(也可用草木灰)，作为隔热层防止热量流失。然后，在隔热层上按电热温床的布线方法布线，再在电热线上盖一层2厘米厚的沙子或细土并踏实。最后，在简易电热温床上搭设小拱架，架设40～50厘米高的塑料小棚，夜间盖上草苫保温防寒。

(二)育苗方法

1. 育子叶苗　把有的地区育西瓜子叶苗有的地区叫“生大芽”，就是在育苗容器中培育具有两片子叶的幼苗后进行移栽定植的一种育苗方式。

(1)种子消毒　参考本节二、中的“(四)播种前对西瓜种子的处理”中的“1. 西瓜种子的消毒方法”)。

(2)浸种催芽　参考本节二、中的“(四)播种前对西瓜种子的处理”中的“2. 西瓜种子的浸种方法”和“3. 西瓜种子的催芽方法”)。

(3)播种育苗　具体方法是先选择好盆、木箱或条筐等作为育苗容器,底层垫入6～8厘米厚的麦糠,其上放10厘米厚左右的细沙,整平浇透水。将催过芽的瓜种均匀地平卧在沙面上,再覆细沙约1.5厘米厚。播好种后放在25℃～30℃条件下(覆盖塑料薄膜和草苫)保温保湿。至胚颈开始露出沙面时(顶鼻阶段),用喷壶喷1次水,以后每隔2～3天喷1次水。喷水最好在晴天上午进行。此外,可在每天上午10时至下午3时揭开草苫让阳光照射,夜间盖苫保温。出苗后,为防止徒长,可适当降低温度,维持在22℃～25℃。待子叶展开后就可以定植了。定植前应通风降温炼苗,以便使幼苗适应大田条件。培育西瓜子叶苗示意见图3-3。

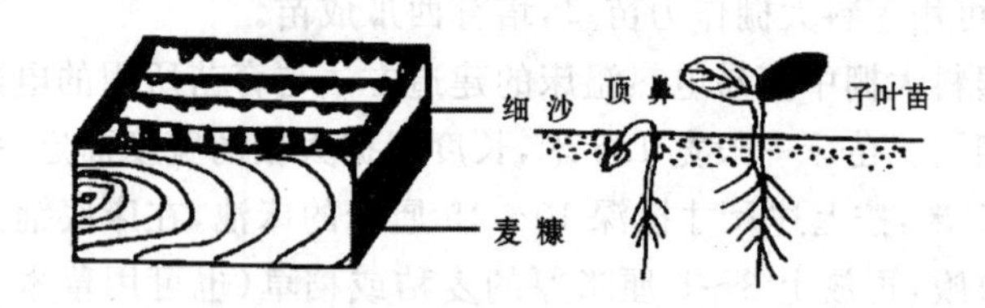

图3-3　培育西瓜子叶苗示意

2. 育西瓜大苗　就是培育3～4片真叶的大苗。早春栽培西瓜最主要的限制因素就是温度低。利用防寒保温设施,在保护环境条件下培育大苗移栽,就能够充分利用早春季节避开雨季,在汛期到来之前收瓜,可提高西瓜产量和质量。育大苗还可以减轻某些苗期害虫(如瓜地蛆、蝼蛄、蛴螬和地老虎等)的为害;移栽后,可以使植株在害虫猖獗之前形成完善的保护组织,使为害程度大大减轻。

育西瓜大苗可利用温室、大棚和阳畦等。育苗床有温床和冷床之分,温床和冷床的构造基本一样,只不过温床比冷床多了酿热物。以下以冷床为例进行介绍。

(1)床址的选择　苗床应选择在距栽培地较近、管理方便、背风向阳的地方。由于我国北方一般地下水位较低,春季又少雨,因此一般采用凹下地面式的苗床;若地下水位高或多雨地区,为防止积水,可将苗床建在高处或在苗床周围挖好排水沟。

(2)建苗床　西瓜苗床有南北走向的拱形苗床和东西走向的斜面式苗床两种。一般的苗床宽 1.5 米、深 20～25 厘米、长 10 米。筑床时先将床内熟土取出,生土挖出筑墙。床底整平踩实,上面铺一层细沙或草木灰作隔离层。然后配制营养土。营养土由一半熟土和一半捣细过筛的猪圈粪,每立方米再加 0.5 千克三元复合肥混合而成,晒热后装入塑料营养钵内。利用塑料营养钵育西瓜苗,是近几年开始采用的育苗方法。西瓜育苗可选用直径 8～10 厘米的塑料钵。播种前用备好的培养土装满塑料钵,并整齐、紧密地排列入苗床内。然后灌足水,水渗下后播种并覆好盖土。其方法同前。利用塑料钵育苗,能有效地保护瓜苗的根系,并能将瓜苗远距离运输。为了使钵体培养土分离,要在移栽定植前 1～2 天停止浇水,定植时用手轻捏塑料钵的底部和周围,然后轻轻将瓜苗连同培养土从塑料钵中取出,以免碰断瓜苗、松动根系或碰破培养土。西瓜苗定植后,可将塑料钵充分洗净、集中收藏,以备下年使用。

(3)苗床管理　播种后,除下雨、寒流天外,每天上午 9 时至下午 3 时揭去草苫,清除薄膜上面的杂物及背面上的水珠,使薄膜透光良好,以利于提高苗床温度。下午 4 时左右及时覆盖草苫保温。经 4～5 天大部分瓜苗拱土时,可从一头揭开薄膜抽出地膜。出苗前床温应控制在 30℃左右。80%出苗后就应揭开薄膜的通风口进行通风,防止徒长。通风应从背风面开口,通风口应由小到大。时间由短到长,切勿突然大量通风,防止将幼苗"闪死"。出苗后到第一片真叶展开前,小苗最易徒长,必须严格控制床温,一般不要超过 25℃。定植前 7～10 天要加大通风口。逐渐降温蹲苗。移栽前3～5天全部除掉塑料薄膜,苗床内用50%硫菌灵乳油800倍液加40%乐果乳油1 500倍液喷洒一遍。苗床内浇水要慎重,出苗前一般不浇水。当幼苗顶土、土表出现裂缝时,可覆细土,防止水分蒸发。苗床干旱时,可用喷壶喷洒温水,喷水应在晴天上午进行。当真叶展开后,可加大喷水量,每隔3～5天喷水1次。移栽前1～2天苗床不要浇水,以备起苗。经30天左右的细心管理,移栽时使瓜苗达到叶色鲜绿、叶片较厚、下胚轴短而粗、高6～7.5厘米、具有3～4片叶的壮苗标准即可定植。

3. 防止西瓜子叶“戴帽”出土　西瓜在育苗或直播后,当子叶出土时,往往发现有些幼苗的子叶被种壳束缚着而伸展不开,这种现象称为戴帽。如果接种方法不当、播种质量较差,则子叶戴帽现象特别严重(图3-4)。

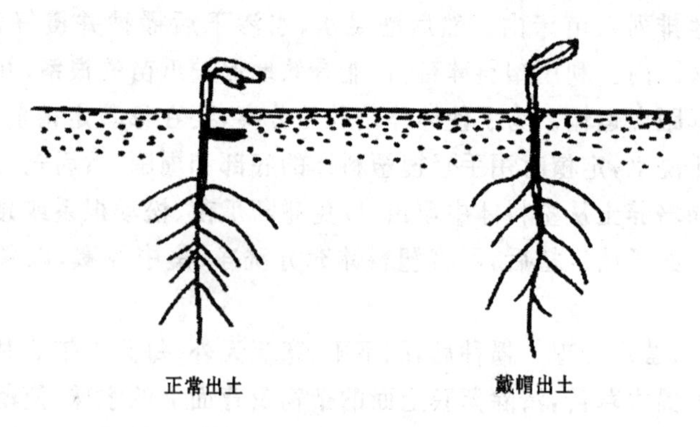

图3-4　西瓜子叶出土示意

西瓜播种后,在正常情况下,瓜种依靠胚轴基部胚栓的膨压,将种皮由发芽孔推向一方,子叶靠下胚轴的伸长而向下拉长。通过这两个作用,使子叶从种皮内逐渐脱出,再加上覆盖种子的沙土对种壳的压力和阻力,致使子叶出土时种皮便留在土中。播种后,如果覆土太薄、土壤干燥、土温过低或种胚发育不良等,则往往造成“戴帽”出土，严重妨碍子叶的伸展和发育。子叶对于培养壮苗十分重要。有人观察，西瓜子叶的生理功能可以维持到结瓜期。如果在团棵前子叶受损伤，将会影响到幼苗的生长和发育。

西瓜正确的播种方法是：将种子平卧点播（切勿立放或倒置），每穴或每营养纸袋内分散放入2～3粒种子后覆土。覆盖瓜种的土是特备的细沙土（晒干、过筛）。覆土厚度1～1.5厘米。播后再用喷壶洒水，使覆盖沙土湿润后立即盖好塑料薄膜和草苫。

4．防止西瓜苗烧根　发生烧根时，根系发黄，不发新根，但不烂根，地上部生长缓慢，植株矮小脆硬，形成小老苗。烧根主要是由于施肥过多及土壤干燥造成的。苗床土中施用没有充分腐熟的有机肥或有机肥、化肥不与床土充分混合，均易发生烧根。因此，配制苗床土时，用肥量要适当，特别是不要过多使用化肥，一定要用充分腐熟的有机肥；各种肥料要与床土充分拌匀。苗床浇水要适宜，注意保持土壤湿润，勿使幼苗因床土缺水而烧根。发生烧根时要适当增加浇水量，降低土壤溶液浓度。浇水后，要重视苗床的温度变化，晴天白天尽量加大通风量，以降低苗床内湿度；夜间则应当以保温为主，适当提高床温有利于根系恢复生长，促发新根。浇水以湿透床土为宜，防止浇水过多或床土长期过湿而导致瓜苗发生沤根。

（三）苗床环境的管理

1．西瓜苗床的温度管理

（1）西瓜幼苗不同阶段对温度的要求　从种子萌动到子叶（指90%子叶，下同）出土前要求床温较高。一般要求晴天为28℃～30℃，阴天25℃左右。这时如果床温低，会使出土时间延长，种子消耗养分多，出苗后幼苗瘦弱变黄。子叶出土后应当降温，晴天为22℃～25℃、阴天为18℃～20℃，以防止胚轴过长。当90%植株的第一片真片展出后，再逐渐提高床温到25℃～27℃。定植前1周应逐渐降温蹲苗，使床温由27℃降至20℃左右，直到和外界气温相一致。

(2)苗床温度的控制与调节　因育苗设施的不同而异。阳畦育苗或温床育苗主要靠揭盖草苫和开关通风口来进行。通风口的大小,是靠掀开覆盖苗床塑料薄膜部分的大小来调节(可用两块砖头或石块支起,中间形成通风口),掀开的部分越大,通风量越大。斜面阳畦、温床的通风口,一般都设在南侧和两头;拱形阳畦、温床的通风口可设在建床覆盖塑料薄膜时没有固定死的临时压膜一侧。子叶出土后,为了加强光照和延长光照时间,除阴雨天外,可于每天上午 10 时至下午 4 时揭开草苫日晒,下午 4 时以后再盖上草苫。随着天气渐暖、真叶展出后,要及时通风降温。随着气温的回升,通风口由小到大,通风时间由短到长,直到除掉所有覆盖物进行锻炼。

另外,通风口的位置也应及时调换。一般每隔 5 天左右调换 1 次,以保持苗床内温度、湿度及气体等条件相对一致,促使瓜苗健壮而整齐。

(3)温室和塑料大棚内苗床温度的控制与调节　主要依靠天窗的开闭及草苫的揭盖进行。如果属加温温室或大棚,还可通过提高或降低加温温度进行调节。

(4)电热温床的温度可通过电热线功率、布线间距来控制　电热线功率越大,升温越快,床温越高;线间距越小,升温越快,床温越高。反之,电热线功率越小,升温越慢,床温越低;线间距越大,升温越慢,床温越低。调节电热温床的温度,还可通过控温仪进行。转动控温仪的调节旋钮,可改变通向电热线的电流强度,从而改变电热线功率的大小,以达到调节床温的目的。

2. 西瓜苗床的湿度管理　西瓜苗期对水分反应较为敏感,水分过多过少都会影响幼苗生长,严重时也会导致育苗失败。播种前已浇足底水的苗床,出苗以前一般不再浇水。若发现床土过干可喷适量 40℃的温水。出苗后,随着西瓜苗的生长,需水量逐渐加大。同时，由于蒸发作用，床土水分明显减少。尤其是电热和火炕温床，更易失水缺墒，应根据床土湿度情况及时补充水分。一旦缺水，幼苗生长缓慢，真叶变小，育苗时间延长。一般应使土壤湿度保持在田间最大持水量的80%左右，不宜再高。若土壤湿度过高，床内的空气湿度也高，不仅会使幼苗徒长、形成弱苗，而且还会增加苗期病害的发生概率。另外，土壤湿度过大，也会因土壤中空气缺乏进而影响到根系的正常生长甚至发生沤根。床内湿度较大时，可控制浇水，并在不降低床温的情况下，适当通风以降低床内湿度。还可以在床面撒施草木灰吸水，增加床温，并进行浅中耕，以散发土壤水分。据试验，苗床内空气相对湿度长期大于85%～90%时，如再遇到低温，很易发生幼苗猝倒病。一旦发病时应及时采取相应措施，防止病害蔓延。

浇水时要防止大揭大浇，应随揭随浇随盖，最好用喷壶喷浇30℃温水，以防止浇水造成床温降低。在瓜苗生长过程中，若发现缺肥现象时，可以结合浇水进行少量施肥，一般用0.1%～0.2%尿素水浇施。为了提高幼苗素质，也可喷洒0.2%磷酸二氢钾溶液。

定植前5～7日停止喷水，进行蹲苗。到瓜苗第三至第四片真叶展出时，即可定植于大田中。

上述湿度的管理方法，适用于温室、大棚、电热温床及阳畦、温床等设施内的所有苗床，但特别值得注意的是，西瓜阳畦苗床喷水时，每次的喷水量以充分湿透营养土块或营养纸袋为限度。如果喷水太大，容易降低苗床温度，根系长期处于温度低、湿度大的环境中，有可能引起沤根。如果每次喷水量很小，必然要增加喷水次数，这样一方面会造成苗床土壤板结，另一方面会影响瓜苗根系的正常生长。其他有加温设备或有酿热物的苗床，由于床温较高，每次喷水量可适当多一些(每平方米苗床喷水10～15升)。喷水时最好能将井水晒热或加入少量热水使水温达15℃以上。

各种设施内的苗床，分别通过相应的通风设备（如天窗、通风口）及揭盖塑料薄膜部分通风换气，使苗床内湿度大的气体与外界湿度小的气体进行交换，从而降低苗床内的空气相对湿度。

3. 西瓜苗床的其他管理

（1）光照　出苗后要千方百计增加床内光照。若光照不足，幼苗茎细叶薄，光合产物积累少，容易徒长，并致使根系生长不良，移栽后缓苗慢生育期延迟，进而还会影响到产量。增加光照的措施主要是及时揭开覆盖物，一般当日出后气温回升（一般在上午8～9时）就应及时揭开草苫等覆盖物，使幼苗接受阳光，下午在苗床温度降低不太大的情况下适当晚盖覆盖物，以延长幼苗受光时间。同时，也要经常扫除塑料薄膜上面的草、泥土、灰尘等污物，以提高薄膜的透光率。到育苗后期，瓜苗较大、外界气温稳定在20℃左右时，即可将塑料膜揭开，使幼苗直接接受日光照射，提高叶片光合能力。揭膜要由小到大逐渐进行，使幼苗逐步适应外界环境，防止一次揭开使幼苗受害。当揭开薄膜、发现幼苗萎蔫叶片下垂时要立刻盖好，待幼苗恢复正常后再慢慢揭开。

值得特别注意的是，遇有阴雨天气时不要因为没有阳光而一直不揭草苫，幼苗长期处于黑暗条件下也会发生徒长、造成弱苗。在阴雨天气尤其是连阴天的情况下，白天只要床内气温不低于16℃，也要揭开草苫，靠周围的散射光，使苗利用散射光进行一定的光合作用。如果气温较低时，可采取一边揭一边盖的方法，既不降低床温，又可增加光照。

（2）松土　在育苗期间，适当进行中耕松土，不仅可以增加土壤中的空气含量、提高土壤的透气性、促进根系生长，还可以调节土壤湿度、提高床土温度。在床土湿度大、温度低的情况下，松土的效果更为明显。瓜苗出全以后，将床面松锄一下，但深度要浅，一般以1厘米深左右为宜，这时松土的主要作用是弥补床面裂缝。当幼苗破心时再锄1次，以促进根系发育，有利于培育壮苗，以后可根据实际情况中耕2～3次。一般是在每次浇水后的1～2天松土1次，可以消灭杂草，防止土壤板结，提高土壤温度，调节其湿度。松锄时开始要浅，以防伤害根系。随着瓜苗的长大，可逐步加深，深度以2～3厘米为宜，但也不宜过深。

(3)浇水追肥　幼苗期视苗情追施1～2次有机肥和氮素化肥，以促进幼苗生长。幼苗长势良好时，追肥1次，在3～4片真叶时进行。在植株南侧20厘米处开沟，沟深15厘米左右。每667平方米施腐熟饼肥40～50千克或人畜粪200～300千克。若幼苗长势较弱，可追肥2次：第一次在2叶期，在瓜苗南侧15厘米处开穴，每667平方米施入尿素6～7.5千克；第二次在团棵后，在瓜苗北侧开沟，每667平方米施腐熟饼肥40千克或芝麻酱60～80千克。另外，当幼苗生长不整齐时，可对个别小苗、弱苗增施"偏心肥"。施用方法是：在离幼苗基部10厘米处，用木棍捅一直径为2～3厘米、深为10厘米的洞，施入适量尿素后点水盖土；或将尿素溶于水中，配成浓度为0.5%的溶液，在幼苗基部开穴浇施，每株用液量0.5升左右。

土壤底墒较好时，苗期一般不再灌水。若确实干旱缺水时，可行点浇或在植株一侧开沟暗浇小水。

4. 工厂化育苗的管理要点

(1)管理特点　由于快速育苗的设备条件优越，可以根据西瓜种子发芽和幼苗生长对环境条件的要求实现自动控制。所以，它的管理特点是以"促"为主，加快育苗的进程。但是幼苗对各种条件都有一定的要求，而各种条件之间又互相影响、互相制约，必须协调各因素之间的关系，把它们恰当地配合起来，创造一个最适的总体环境条件，以培育出健壮瓜苗。另外，幼苗生长的各个阶段对环境条件也有不同的要求。如出苗阶段要求高温高湿，促进种子快出苗；绿化阶段则要求增加光照适当降温并调节湿度，适时移苗，促进幼苗苗壮成长；成苗阶段则要求适当控制温度，提高空气相对湿度，增加光照，适当追肥，防治病虫害，以促使瓜苗健壮。

(2)播前准备　①整理清洗育苗盘。将育苗盘用水冲洗干净并进行消毒。可用1%～2%福尔马林溶液喷洒苗盘，要喷布周到，防止带菌传病，喷后盖塑料膜闷一昼夜，待药味散完后方可使用。也可用0.1%高锰酸钾溶液浸盘，浸后拿出晾干即可使用。②检修调试育苗设施，如电热线、控温仪等必须处在良好的性能状态。整修好催芽室和绿化室，以保证育苗时能正常使用。③种子质量检验。按播前种子处理中选种部分中介绍的方法，对西瓜种子进行粒选或水选，并做发芽试验，保证选用高质量的种子，以促使其早出苗、出好苗。④准备育苗基质和培养土。采用无土育苗时，可选用瓜类育苗基质、如“苗褓褓”或砻糠灰与河沙混合物作基质。用煤渣时应粉碎成0.3～0.5厘米直径的细颗粒，并清洗消毒，消毒方法可参阅本书培养土消毒部分。有土基质可用培养土与砻糠灰混合，可使基质肥沃、疏松透气，使用也较方便。

快速育苗多数是在分苗以后采用床土即培养土育苗，这种方法育苗的效果好也便于管理。

(3)种子处理　包括种子消毒和浸种。消毒和浸种的具体方法可参照本节二、中的“(四)播种前对西瓜种子的处理”部分。

(4)播种出苗　一般都采用催芽播种。但播种时较费工，而且若幼芽较长时还易折断，所以有时也采用直接播种。如果进行催芽时，具体催芽方法可参阅本节二、中的“(四)播种前对西瓜种子的处理”部分。播种时，先把基质装入育苗盘，刮平后距盘沿1～1.5厘米，并适量洒水，然后将种子均匀播入盘中，可用撒种的办法，但必须均匀。一般育苗盘规格为60厘米×40厘米×5厘米，每盘播种12克左右。播完后覆盖1～1.5厘米的基质，最后送入催芽室的盘架上催芽。

出苗期的管理主要是温度和水分。采用催芽播种的温度可比催芽时低2℃～3℃，直接播种的可控制在27℃～30℃。播种后，催芽室内空气相对湿度可控制在80%。若播前浇足水时，出苗前可不再浇；若底水不足时，必须喷浇30℃的温水。其他管理与常规育苗的管理方法基本相同。

(5)幼苗绿化　当西瓜幼芽弯脖顶土达50%～60%时，即可将育苗盘移到绿化室，使幼苗慢慢见光转绿，促使子叶平展并进行光合作用。子叶展平后要尽可能使幼苗多接受光照，尤其是冬季和早春光照时间短，要适时揭开绿化室的覆盖物，并经常清除棚膜或玻璃上的污物，增加透光率。在温度管理上，头3天内绿化室内要适当控制温度，一般在22℃左右，温度过高时容易导致下胚轴伸长过度而形成高脚苗，夜间保持16℃左右。待齐苗以后再适当提高1℃～2℃。也可在齐苗后适当降温1℃～2℃，对幼苗进行低温锻炼，使其生长健壮，根系发达。绿化时间以真叶开始生长即“破心”为标准，“破心”后即可移苗分苗。绿化期间应注意湿度调节，基质含水量以60%～80%为宜。不要过湿或过干，以防止影响幼苗正常生长。因此，应根据天气和基质湿度灵活浇水，晴天可2～3天浇1次，阴天3～5天浇1次。无土育苗时，可结合浇营养液控制基质湿度。绿化室内的空气相对湿度以60%～70%为宜，过高易导致苗期病害发生，过低则影响幼苗生长。可通过通风的办法控制湿度。通风时要由小到大，使幼苗逐渐适应。

(6)分苗移植　西瓜幼苗在绿化室中长到“破心”时，便开始出现拥挤现象。因此，必须把瓜苗移栽到营养钵或新设的苗床中，以满足幼苗生长对光照和营养条件的需要。由于西瓜根系再生能力差，一般只移苗1次。移苗前2～3天，应降低绿化室内温度炼苗，使其能迅速适应新的环境。在移苗前半天适当浇水，以利于起苗。

移苗时，动作要轻，不要弄折幼茎或子叶；动作要快，尽量避免幼苗受低温影响而发生生理伤害。可用手轻轻拔出幼苗，或用小铲掘出，并立即栽到已准备好的营养钵内，防止根部被太阳晒干和被风吹干。栽植不要过深，一般栽后比原来土印深1厘米即可，栽后用培养土埋好，并及时浇少量压根水（也称缓苗水）。栽苗时最好将大苗、小苗分开，以便于以后的管理，使瓜苗整齐一致。栽完后最好加盖塑料薄膜，防止水分过量蒸发，以利于缓苗。移苗要在晴暖的天气进行，或抢在冷尾暖头进行。

移栽后缓苗前的管理主要是保温保湿，促进快速缓苗。中午遇高温或强光时，可适当降温、遮光。缓苗中期可适当小通风，缺水时应适量浇水。缓苗后期若瓜苗已出现新叶，表明开始生长，可进行正常管理。幼苗缓苗以后开始加速生长，可以适当提高温度，一般白天保持在27℃～28℃，夜间保持在18℃～20℃。随着幼苗的叶片增多，对水和肥的需要量也逐渐增大，应逐步加大浇水量，减少浇水次数，以免引起幼苗徒长。浇水时可用喷壶喷浇，中间多浇，边沿少浇。成苗后期由于浇水量较多，瓜苗也较大，可以用泼浇的办法浇水。根据幼苗生长势和叶色，可结合浇水适当补施速效肥，用0.1%～0.2%尿素溶液或0.2%磷酸二氢钾溶液浇施在瓜苗上，但必须浇施均匀，以免造成大小苗。在习惯浇施人粪尿的地方，也可以用30%左右的腐熟人粪尿液，浇施在西瓜苗床面上。

为了使瓜苗在定植到大田后能迅速适应大田环境，必须在定植前7～10天进行炼苗。炼苗的方法主要是降温通风，开始时可适当小通风，逐渐使苗子适应低温，然后渐渐发展到白天全部揭开覆盖物和薄膜，并实现昼夜不盖，以增强幼苗的适应性，提高瓜苗素质，同时要控制浇水。

（四）西瓜育苗期间遇不良天气应采取的措施 连阴天气温下降时，应尽量多揭开草苫，使西瓜苗有一定的见光时间，切不可连续几天不揭草苫。揭草苫要在外界温度稍高时进行。对于有加温设备的苗床（如温室、电热温床及酿热温床等），苗床内的温度应控制比晴天低3℃～4℃。切不可在阴天加温过高，造成瓜苗徒长。阳畦育苗无加温设备，要增加覆盖物保温。

降雪天气要盖好草苫。雪停后应立即扫雪，以保持草苫干燥，并及时揭开草苫使瓜苗见光。下雨天要防止草苫淋湿而降低保温作用，最好在草苫上再覆盖一层塑料草苫；白天气温较高时，可揭开草苫，但要防止雨水进入苗床内导致苗床温度降低和加大湿度。如夜间有降温可能，须盖上草苫防止冻害。

另外，如果连阴天或雨天过后天气突然转晴，应当逐渐增加瓜苗的光照时间。第一次揭草苫后，要对瓜苗仔细观察，如果瓜苗有萎蔫现象，应该适当盖草苫遮荫，待瓜苗恢复正常后再揭去草苫。这样反复进行，直到瓜苗不再萎蔫为止。

第二节　露地春播西瓜栽培

一、整地做畦

详见第一节中的“二、播种前的准备”。

二、播种或定植

(一)播　种

1. *播种方法*　西瓜育苗多采用点播的方法。如果没有催芽，发芽率在85%以上的每穴播1～2粒种子。发芽率在80%左右的最好不少于2粒。进行催芽的种子，一般每穴中播2粒或每穴播1粒有芽和1粒无芽种子。播种既可以在播种处开穴播种，也可以先播在钵面上，播完后再覆盖营养土。未出芽或刚露白的种子，播种时可用手拿种子直接插入。但已出芽尤其是出芽较长的种子，最好用镊子或筷子夹取，用竹木小细棒亦可。但不要用手拿种芽，因为用手取时容易折断幼芽。

2. *播种深度*　播种的深度要适当，如过深时出苗时间延长。若遇床土湿度大、温度又低时易影响出苗，甚至发生烂种。播种过浅时，虽然出苗较快，但容易发生带壳出土现象；如果床土较硬时，严重影响根系下扎;若床土失水较快时很易造成落干,特别在覆盖薄膜的苗床上,更容易发生这种现象,会直接影响到出苗或幼苗生长。据试验,播种深度以2~3厘米的出苗率最高,出苗速度快,带壳出土率低;深度超过3厘米出苗时间延迟。种子播在种穴表面后再覆土的,其覆土厚度也可参照这一标准。播种深度要一致。

3. 注意事项　①由于西瓜种子出土脱壳是依靠土壤阻力和胚栓共同作用的结果。因此,播种时最好将种子平放,使种壳受到土壤的阻力,有利于子叶脱壳,防止"戴帽"出土。②播种时苗床温度不要低于16℃,尤其是阳畦育苗,如果床温低于16℃,则会大大延迟出苗时间。采用温床育苗时,可以待床温升到25℃左右时播种;若在床温为16℃时播种,则必须尽快提高床温,以缩短出苗时间,加快幼苗出土。幼苗出土前可使床温保持在27℃~30℃。③播种时,床土的湿度要适宜,如果底墒不足,应先浇足水后再播,尤其是火炕和电热温床育苗,由于温度较高,水分蒸发很快,播种时底墒不足,很易发生落干,严重影响出苗,特别是已出芽的种子,发生落干时会使幼芽干枯,失去出苗能力,造成不应有的损失。此外,床土墒情不足时,也会使种皮干燥变硬,影响子叶脱壳,造成带壳出土。只有在适宜的土壤湿度条件下,使胚根顺利吸水,并能正常生长发育,子叶也会顺利出壳。土壤湿度过大,空气缺乏,也会影响出苗,甚至发生烂种。如果出苗前或幼苗顶土时,床土过干,可适当喷洒温水。④播种完毕要及时盖上塑料薄膜,以保温保湿。采用营养钵育苗时,尤其是采用圆钵育苗的,播种后应将营养钵之间的缝隙用细土或床土填满,以防止钵体失水过多。如果营养钵间隙过大,又没有填土,则会使营养土过度失水,影响出苗。为了保持床土湿度,最好在床面也铺盖一层薄膜,可在幼苗刚顶土时把膜揭去,并在床面撒一层薄薄的细土,以填补床面裂缝,并可起到帮助子叶脱壳的作用。

(二)移栽定植

1. **定植前西瓜苗适时锻炼**　炼苗是西瓜育苗过程中不可缺少的环节。通过炼苗可以增强幼苗的适应性和抗逆性，移栽后缓苗时间短，恢复生长快。西瓜幼苗经过锻炼，植株中干物质和细胞液浓度增加，茎、叶表皮增厚，角质和蜡质增多，叶色深绿，这样的西瓜苗抗寒抗旱能力强，定植后保苗率高，缓苗速度快。

西瓜苗的锻炼一般从定植前 5～7 天开始。瓜苗锻炼前选晴暖天气浇 1 次足水(锻炼期间不要再浇水)，然后逐渐增大通风量，使床内温度由 25℃～27℃逐渐降到 20℃左右。电热温床应减少通电次数和通电时间。在这期间夜间一般不再盖草苫，塑料薄膜边缘所开的通风口夜间也不关闭。随着外界气温的回升，定植前 2～3 天当气温稳定在 18℃以上时，除掉苗床所有覆盖物(电热温床还应停止通电)，使瓜苗得到充分的锻炼。在瓜苗锻炼期间，如果遇到大风、阴雨、寒流、霜冻等不良天气，则应立即停止锻炼并采取相应的防风、防雨、防寒、防霜等保护措施。另外，如果锻炼时间已达到要求，但因天气不良或突然遇到某种特殊情况时，可暂不定植，在瓜苗不受冻害的前提下继续进行锻炼。

不同栽培方式炼苗时间和炼苗温度可以不同。如果在大棚中育苗、又在大棚中栽培，可以不炼或轻炼；采用地膜覆盖栽培的，可以适当轻炼苗，一般 4～5 天即可。而移栽到大田或行地膜覆盖栽培的，应适当重炼，以使瓜苗充分适应自然环境，保证栽后及早缓苗。炼苗完毕准备移栽时，若遇不良天气或因其他原因而不能定植，应适当采取保护措施，或使瓜苗继续锻炼即可，但也不要拖延很长时间，以免瓜苗过大影响移栽成活率。

瓜苗的锻炼程度决定于锻炼天数的多少和降温、控水的程度。例如，由苗床定植到小拱棚内可锻炼 5 天左右，床温降至 20℃～22℃时停止浇水 4～5 天。如果在露地定植，则应锻炼 7 天左右。床温降至 18℃～20℃，停止浇水 6～7 天。采用电热温床或温室育苗，移栽定植到塑料大棚或中棚内的瓜苗，也要锻炼1～2天，使温度降至22℃～25℃，停止浇水2～3天，并加大通风量和延长通风时间。

2. 及时移栽定植　无论采用哪种育苗方式，移栽定植时都要求一定的苗龄。超过一定的苗龄，成活率及苗期生长均将受到很大影响。这是因为西瓜根系的再生能力较弱，而且一旦组织成熟，根木栓化以后新根就难以发生。因此，当采用育子叶苗的方式时，就要在子叶展平、真叶尚未出现时移栽定植，如果在真叶展出后再移栽定植，不但成活率很低，即使已经成活的瓜苗，生长也很缓慢，往往形成弱苗或小老苗。

在不采用营养钵或营养土块等带土移栽的情况下，宜在子叶展平、二次侧根出现之前移栽定植。如果采用较小的营养钵或营养土块等带土移栽时，宜在2～3片真叶展开、三次侧根刚发生时移栽定植。如定植过晚，不但在苗床内限制了三次、四次侧根的生长，同时在移栽时还会有大量的三次根、四次根遭到破坏或损伤。如果采用大规格营养钵或营养纸袋(直径10～12厘米)育苗时，也可在苗龄达30～40天、幼苗长出4片真叶时再移栽定植。但苗龄也不宜过大。如果瓜苗在苗床中抽蔓后再移栽定植，将影响瓜苗的发育而延迟坐瓜。

3. 西瓜定植适期的确定　早春定植西瓜苗最重要的是考虑地温和霜冻。各地历年的终霜期不一。例如，山东省1959～1978年期间终霜期最早为3月23日，最晚为5月1日，多数在4月中旬。为了西瓜生产的安全，早春露地栽培和地膜覆盖栽培一般以4月下旬终霜期过后定植为宜。此时的气温和地温仍不稳定(为11.2℃～18.9℃)，所以要选择连续晴暖天气定植。定植时的天气情况对定植后的幼苗生长发育有很大影响，如遇连阴雨天或寒流天气，宁肯晚几天定植也比在阴雨天、寒流天早定植好得多。中小拱棚覆盖栽培或地膜加小拱棚双覆盖栽培的定植期，一般可比露地定植提早20天左右。塑料大棚保护栽培，或塑料小拱棚夜间覆盖草苫保护栽培，一般可比露地栽培提早1个月定植。早春冷风较多的地区和风大的地区，对于露地适期早定植的瓜苗应加强防风措施。

此外，为了提高西瓜生产的经济效益，避免西瓜集中上市，延长西瓜供应期，生产中应当根据各自的实际情况和条件，做到分期播种，尽量使西瓜的品种做到早、中、晚熟合理搭配。也可根据天气的变化情况和瓜苗的大小分期定植。

4. 提高西瓜定植成活率的措施　我国北方春季风大，又常有寒流(倒春寒)天气，西瓜苗定植后有时遇到灾害性天气，成活率不高。特别是质量不高或未经充分锻炼的瓜苗，成活率更低，影响早熟高产。为了提高西瓜苗定植的成活率，可采取下列措施。

(1)增强瓜苗的抗逆能力　加强苗床管理，提高瓜苗质量，抓好定植前的瓜苗锻炼，增强植株本身的抗逆能力。

(2)提高地温　春季地温低是影响缓苗成活率的重要原因。因此要在定植前15天整好畦面，以便充分晒土，提高地温。定植时不要灌大水，以免降低地温。最好进行穴灌或开浅沟浇小水，以定植瓜苗根系周围的土壤充分湿润为度。浇水后封掩，定植后要结合封掩将土铲细铲松，这样既能增加土壤透气性，又能提高地温。

(3)定植深浅要适宜　定植深度一般以覆土后子叶距地面1～2厘米为宜，切不可过深或过浅。如定植过深，土温低，缓苗慢，潮湿地块还易烂根；定植过浅，则表土易干而影响成活率。

(4)架设防风障　如果采用露地栽培方式，为了防风防寒和提温，最好在定植前架设好防风障。一般防风障高1.5米左右，两排防风障间隔10～20米。另外，还可架设围障，以确保防风障区内气流稳定。在风多风大的地区，即使采用小拱棚的栽培方式，最好也要架设防风障，以防止棚膜或棚架被风吹毁。

(5)避免伤苗和伤根　定植时应仔细操作，以免碰伤瓜苗或碰破营养土块。采用营养纸袋育苗者，定植时一般无须将纸撕去。采用营养土块育苗的，应将苗床设在瓜田附近，以尽量缩短运苗距离。采用塑料营养钵育苗的，待栽苗时才将瓜苗连同培养土一起轻轻从钵中取出，以尽量减少伤根。

5. 西瓜苗定植深度的确定原则　西瓜苗定植时栽植深浅适宜可使瓜苗迅速恢复生长，从而达到早熟高产的目的。如果把瓜苗栽得过深或过浅，会使瓜苗难于成活，即使能够成活也会使瓜苗生长缓慢，影响早熟和降低产量。

西瓜苗的根系在生长过程中不断进行呼吸作用，土壤中保持充足的空气和较高的温度、湿度条件，才能保证其呼吸作用的正常进行，从而增生新根、吸收养分，加速瓜苗的缓苗和发棵。因此，如果定植过深，由于深层土壤中空气较少，同时由于深层土壤的温度低，将不利于西瓜根系的生长，使缓苗期延长，幼苗生长慢。如果定植过浅，虽然空气和温度条件好些，但是由于营养土块(或营养纸袋)组织疏松，水分极易蒸发，定植或浇水后，营养土块会露在地面，容易失水变干，而且瓜苗不抗风吹。因此，定植过浅的瓜苗难于成活。定植适宜的深度，应该使营养纸袋(或营养土块)的上口与地面相齐平(一般子叶距地面1～2厘米)，这种深度能够满足瓜苗根系生长对环境条件的各种要求，定植后瓜苗缓苗快、发棵早，能达到早熟、高产的栽培目的。

6. 定植方法　定植前5～7天，西瓜沟应全部平好，并按株距挖穴施入基肥(俗名埯粪)，使西瓜沟土壤得到充分日晒，以提高地温。地温高，定植后能加速次生根的生长，有利于水分、矿物质的吸收和缓苗。

定植西瓜苗通常有以下两种方法。

(1)贴大芽　即栽子叶苗。在西瓜沟内按规定的株行距用瓜铲开一个长15厘米、深10厘米的长形小穴，立壁均在同一侧面。

具体方法详见下文的“7. 子叶苗的定植要点”。贴大芽的苗龄不可过大，以子叶未充分展开为好，若破心后贴芽则成活率大大降低。

(2)栽大苗 在瓜沟内每隔一定距离(根据株距确定)用镢或锨开一个深、宽各为15～20厘米的小穴，将育成的幼苗连同营养纸袋或营养土块置入穴内，将周围细土放入根际轻轻按实后浇足水，以利于缓苗。

瓜苗定植深度不可过深或过浅。定植过深，由于地温低对根系生长不利，缓苗期长，幼苗生长慢；定植过浅，不便于浇水、易失水，而且不抗风。定植深度以使营养纸袋(或营养土块)上口与地面相平为宜。

7. 子叶苗的定植要点

(1)抓好移栽定植时间 早春移栽西瓜苗，最重要的是考虑地温和霜冻。如果露地栽植，必须在终霜后选择连续2～3天晴朗天气定植。而且一般要争取上午栽完。定植时的天气情况对定植后的幼苗生长发育影响很大。如果移栽时遇到阴雨天，宁肯晚定植几天也比阴雨天早定植好得多(表3-2)。因为天气好、地温较高，定植后有利于根系愈伤缓苗和对水分及养分的吸收。

表3-2 定植时天气对瓜苗生长的影响

定植天气	缓苗时间(天)	发新根时间(天)	真叶展出时间(天)	成活率(%)	说明
阴天	5	4	10	75	定植后第二天下雨

(2)掌握好移栽苗龄 移栽子叶苗的苗龄不可过大。若真叶展出后再移栽时，成活率将大大降低。即使已成活的植株，由于缓苗时间过长，多数生长衰弱，容易形成小老苗。但如果移栽时苗龄过小也不好。若子叶尚未展开时即行移栽，则定植后由于苗龄太小，自身贮存的营养物质很少，同化面积(进行光合作用制造有机

物质的总面积)又小,所以定植后迟迟不生长,同样容易形成小老苗。移栽子叶苗最适宜的苗龄为播种后 8～10 天,子叶平展而真叶尚未出现的时候。

(3)栽植方法要恰当　子叶苗栽植方法与栽大苗大不相同。如栽植方法不当,则成活率降低或发生僵苗。栽子叶苗的具体做法是,在瓜沟内按规定的株行距用瓜铲开一条小沟,立壁均在同一侧方向。穴内浇水,趁水未全部渗下时在立壁上贴瓜芽。瓜芽放在有水的碗内,贴芽时用左手端碗,右手拇指和食指轻轻夹着瓜芽,冲去沙粒,以中指轻轻贴在立壁上,使其根部自然伸直,再取细土填入根和下胚轴周围,使之紧密接触,填平小穴后轻轻一按即可(图 3-5)。

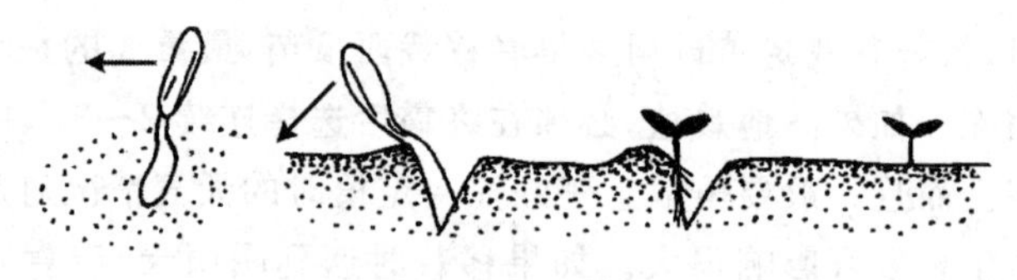

图 3-5　栽子叶苗过程示意

三、田间管理

(一)苗期管理

1. 查苗补苗　西瓜苗齐、苗全、苗壮是高产的基础。种植西瓜时,如果严格按照播种、育苗和瓜苗定植的技术要求操作,一般不会出现缺苗的现象。但有时由于地下害虫为害、田间鼠害或在播种、育苗和定植时某些技术环节失误,会造成出苗不齐不全或栽植后成活率不高的现象。遇此情况,可采取以下的补救办法。

(1)催芽补种　西瓜直播时,如果播种过深或湿度过大时,会造成烂种或烂芽而形成缺苗。这时要抓紧将备用的瓜种进行浸种、催芽,待瓜种露出胚根后用瓜铲挖埯补种。

(2)就地移苗，疏密补缺　把一墒多株的西瓜苗，用瓜铲将1～2株带土瓜苗移到缺苗处。栽好后浇少量水，并适时浅划锄促苗快长。

(3)移栽预备苗　在西瓜播种时，于地头地边集中播种部分预备苗，或者定植时留下部分预备苗。当瓜田出现缺苗时，可移苗补栽。这种方法易使瓜苗生长整齐一致，效果较好。

(4)肥水促苗　对于瓜苗生长不整齐的瓜田，要在瓜苗长出3～4片真叶时或定植缓苗后，对生长势弱、叶色淡黄的三类瓜苗追1次偏心肥：在距瓜苗15～20厘米处，揭开地膜挖一小穴，每株浇施约0.2千克腐熟的人粪尿或0.5%尿素溶液0.5升，待肥水渗下后埋土覆膜，以促使弱苗快长。此外，对个别弱苗施偏心肥7～10天后，还可距瓜苗15～20厘米开沟，每株追施尿素20～30克或三元复合肥50克，而后覆土并浇0.5升水，待水渗下后盖好地膜。

2. 促进西瓜苗早发棵的几项措施

(1)提高播种或定植质量　西瓜播种或定植前要把瓜沟充分浇透，并结合做畦将畦面拉平耕细，使整个瓜畦下实上松。播种和定植瓜苗要选在晴暖天上午进行，并要保证播种和定植后有2～3个晴天。播种或定植时一定要浇透底水，以利于出苗和缓苗。定植瓜苗时要仔细操作，不能碰破或起破营养土块或营养纸袋，不能碰伤瓜苗，播种或定植后应用细土覆盖，并使覆土厚度按照要求保持一致。如果采用地膜覆盖栽培，要适当多施基肥，可将全部用肥量的80%左右作为基肥。第一次追肥的时间比不覆地膜的推迟10～15天，并须在定植或播种前浇透底水。同时，将畦面整细刮平，以提高覆膜质量。

(2)及时中耕松土　中耕松土是促进幼苗根系发育的重要措施。直播西瓜，苗期一般要中耕6～7次。第一次中耕在瓜苗拉十字阶段前进行，用锄(或瓜铲)在西瓜苗周围及瓜沟处耥锄、深5～

6 厘米，将杂草除掉，土块打碎，并将地面稍拍实整平。以后每隔 4～5 天中耕 1 次，但随着瓜苗的生长和根系的扩展，中耕深度应较浅，一般 3～4 厘米即可。移栽定植的瓜苗，中耕次数可以减少，一般为 3～5 次。第一次中耕应在缓苗后进行，方法与直播者相同。以后每隔 5～7 天中耕 1 次，深度为 5～6 厘米。最好在浇水和雨后进行中耕。有条件时，最好在西瓜幼苗根部地面铺放一层厚 2 厘米左右的沙子，可防止土壤板结，保持土壤湿润，减少中耕次数，并且白天能提高地温、促进幼苗生长。此外，覆盖地膜的瓜田，只在地膜外围耥锄除草 3～5 次即可。

(3)加大肥水　选择气温较高的晴天上午加大浇水量，每 667 平方米可浇灌 30～40 立方水。如果基肥不足时，可在浇水前先追施尿素促进其加快生长。具体做法是：离弱苗根部 20 厘米左右开 1 条 3～4 厘米深的浅沟，每株追施尿素 20～30 克，覆土后浇水。

3. 西瓜壮苗与徒长苗的主要区别　无论育子叶苗移栽还是育大苗移栽，都应选用壮苗。西瓜直播栽培，在田间定苗时也应选留壮苗，间掉徒长苗和弱苗。壮苗和弱苗容易区分，而壮苗与徒长苗却容易混淆，这是因为徒长苗看起来似乎比壮苗生长还大的缘故。实际上西瓜壮苗与徒长苗在形态特征上有明显的区别。通过对 1 000 多株子叶苗的调查发现：壮苗子叶不但肥厚，而且纵径与横径之比平均为 1.53；徒长苗不但子叶较薄，而且纵径与横径之比平均为 1.72。壮苗下胚轴长与粗之比平均为 11.87，徒长苗下胚轴长与粗之比平均为 26.17。所以，壮苗子叶宽厚，下胚轴粗短；徒长苗子叶窄薄，下胚轴细长。

(1)西瓜壮苗的主要形态特征　①在子叶阶段，胚根粗壮，已发生许多一次侧根，下胚轴粗而短，子叶阔大而肥厚、颜色深绿。②幼苗阶段，根系发达，4 片真叶时一般可发生 2～3 次侧根，主根长可达 20～30 厘米；叶柄粗短，叶片肥大，叶脉粗壮。

(2)西瓜徒长苗的主要形态标志　子叶阶段下胚轴细长，而且呈现上部细、基部粗的长锥形；在幼苗阶段，根系不发达，侧根少；叶柄细长，叶片狭长而薄，叶脉细（图 3-6）。

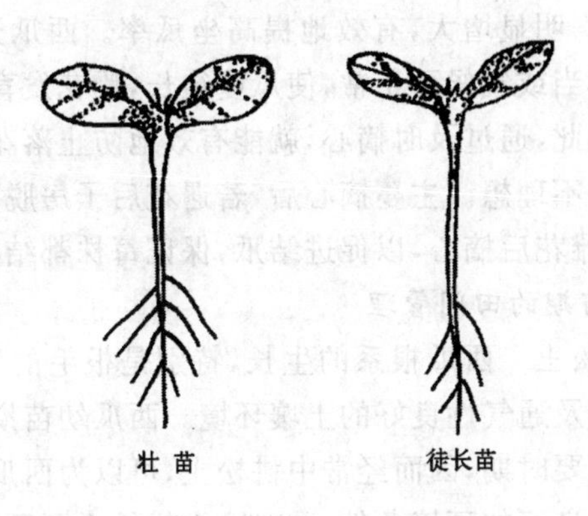

图 3-6　西瓜的壮苗与徒长苗

4. 防止西瓜苗徒长的主要措施

（1）控制肥水　肥水施用过量，特别是氮肥过量，磷、钾肥不足时，很容易使植株徒长。肥水使用时期掌握不当，也易造成徒长。如果坐瓜前肥水过大，营养集中供应蔓、叶生长，而花果孕育期则得不到足够的营养，即生长中心不能适时由营养生长转至生殖生长而形不成生长中心，因而旺者愈旺、弱者愈弱。如果控制肥水，则可抑制营养生长，使生长中心及时转移到生殖生长方面。

（2）植株调整　通过整枝、压蔓、摘心等措施，调整西瓜植株，以控制旺盛的营养生长，可促进早开花、早坐瓜。实践证明，坐瓜前对瓜蔓近头重压，即深压、紧压或用较大的土块压在瓜蔓靠近生长点 2 厘米左右处，可以控制瓜蔓生长。特别是在植株生长过旺而造成徒长时，采用近头重压措施，对抑制蔓叶生长、促进坐瓜具有明显效果。另外，当瓜胎生长到鸡蛋大小时，为了节约有机养分，可采用摘心措施控制瓜蔓生长，加速西瓜膨大，促进早熟。如果当主蔓第十二至第十五节明显地分化出雌花花蕾时，发现植株有徒长趋势，可在雌花花蕾前(瓜蔓顶端为前方，植株基部为后方)第五至第六叶处掐去生长点，使营养集中供应雌花发育。这样处理后，可使子房明显增大，有效地提高坐瓜率。西瓜开花期间，常因肥水管理不当或气候不正常，使瓜蔓徒长，雌花发育不良而不能正常坐瓜。因此，通过及时摘心，就能有效地防止落花，促进结瓜，否则摘心效果不理想。主蔓摘心后，若遇花后子房脱落，应在侧蔓留瓜，在显现雌花后摘心，以促进结瓜，保证每株都结瓜。

5. 西瓜苗期的田间管理

(1)中耕松土　西瓜根系的生长，特别是根毛的发育，需要温暖、湿润、疏松及通气性良好的土壤环境。西瓜幼苗期是根系不断分生发育的重要时期，因而经常中耕松土，可以为西瓜苗期根系的生长发育创造良好的环境条件。此外，中耕松土还可以消灭杂草，减少土壤中养分和水分的消耗。

(2)铺沙或铺地膜　在山东省昌乐直播的西瓜，苗期一般铺2次沙。第一次在出苗后，用小碗或小瓢扣住瓜苗，将沙子从碗或瓢的上方撒下，沙子沿碗或瓢四周流到地面，就自然地在使西瓜苗周围筑起了小沙圈，然后再用手沿沙圈内壁向瓜苗根颈周围铺放2厘米厚的沙子。沙圈的外壁不要破损，可作为幼苗期单株浇水时的挡水圈。第二次铺沙在抽蔓前后进行，将原沙圈展平，并在植株间增加沙量，使沙面扩展到整个瓜沟底面(约30厘米宽)，厚度约2厘米。土质较黏的西瓜地，第二次铺沙量可适当增加，最好沿瓜苗周围铺40厘米宽、2厘米厚的沙子。西瓜收获后，沙子可起到改良土壤的作用。

育大苗移栽的西瓜，在定植后铺1次沙即可，方法与直播西瓜的第一次铺沙基本相同，但应使用比直播时稍大一点的碗或瓢扣西瓜苗，铺沙量也要相应地增加。

播种或定植后铺放地膜，比铺沙的好处更多、作用更大、有效时间更长。但地膜没有改良土壤的作用，同时地膜均需用钱购买。

而沙子一般都是就地取材，不需用钱购买。在远离沙源的地方种植西瓜，以铺放地膜为宜。铺放地膜的方法及注意问题，请参阅本章“第五节　西瓜地膜覆盖栽培”。

(3)间苗、定苗和补苗　直播的西瓜通常需要进行1～2次间苗。第一次在第一片真叶展出后，选生长健壮、无病虫害的苗，每穴留2株，将其余的苗间去。第二次在幼苗团棵前后，结合定苗补苗选留一株最好的苗。如果直播时每穴播种量不多，第一次间苗可省去。

育大苗移栽时，一般结合定苗只进行1次间苗，即在定植到大田后，当瓜苗出现第五片真叶时，每个定植的营养土块或营养钵上选留一株生长最好的苗。

无论直播还是育大苗移栽，如果进行2次以上间苗时，第一次间苗可早些进行，以利于幼苗迅速生长和节约养分。最后一次间苗实际上就是定苗。定苗时间应适当晚些，以防止病虫危害造成缺苗或留作补苗用。

为了达到苗全苗壮，还应进行查苗补苗。发现病株、缺苗要及时补栽。补栽的西瓜苗最好与大田中苗龄相近。补苗时要多带原土(俗叫“老娘土”)。苗龄越大，带原土也应越多。如果未准备补苗用的秧苗，可结合间苗进行补苗，但补苗时间越早越好，因为苗龄越小补栽后成活率越高。

(二)植株调整

1. 西瓜植株调整的意义　西瓜植株调整，实质上就是调整叶面积系数(指单位面积土地上西瓜全部绿叶面积与土地面积的比值)，改善群体结构(指西瓜植株在一定范围内的分布状态)，以利于碳水化合物的积累，提高西瓜的产量和品质。因此，整枝、压蔓是西瓜高产栽培的一项不可缺少的重要措施。但不同品种对植株调整的反应不同，这与其生长结果习性特别是生长势及分枝性有关，此外与栽培方式和栽植密度也有关。一般晚熟品种植株调整较早熟品种植株调整、保护地栽培植株调整较露地栽培的植株调整具有更重要的作用。

整枝的作用主要是让植株在田间按一定方向伸展，使蔓、叶尽量均匀地占有地面，以便形成一个合理的群体结构。压蔓的作用主要是固定瓜蔓，防止蔓、叶和幼瓜被风吹动而造成损伤。打杈和摘心能够调整植株体内的营养分配，控制蔓、叶生长，促进西瓜生长。植株调整可促进坐瓜和瓜的发育，缩短生长周期，提早成熟。西瓜是喜光喜温作物，当栽植较密造成郁闭或播种较晚受到温度限制时，生长后期所形成的叶片，不但不能制造养分供应西瓜生长，反而会消耗前期形成的叶片所制造的养分。因此，及时打杈或摘心，就可以减少后期蔓、叶，使前期所结的瓜充分吸收营养，缩短生长时间，达到提早成熟的目的。

2. 西瓜整枝方式

(1)单蔓整枝　即只保留一条主蔓，其余侧蔓全部摘除。由于它长势旺盛，又无侧蔓备用，因此坐果不易，要求技术性强。采用单蔓整枝，通常果实稍小、坐果率不高，但成熟较早，适于早熟密植栽培。东北地区和内蒙古、山西等省、自治区有部分瓜田采用这种整枝方式。

(2)双蔓整枝　即保留主蔓和主蔓基部一条健壮侧蔓，其余侧蔓及早摘除。当株距较小、行距较大时，主、侧蔓可以向相反的方向生长；若株距较大、行距较小时，则以双蔓同向生长为宜。这种整枝方式管理简便，适于密植，坐果率高，在早熟栽培或土壤比较瘠薄的地块较多采用。

(3)三蔓整枝　即除保留主蔓外，还要在主蔓基部选留2条生长健壮、生长势基本相同的侧蔓，其他的侧蔓予以摘除。三蔓式整枝又可分为老三蔓、“两面拉”等形式。老三蔓是在植株基部选留两条健壮侧蔓，与主蔓同向延伸；“两面拉”即两条侧蔓与主蔓反向延伸。此外，还有的在主蔓压头刀后(距根部30～50厘米处)选留两条侧蔓，这种方法在晚熟品种上应用得比较多。三蔓整枝坐果率高，单株叶面积较大，容易获得高产。各地西瓜栽培中应用较为普遍，也是旱瓜栽培地区应用最广泛的一种整枝方式。

(4)多蔓整枝　除保留主蔓外，还选留3条以上的侧蔓，称为多蔓整枝。如广东、江西等地的西瓜稀植地块，每667平方米仅种植200～300株，除主蔓外还选留3～5条侧蔓。华北晚熟大果型品种有采用四蔓式或六蔓式整枝两面拉的方法，每667平方米种瓜300株左右。采用多蔓式整枝的，一般表现为结瓜多、瓜个大，但由于管理费工、不便密植，在生产上已很少采用。另外，还有不打杈、保留所有分枝的乱秧栽培。它适用于生长势较弱、分枝力较差的品种。在籽瓜栽培中应用较多。

各种整枝方式都有其优点和缺点。单蔓式和双蔓式整枝可以进行高密度栽植，利用肥水比较经济，西瓜重量占全部植株重量的百分比(称为经济系数)较高，其缺点是费工，植株伤口较多，易染病。特别是单蔓式整枝，生长旺盛，成熟较早，但要求技术性强，瓜个小，不易坐瓜，一旦主蔓坐不住瓜或被地老虎截断，没有副蔓备用，就会造成空蔓。三蔓式或多蔓式整枝，管理比较省工，植株伤口少，一旦主蔓受伤或坐不住瓜时，可再选留副蔓坐瓜；同时，只要密度适宜，有效叶面积较大，同样的品种，三蔓式要比单蔓式和双蔓式整枝结瓜多或单瓜重量大、产量高；缺点是不宜高密度栽植，浇水施肥不当时易徒长，留瓜定瓜技术要求较高，瓜成熟较晚。

3. 西瓜的倒秧和盘条

(1)倒秧　又称“扳根”。是在西瓜幼苗团棵后，瓜蔓长到30～50厘米时，将还处于半直立生长状态的瓜秧按预定方向放倒成匍匐生长，这一作业俗称“倒秧”或“扳根”。由于西瓜伸蔓期，瓜秧处于由直立生长转向匍匐生长的过渡时期，此期最容易被风吹摇动而使西瓜下胚轴折断，并且也不便于压蔓，因此需先将瓜蔓向预定一侧压倒，使瓜秧稳定。倒秧或扳根的做法各地也不一样。

北京大兴区有“大扳根”和“小扳根”两种方法。大扳根是在瓜苗南侧用瓜铲挖一深、宽各5厘米的小沟，再将根(下胚轴)部周围的土铲松，一手持住西瓜秧根茎处，另一只手拿住主蔓顶端，轻轻扭转瓜苗，向南压倒于沟内，再将根际表土整平，并用土封严地膜破口。同时，在瓜秧北边根颈处用泥土封成半圆形小土堆并拍实。这种“大扳根”方法较适用于西瓜植株生长势强，或在沙土地情况下可防止徒长；“小扳根”的做法与“大扳根”不同之处是：将瓜秧自地上部近根处板倒，而根茎部依旧直立，只是地上部压入地下1～2厘米、拍实，留蔓顶端4～7厘米任其继续自然生长。随后用土封住地膜破口。这种“小扳根”的做法适用于生长势弱的植株和黏土地上的种植，有增强生长势，有利于坐果的作用。一般在进行“扳根”作业前，要先去掉未选留的多余小侧蔓。山东省西瓜田的植株管理较精细，自古有盘条压蔓习惯，而在“盘条”前也有类似北京大兴区的“扳根”措施，当地俗称“压腚”或“打椅子”，即当西瓜主蔓长到40厘米左右时，扒开瓜秧基部的土，将瓜秧向北侧压倒，用湿土培成小土堆使其稳定，随后可进行盘条。

(2)盘条　通常所谓“盘条”，是指在“扳根”或“压腚”之后。当瓜蔓长40～50厘米时，将西瓜主蔓和侧蔓(在双蔓整枝情况下)分别先引向植株根际左右斜后方，并弯曲成半圆形，使瓜蔓龙头再回转朝向前方，将瓜蔓压入土中(但不可埋叶)。一般主蔓较长，弯的弧大些；侧蔓短，则弯的弧小些，使主、侧蔓齐头并进。“盘条”作业要及时，若过晚则“盘条”部位的叶片已长大，“盘条”后瓜蔓弯曲处的叶片紊乱和拥挤重叠，且长时间不能恢复正常，对生长和坐瓜不利。

盘条可以缩短西瓜的行距，宜于密植，同时能缓和植株的生长势，使主、侧蔓整齐一致，便于田间管理。因此，露地栽培的中、晚熟西瓜多采用这种方式。

4. 西瓜的压蔓　用泥土或枝条将秧蔓压住或固定称为压蔓。

压蔓的作用有四:一是可以固定秧蔓,防止因风吹摆动乃至滚秧而使秧蔓及幼果受伤,影响结果。二是可以使茎、叶积聚更多的养分而变粗加厚,有利于植株健壮生长。三是可使茎、叶在田间分布均匀,充分利用光照,提高光能利用率。四是压入土中的茎节上可产生不定根,扩大了根系吸收面积,增强了对肥水的吸收能力。压蔓有明压、暗压、压阴阳蔓等方式。

(1)明压法　明压亦称明刀、压土坷垃。就是不把瓜蔓压入土中,而是隔一定距离(30～40 厘米)压一土块或插一个带杈的树枝将蔓固定。明压时一般先把压蔓处整平,再将瓜蔓轻轻拉紧放平,然后把准备好的土块或取行间泥土握成长条形泥块,压在节间上。也可用鲜树枝折成"A"形或选带杈的枝条、棉柴等将瓜蔓叉住。明压法对植株生长影响较小,因而适用于早熟、生长势较弱的品种。明压法一般在土质黏重、雨水较多、地下水位高的地区,或进行水瓜栽培时多采用。

(2)暗压法　暗压即压闷刀。就是连续将一定长度的瓜蔓全部压入土内,称为暗压法,又称"压阴蔓"。具体做法是:先用瓜铲将压蔓的地面松土拍平,然后挖成深 8～10 厘米、宽 3～5 厘米的小沟,将瓜蔓理顺、拉直、埋入沟内,只露出叶片和秧头,并覆土拍实。暗压法对生长势旺、容易徒长的品种效果较好,但费工多,而且对压蔓技术要求较高。在沙性土壤或丘陵坡地栽培旱瓜一般采用暗压法。

(3)压阴阳蔓法　将瓜蔓隔一段埋入土中一段,称为压阴阳蔓法。压蔓时,先将压蔓处的土壤松土拍平,然后左手捏住瓜蔓压蔓节,右手将瓜铲横立切下,挤压出一条沟槽,深 6～8 厘米,左手将瓜蔓拉直,把压蔓节顺放沟内,使瓜蔓顶端露出地面一小段,然后将沟土挤压紧实即可。每隔 30～40 厘米压 1 次。在平原或低洼地栽培旱瓜压阴阳蔓较好。

在日本和我国南方,种瓜很少压蔓,大多在瓜田铺草,或在西瓜伸蔓后，于植株前后左右每隔40～50厘米插一束草把，使瓜蔓卷绕其上，防止风吹滚秧。

西瓜压蔓有轻压、重压之分。轻压可使瓜蔓顶端生长加快，但较细弱；重压后瓜蔓顶端生长缓慢，但很粗壮。生长势较旺的植株可重压。如果植株徒长，可在秧蔓长到一定长度时将秧头埋住（俗称闷顶）。在雌花着生节位的前后节不能压蔓，雌花节上更不能压蔓，以免使子房损伤或脱落。为了促进坐果，在雌花节到根端的蔓上轻压，以利于功能叶制造的营养物质向前运输；雌花节到顶端的2～3节重压，以抑制营养物质向顶端集中，控制瓜秧顶端生长，迫使营养物质流向子房或幼果。北方地区西瓜伸蔓期正处在旱季，晴天多、风沙大、温度高，宜用重压，使其多生不定根，扩大根系吸水能力，以防风固秧。一般是头刀紧、二刀狠，第三刀开始留瓜，同时压侧蔓。西瓜压蔓宜在中午前后进行，早晨和傍晚瓜蔓较脆易折断不宜压蔓。

（三）浇水 西瓜浇水应根据生育期、天气和土质等情况综合考虑。在生产中瓜农通常是“看天、看地、看苗”浇水。

1. 西瓜定植水的施用 西瓜苗有浇水后定植和定植后浇水两种栽植方法。在西瓜生产中这两种方法都常采用。浇水后定植俗称坐水定植，即首先在瓜沟内开定植穴或定植沟，然后灌水，等水渗下时栽苗，栽后覆土。定植后浇水是首先在瓜沟内开定植穴或定植沟，栽苗后覆土，适当压紧，然后浇水，待水全部渗下去以后，在定植穴的表面铺沙或覆以细干土。

一般来说，浇水后定植能充分保证土壤湿度，栽苗速度较快，定植后可以马上整平整细畦面，这对于覆盖地膜是非常有利的。因此，地膜覆盖栽培和双膜覆盖栽培的西瓜常用这种栽法。定植以后浇水，能使土壤与营养土块或营养纸袋密切接触，有利于根系的恢复生长。但为了提高地温，不能一次浇水过多。栽后2天要连续浇2次水，这对于防止早春的晚霜危害有一定的作用。一般露地栽培常用这种方法。

移栽大苗采用先定植后浇水的方法比较方便;移栽小苗,特别是贴大芽,则以先浇水后定植的方法较好。采用浇水后定植的方法,应掌握在水渗下后马上栽植。如栽早了,穴或沟中尚有水,培土按压时可能在根部形成泥块,影响根系生长。如栽晚了,穴或沟中水分已蒸发,培土后根部土壤处于干燥状态,不利于瓜苗发根,将使成活率降低。

2. 西瓜高产栽培浇水量的确定

(1)根据不同西瓜品种的吸水特点确定浇水量　西瓜吸收水分的动力来自两方面:一是靠根压(由于根系本身的代谢活动而产生的从土壤吸取水分并将水分沿导管向上压送的力量称为根压)将土壤中的水分压送到地上部;二是靠叶片的蒸腾拉力将植株内的水分散发到空气中,并以此为阶梯,将土壤里的水分不断地"拉"到空气中。不同品种的根压和蒸腾拉力的大小均不相同,一般旱瓜生态型品种的根压比水瓜生态型品种大,而蒸腾拉力比水瓜生态型品种小。凡是蒸腾拉力较大的品种,需水量也大,不耐旱,浇水量就应多些。这就是不同品种需水量和抗旱性不同的根本原因。西瓜中对浇水最敏感的是中熟品种,因此旱瓜生态型品种浇水量可少些,水瓜生态型品种浇水量应多些;同一类生态型的西瓜,早熟品种浇水可少些,中熟品种浇水量应多些。

(2)根据不同天气条件确定浇水量　不同的天气条件,如降雨、空气相对湿度和风力大小对蒸腾拉力有很大影响。而蒸腾拉力又是西瓜吸水最主要的动力,根压居次要地位。只有当空气湿度很大而土壤水分又充足时,蒸腾拉力才变得很弱;也只有在这种情况下,根压才成为最主要的吸水动力。因此,愈是在干旱的季节,愈是在空气干燥的情况下,蒸腾拉力愈大愈需大量浇水。

(3)根据西瓜不同生育期的耗水量确定浇水量　幼苗期浇水宜少。西瓜出苗后,如果土壤较干,幼苗的子叶或先端小叶中午时叶片灰暗、萎蔫下垂，这是缺水的症状，可以用喷壶点浇。移栽的瓜苗应在3～4天后及时点浇缓苗水，以促进缓苗和幼苗生长。

伸蔓期植株需水量增加，浇水量应适当加大。幼苗“甩龙头”以后，在植株南侧30厘米处开沟浇水，浇水量不宜过大，采用小水缓浇，浸润根际土壤。最好在上午浇水，浇完后暂时不封沟，经午间阳光晒暖后下午封沟，这种方法通常称为“暗浇”或“偷浇”。以后随着气温的升高，植株已经长大，可以改为畦面灌溉，进行明浇。

结果期植株需水量最大，要保证充足的水分供应。从坐瓜节位雌花开放到谢花后3～5天，是西瓜植株从营养生长向生殖生长转移的时期，为了促进坐瓜，这一阶段要控制浇水，土壤不过干、植株不出现萎蔫一般不要浇水。幼瓜膨大阶段，即雌花开花后5～6天，要浇膨瓜水。由于此时的茎、叶生长速度仍然较快，所以浇水量不要过大，以浇水后畦内无积水为度。当幼瓜长到鸡蛋大小以后，可每隔3～4天浇1次水。当瓜长到直径15厘米左右时，正是西瓜生长的高峰阶段，需要大量水分，可开始大水漫灌。天气干旱时，一般每隔1～2天浇1次水，始终保持土壤湿润。到瓜成熟前7～10天应逐渐减少浇水量，采收前3～5天停止浇水。

南方雨水较多，西瓜生育期间一般浇水较少。但长江中下游一带的西瓜生育后期进入旱季，常常要补充浇水。浇水方法可利用排水沟进行沟灌，或采用泼浇的方法。华南一带可用大喷壶进行喷淋。

(4)根据西瓜产量确定浇水量　任何作物产量的形成都需要消耗一定的水分。因此，要求达到的产量指标越高，需要浇水的次数和水量也要越多。一般每生产100千克西瓜约需消耗5.6立方水。但实际浇水时，还要考虑到土壤贮水或流失以及田间蒸发失水的情况。也就是说，每生产100千克西瓜，实际消耗水量还要大于5.6立方水。实践表明，要获得西瓜高产、稳产，必须保证土壤0～30厘米土层的含水量为田间最大持水量的70%以上。如果土壤相对湿度低于48%,则会引起显著减产。因此,在以产定水时,应结合土壤中的含水量酌情增减。一般可按每生产100千克西瓜需消耗水分10立方米(不包括地面蒸发的水分)而确定。

3. 西瓜生产中"三看浇水法"的运用　我国北方各地在春西瓜生产中,大部分时间是处在春旱少雨季节。春天沙质土壤水分蒸发又快,所以及时适量浇水是很重要的。西瓜要看天、看地、看苗浇水,简称"三看浇水法"。所谓看天,就是看天气的阴晴和气温的高低。一般是晴天浇水,阴天蹲苗;气温高,地面蒸发量大,浇水量大;气温低,空气湿度大,地面蒸发量小,浇水量也小。早春为防止降低地温应在晴天上午浇水。6月上旬以后,气温较高,以早晚浇水为宜。夏季雨后要进行复浇,以防雨过天晴,引起瓜秧萎蔫。所谓看地,就是看地下水位高低、土壤类型和含水量的多少。地下水位高浇水量宜小,地下水位低浇水量应大。黏质土地,持水量大,浇水次数应少;沙质土地持水量小,浇水次数应多;盐碱地则应用淡水大灌,并结合中耕;对漏水的土地,应小水勤浇,并在浇水时结合施用有机肥料。所谓看苗,就是看瓜苗长势和叶片颜色,也就是根据生长旺盛部分的特征来判断。在气温最高、日照最强的中午观察。当子叶期的子叶或幼苗期的先端小叶向内并拢、叶色变深时,是幼苗缺水的特征。若子叶期的子叶略向下反卷或幼苗期的茎蔓向上翘起,表示水分正常。如果叶片边缘变黄,显示水分过多。植株长大以后,当中午观察时,发现有叶片开始萎蔫,但中午过后尚可恢复,这表明植株缺水。叶片萎蔫的轻重以及其恢复的时间长短,则表明其缺水程度的大小。若看到叶片或茎蔓顶端的小叶舒展、叶片边缘颜色淡时,则表示水分过多。此外,看茎蔓顶端(俗称龙头)翘起与下垂,叶片萎蔫的轻重及恢复的快慢等,都能反映出需水的程度。

4. 西瓜苗床浇水注意事项

(1)育苗前期要浇温水　育苗前期气温、地温均低,瓜苗幼小,需要浇水时，尽量不要浇冷水，以免降低床温，影响瓜苗根系的吸收和根毛的生长。确实需要浇水时，可浇20℃左右的温水。

(2)分次浇水　苗床浇水一般采用喷水的方法，为了准确掌握浇水量，要分次喷水，不要对准一处一次喷水过多。对于苗床同一部位要均衡地先少量喷水，等水渗下后再喷第二次，防止局部喷水过多。

(3)苗床不同部位的浇水量也不同　西瓜苗床的中间部分要多喷水，靠近苗床的四周要适当少喷水。这样，可使整个苗床水分一致，能够保证整个苗床内的瓜苗生长整齐一致。这是因为在苗床内靠近南壁的床土，由于床壁挡光，地温较低，蒸发量也较小，依靠由中部床土浸润过来的水分基本上就能满足西瓜苗生长的需要，故应少喷水或不喷水。苗床的中间部分接受阳光较多，温度较高、蒸发量也大，故应多喷水。靠近苗床北壁的床土，由于床壁反光反热，温度条件较好，如果浇水量和苗床中部一样多，西瓜苗就容易徒长(高温高湿西瓜幼苗极易徒长)。但也不可浇水过少，因为如果浇水不足，又容易使西瓜幼苗老化，所以这一部位可比苗床中部适当少浇水。

5. **西瓜结瓜期的浇水**　从坐瓜节位雌花的开放到谢花后3～5天，是西瓜植株从营养生长向生殖生长转移的时期。为了促进坐瓜，这一阶段要控制浇水。土壤不过干，植株不出现萎蔫一般不要浇水。幼瓜膨大阶段，即雌花开花后5～6天，要浇膨瓜水。由于此时的蔓、叶生长速度仍然较快，所以浇水不要过大，以浇水后畦内无积水为好。当幼瓜如鸡蛋大小以后可每隔2～3天浇1次水。当瓜长到直径15厘米左右时，正是西瓜生长的高峰阶段，需要大量的水分，可开始大水漫灌，一般每1～2天浇1次水，甚至1天浇2次水，始终保持土壤湿润，以满足瓜迅速膨大的需要。到瓜成熟前7～10天应逐渐减少浇水，采收前3～5天停止浇水，以促进瓜内部各种糖分的转化，利于贮藏和运输。

西瓜进入结瓜期以后，往往已进入当地的高温季节。因此，结瓜期间的浇水应当在每天的早晚进行。这样可以避免因高温时浇水而引起的根系呼吸作用突然降低，吸水作用减弱以致使地上部蔓叶发生萎蔫；同时，早晚浇水还能改善田间小气候，人为加大昼夜温差，有利于光合产物的积累以及糖分的运输和转化。

（四）施　肥

1. 西瓜的施肥量　不少瓜农种西瓜习惯于大量施肥，但实际上并不是肥料越多越好。施肥量不足，减少产量。但施肥量过大，不仅浪费肥料，还可能引起植株徒长，降低坐瓜率，造成减产。利用无土栽培测算的结果是，每生产 100 千克西瓜（鲜重），需纯氮（N）0.184 千克、磷（P_2O_5）0.039 千克、钾（K_2O）0.198 千克。可以根据不同的产量指标和不同的土壤肥力，计算出所需要的施肥量。

①计算程序：首先查阅土壤普查时的档案找出该地块氮、磷、钾的含量；如果没有进行土壤普查的地块，可按相邻地块推算或进行取样实测。然后，再根据预定西瓜产量指标，分别计算出所需氮、磷、钾数量。最后，根据总需肥量、土壤肥力基础和各种肥料的利用率，计算出实际需要施用的各种肥料的数量。

②计算公式：

$$Q=\frac{KW-T}{RS}$$

式中，Q 为每公顷所需施用肥料数量（千克）；K 为生产每千克西瓜所需氮（N）、磷（P_2O_5）、钾（K_2O）数量（千克）；W 为计划西瓜公顷产量（千克）；T 为每公顷土壤中氮（N）、磷（P_2O_5）、钾（K_2O）数量（千克）；R 为所施肥料中氮（N）、磷（P_2O_5）、钾（K_2O）含量（%）；S 为所施肥料的利用率（表 3-3）；K 为已知试验常数：K（N）＝0.001 84，P（P_2O_5）＝0.00039，K（K_2O）＝0.001 98。

2. 西瓜生产中的以产定肥　以产定肥，不仅可以满足西瓜对肥料的需要，而且还可以做到经济合理用肥。

表 3-3　西瓜常用肥料氮、磷、钾含量及利用率表

肥料名称	全　氮（%）	磷（P_2O_5）		钾（K_2O）		利用率（%）
		全量（%）	速效（%）	全量（%）	速效（%）	
土杂肥	0.2～0.5	0.18～0.25		0.7～5		15
人粪尿	0.73	0.3	0.1	0.25～0.3	0.14	30
炕　土	0.28	0.1～0.2	0.05	0.3～0.8	0.17	20
草木灰		2.5	1.0	5～10	4～8.3	40
棉籽饼	4.85	2.02		1.9		30
豆　饼	6.93	1.35		2.1		30
芝麻饼	6.28	2.95		1.4		30
硫酸铵	20.0					50
磷酸二铵	18.0	45～46.0	20～22			50
尿　素	46.3					60
过磷酸钙			12～14			25
硫酸钾					50	60
氯化钾					60	50
复合化肥	15.0		15		15	50
钙镁磷肥			12～18			40

根据西瓜生产中的肥料试验和我们提出的以产定肥计算公式，制订了西瓜以产定肥参考量（表 3-4），以供西瓜生产者施肥时参考。如果施用的肥料种类与表中不相同时，可根据所用肥料的有效成分折算。在计算施肥量时，还应根据土壤普查时的检验结果，通过查阅获得。也可在施肥前及时检验取得。

表 3-4　西瓜以产定肥参考量

计划产量	吸收肥量(千克)			每公顷需补充施肥数量(千克)					
	氮(N)	磷(P_2O_5)	钾(K_2O)	氮(N)	折尿素	磷(P_2O_5)	折过磷酸钙	钾(K_2O)	折硫酸钾
2000	5.04	1.62	5.72	121.2	263.5	82.2	632.25	112.95	234
2500	6.30	2.03	7.15	159.0	345.6	106.8	812.55	148.2	297
3000	7.56	2.43	8.58	196.8	427.8	130.8	1006.2	184.2	369
3500	8.82	2.84	10.01	234.6	510.0	155.4	1195.3	220.2	441
4000	10.08	3.24	11.44	272.4	592.2	179.4	1380.0	256.05	511.5
4500	11.34	3.65	12.87	310.2	674.4	204.0	1569.3	291.75	583.5
5000	12.60	4.05	14.30	348.0	756.4	228.0	1753.8	327.45	655.5

表 3-4 中“计划产量”一栏，系指要求达到的西瓜产量指标；“吸收肥量”一栏，系指要达到某产量指标时，西瓜植株应吸收到体内的氮、磷、钾数量；“每公顷需补充施肥数量”一栏系指除土壤中已含有的主要肥料数量外，每公顷还需要补充施用的氮、磷、钾肥数量。栏内数据系在土壤肥力为每公顷土壤(深 0～30 厘米)含纯氮 2 千克、磷(P_2O_5)1 千克、钾(K_2O)2 千克的基础上计算出来的。硫酸铵的利用率按 50%、过磷酸钙的利用率按 25%、硫酸钾的利用率按 60%计算。如果施用其他肥料时，请根据表 3-3 中所列数据进行计算。

表 3-4 中所列数据系在山东省中等肥力土壤上的施肥量。为了简便而迅速确定施肥量，也可以不计算土壤肥力基础，而根据当地土壤的肥沃程度参考表中所列数据酌情增减。例如，某地块较肥沃时，可比表中用量酌情减少 8%～10%；某地块较瘠薄时，可比表中用量酌情增加 8%～10%。

实际上，在各地的西瓜生产中，由于肥源、肥料的质量，施肥的习惯及经济条件不同，加上肥料的流失、挥发等因素，施肥量往往有较大的差异。北方水瓜栽培，一般每667平方米用圈肥3 000～5 000千克或大粪干1 000～1 500千克，加上40～60千克磷肥、15～20千克三元复合肥作基肥，用50～75千克饼肥、10～15千克尿素及10～15千克硫酸钾，或三元复合肥30～40千克作追肥。旱瓜栽培一般重施基肥，追肥数量较少。每667平方米追施饼肥40～50千克，或芝麻酱75～100千克，或大粪干200～300千克。南方种西瓜每667平方米施人粪稀2 500～3 000千克，其中追肥占70%～80%。

3. *西瓜基肥的施用* 西瓜基肥一般分两次施用，方法是沟施和穴施。沟施就是在深翻西瓜沟时，结合平沟做畦将基肥施于将来的播种或定植行地面下25厘米左右处，并与土壤掺和均匀，在播种或定植前15～20天施。这次基肥一般多施用土杂肥，用量为全部基肥数量的70%～80%。如土杂肥每667平方米一般施用4 000千克左右。除土杂肥外，这次基肥还常常施用猪圈粪、炕土、鸡粪、骨粉及碳酸氢铵、钙镁磷肥和过磷酸钙等肥料。第二次施基肥为穴施，即在定植穴或播种穴内施用肥料。这次施肥多在播种或定植前10天左右施用，按株距沿着播种或定植行向挖深15厘米左右、直径15～20厘米的圆形小穴，按每穴施入基肥，并与穴内土壤掺和均匀，上面盖土3厘米厚并做好标记，以备定植或播种。这次基肥用量，随所用肥料种类或肥效大小的不同而异，一般为全部基肥用量的20%～30%。我国北方各地穴施基肥多施用粪干、猪圈粪、饼肥或复合化肥等优质肥料。每穴可施用粪干0.5千克左右，或猪圈粪1～1.5千克，或豆饼100克，或花生饼150克，或复合化肥50～80克。有机肥的施用时间应比化肥提前10天左右。穴施基肥后，不要用土块做标记，因土块经浇水或下雨后无法辨认。有经验的瓜农多用小石子或短树条作标记，也有将施肥穴培成小土堆的。

有的地区第一次基肥是撒施，即在西瓜地深翻之前，将肥均匀地撒在地面，耕地时基肥翻入土内。这种施肥方法简单，肥料在瓜地各处分布均匀，所以也叫全面施肥法。这种施肥方法的缺点是需肥量大，而且由于西瓜株行距较大，根系分布有疏有密，肥料利用率低。所以，农谚说："施肥一大片，不如一条线。"

对于瓜粮间作、瓜菜间作基肥的施用，应按西瓜株行和间作物畦行分别施用，即不仅施肥量、肥料种类可以不同，而且施肥方法也不同。西瓜株行仍以上述沟施和穴施方法进行局部施肥，但间作物行一般都按传统的地面撒施方法进行全面施肥。

对于麦茬西瓜，因为一般不挖西瓜沟而做成高畦，所以第一次基肥多结合灭茬地面撒施，第二次基肥则大都作穴施。

4. 西瓜追肥的施用

(1)提苗肥　在西瓜幼苗期施用少量的速效肥，可以加速幼苗生长，故称为提苗肥。提苗肥是在基肥不足或基肥的肥效还没有发挥出来时追施，这对加速幼苗生长十分必要。提苗肥用量要少，一般每株施尿素 8～10 克(或硫酸铵 20 克)。追肥时，在距幼苗 15 厘米处开一弧形浅沟，撒入化肥后封土，再用瓜铲整平地面，然后点浇小水(每株浇水 2～3 升)。也可在距幼苗 10 厘米处捅孔施肥。当幼苗生长不整齐时，可对个别弱苗增施"偏心肥"。

(2)催蔓肥　西瓜伸蔓以后，生长速度加快，对养分的需要量增加，此期追肥可促进瓜蔓迅速伸长，故称催蔓肥。追施催蔓肥应在植株"甩龙头"前后适时进行。每株施用腐熟饼肥 100 克，或腐熟的大粪干等优质肥料 500 克左右。如果施用化肥，每株可施尿素 10～15 克、过磷酸钙 30 克、硫酸钾 15 克。其施用方法是：在两棵瓜苗中间开一条深 10 厘米、宽 10 厘米、长 40 厘米左右的追肥沟，施入肥料，用瓜铲将肥料与土拌匀，然后盖土封沟踩实。如果施用化肥，追肥沟可以小一些，深 5～6 厘米、宽 7～8 厘米、长 30 厘米左右即可。施后适时浇 1 次水，以促进肥料的吸收。

(3)膨瓜肥　当正常结瓜部位的雌花坐住瓜,幼瓜长到鸡蛋大小后,即进入膨瓜期,此时是西瓜一生需肥量最大的时期。因此,是追肥的关键时期。膨瓜肥一般分两次追施:第一次在幼瓜如鸡蛋大小时(直径约 5 厘米),在植株一侧距根部 30～40 厘米处开沟,每 667 平方米施入磷酸二铵 15～20 千克、硫酸钾 5～7.5 千克。也可结合浇水追施人粪尿 500 千克。第二次在瓜长到碗口大小时(坐瓜后 15 天左右),每 667 平方米追施尿素 5～7 千克、过磷酸钙 3～4 千克、硫酸钾 4～5 千克,或三元复合肥 10～15 千克。可以随水冲施,或撒施后立即浇水。

在西瓜生长期间,可以结合防治病虫害,在药液中加入 0.2%～0.3%的尿素和磷酸二氢钾(二者各半),进行叶面喷肥,每隔 10 天左右喷 1 次。也可以单独喷施。

南方西瓜追肥,以速效性的人粪尿为多,故均采用泼施法。施肥次数和施肥时期与北方相似,但各期追施的肥料浓度不同。幼苗期追施 1～2 次,浓度为 20%～30%;伸蔓期追施 1 次,浓度为 30%～40%;结瓜期追施 1～2 次,浓度为 50%左右。施用数量也比较多。

5. 西瓜常用的有机肥料　西瓜生产用肥,应以有机肥为主、化肥为辅。尤其是基肥,因为有机肥料来源广、成本低,同时增施有机肥不仅能满足西瓜对各种营养元素的需要,还能改善土壤的理化性状,提高西瓜品质。种植西瓜常用的有机肥除饼肥外,还有以下几种。

(1)土杂肥　是农村中来源最广泛使用最普遍的一种基肥。据测定,土杂肥含全氮(N)0.2%～0.5%、含磷(P_2O_5)0.18%～0.25%、含钾(K_2O)0.7%～5.0%,植株利用率约为 15%。每 667 平方米用量通常为 4 000～5 000 千克。一般在播种或定植前 15～20 天施入瓜沟内,也可在深翻前撒于地面,以便深翻时翻入地下。

(2)大粪干　我国北方习惯以大粪干作西瓜的基肥或追肥。

大粪干是在人粪尿中掺入少量土晒制而成，一般含全氮0.8%～0.9%、速效磷0.03%～0.04%、速效钾0.3%～0.4%，植株利用率约为30%。每667平方米施基肥通常为2 000千克左右，追施一般为15 000～22 500千克。基肥多在定植前施入穴中与土掺匀，追肥多在植株团棵后至伸蔓时开沟追施，施后封土、浇水。

(3)人粪尿　含氮(N)0.5%～0.8%、磷(P_2O_5)0.2%～0.4%、钾(K_2O)0.2%～0.3%。人粪尿虽然是有机肥，但很容易发酵分解，植株吸收利用也比较快，所以主要用于追肥。作追肥常在西瓜生长期间结合浇水冲施，每667平方米每次用量400～500千克。

(4)草木灰　是含钾量很高的一种有机肥。西瓜需钾肥量较多，在硫酸钾等无机钾肥缺少的地区，草木灰是十分宝贵的钾肥。据测定，草木灰中含钾(K_2O)8.3%～8.5%，6千克草木灰的含钾量相当于1千克硫酸钾。此外，1千克草木灰中约含有60毫克速效磷。草木灰的利用率为40%。草木灰既可以作基肥，也可以作追肥，但以作追肥效果最好。开沟穴施，施后封土浇水。每667平方米用量100～150千克。追肥时为了防止草木灰被风吹而散落于叶面上，应在草木灰上洒少量水拌和一下，并尽量在追肥沟沿地面追施。

(5)鸡粪　是氮、磷、钾含量很高的一种有机肥。据测定，鸡粪含有机质25.2%、氮1.63%、磷1.54%、钾0.85%。此外，还有较多的中微量元素，养分多、易发热、肥效长，是栽培西瓜的好肥料。一般结合深翻或做畦施入土下20厘米左右。每667平方米施用量2 000～3 000千克。

6. 西瓜常用的化肥

(1)氮素化肥　常用的有尿素、硫酸铵、碳酸氢铵和硝酸铵等，其中以尿素和碳酸氢铵施用最为普遍。尿素是含氮很高的一种化肥，目前国内外生产的尿素含氮量为45%～46%。尿素的肥效也比较长。尿素通常作追肥施用，每次每667平方米西瓜地用量为15千克左右。由于尿素易溶于水，所以施入土壤后不要立即浇大水，以免尿素被淋溶到土壤深层而降低肥效。另外，尿素还可作根外追肥，常用浓度为0.3%～0.5%。碳酸氢铵含氮17%，易溶于水，易被西瓜吸收。碳酸氢铵易分解和挥发，尤其在高温高湿条件下分解更快。碳酸氢铵可作基肥，也可作追肥。作追肥时要比尿素、硫酸铵、销酸铵等施用深些，一般要求施用深度为10厘米以上，并立即盖土，及时浇水，以免氨气挥发而灼伤叶片。碳酸氢铵不能与钙镁磷肥、草木灰等碱性肥料混合施用。

硫酸铵、硝酸铵等化肥的施用方法与尿素基本相同，但用量应适当增加70%～100%。

(2)磷素化肥　西瓜常用的主要是磷酸二铵和过磷酸钙。磷酸二铵含磷45%～46%，为碱性速效肥。过磷酸钙含磷为12%～15%。由于有游离酸的存在，具有吸湿性和腐蚀性。施入土壤后溶解度小，易被土壤固定而降低肥效。过磷酸钙主要作基肥施用，西瓜每667平方米用量50千克左右。为了提高肥效，多与有机肥(如土杂肥、猪栏粪等)混合施用。此外，在西瓜雌花开放前或坐瓜后，如果发现植株缺磷时，可以用过磷酸钙水溶液进行根外追肥，常用浓度为0.4%～0.5%，在上午或下午喷洒叶面，可促进幼瓜发育，提高西瓜含糖量和种子质量。

(3)钾素化肥　西瓜宜施用硫酸钾。硫酸钾含钾50%，易溶于水，西瓜吸收利用率可达60%以上。硫酸钾既可以作基肥，也可以作追肥，在西瓜田施用以作追肥为好。每667平方米用量20～25千克。硫酸钾不能与碳酸氢铵混合施用。

(4)复合化肥　是含有两种或两种以上主要营养元素的化学肥料。它们的有效成分含量高，养分比较齐全，有利于西瓜的吸收利用。同时，还可以减少单一化肥的施肥次数，对土壤的不良影响也比单一化肥小。种植西瓜常用的复合化肥主要有三元复合肥、钙镁磷肥、磷酸二铵、磷酸二氢钾、多元复合肥、微量元素复合肥等，如多美施、奥林丹、黄金搭档等多元复合肥。

三元复合肥含氮、磷、钾各10%～15%，为淡褐色或灰褐色颗粒化肥。可溶于水，但分解较慢，肥效迟缓，在西瓜田主要用于基肥穴施或第一次追肥，每667平方米用量20～25千克。

钙镁磷肥含磷14%～20%、钙25%～30%、镁15%～18%。钙镁磷肥施入土壤后移动性小，不易流失，肥效长，适合作基肥，与有机肥混合施用效果较好，但不能与人粪尿、草木灰等有机肥混合施用，同时也不能与磷酸铵、硝酸铵及碳酸氢铵等化肥混合施用，以免降低肥效。每667平方米用量50千克左右。磷酸二氢钾含磷24%、钾1%，易溶于水，酸性。磷酸二氢钾在西瓜田施用一般配成0.2%～0.3%水溶液作叶面喷洒，每667平方米每次喷水溶液70～80升；在西瓜生长中期和后期连续喷2～3次，可防止西瓜植株早衰，提高西瓜产量，改善西瓜品质。

(5)西瓜专用肥　是根据西瓜的需肥特点及土壤营养水平，专为西瓜栽培而研制的肥料。因此，它具有促进西瓜茎叶粗壮、增强抗病能力、增加含糖量、改善品质、提早成熟和提高产量等作用。根据各地的土壤肥力和施用时期(基肥或追肥)，可施用不同型号的专用肥。

7. 西瓜常用的饼肥　饼肥是西瓜生产中传统的优质肥料，主要种类有大豆饼、花生饼、棉籽饼、菜籽饼、芝麻饼、蓖麻饼等。饼肥属细肥，养分含量较高，富含有机质、氮、磷、钾及各种微量元素。一般含有机质70%～85%、氮(N)3%～7%、磷(P_2O_5)1%～3%、钾(K_2O)1%～2%以及少量的钙、镁、铁、硫和微量的锌、锰、铜、钼、硼等。主要饼肥中的氮磷钾含量见表3-5。

表 3-5 主要饼肥氮、磷、钾的平均含量

饼肥种类	氮(N) (%)	磷(P_2O_5) (%)	钾(K_2O) (%)
大豆饼	7.00	1.32	2.13
花生饼	6.32	1.17	1.34
芝麻饼	5.80	3.00	1.30
菜籽饼	4.60	2.48	1.40
棉籽饼	3.41～5.32	1.62～2.50	0.97～1.71
蓖麻饼	5.00	2.00	1.90
桐籽饼	3.60	1.30	1.30
茶籽饼	1.11	0.37	1.23

饼肥中的氮、磷多呈有机态存在,钾则大都是水溶性的。这些有机态氮、磷不能直接被西瓜所吸收,必须经过微生物的分解后才能发挥肥料。一般来说,大豆饼、花生饼、芝麻饼施到土壤中分解速度较快,棉籽饼、菜籽饼的分解速度则较慢。饼肥肥效持久,对土壤无不良影响,并且适用于各种土壤。西瓜田施用饼肥,对提高西瓜产量和改善品质有显著作用。

(1)西瓜饼肥的施用方法及用量 饼肥可作西瓜基肥,也可作追肥施用。为了使饼肥尽快地发挥肥料,在施用前需进行加工处理。作基肥时,只要将饼肥粉碎后即可施用。但作追肥时,必须经过发酵腐熟,才能有利于西瓜根系尽快地吸收利用。饼肥一般采用与堆肥或猪栏粪混合堆积的方法,或者粉碎用清水浸泡 10～15 天待发酵后施用。

①饼肥作基肥的施用:可以沟施,也可以穴施。如果数量较多时,可以将 1/3 作沟施,将 2/3 穴施。如果数量不多时,应全部穴

施。沟施就是在定植或播种前20天左右施入瓜沟中，深度为25厘米左右。穴施就是按株距沿着行向分别挖深15厘米、直径15厘米的小穴，每穴施入100克左右，与土壤掺和均匀，再盖土2～3厘米。

②饼肥作追肥的施用：用饼肥作追肥，宜早不宜迟，一般当西瓜苗团棵后即可追施。如果追施过晚，饼肥的肥效尚未充分发挥出来，而西瓜已经成熟，这样用饼肥的利用就不经济了。但如果追施过早，饼肥的肥效便主要用在西瓜蔓叶的生长方面，当西瓜需要大量肥料时，饼肥的肥效却已"过劲"了。这样用饼肥就等于"好钢没用在刀刃上"。饼肥的追施方法，一般是沿西瓜行向，在西瓜植株一侧距根部25厘米左右开一条深10厘米、宽10厘米的追肥沟，沿沟每棵西瓜撒上100克豆饼或150克花生饼，与土拌匀，再盖上2～3厘米厚的土封严踩实。

(2)西瓜施用饼肥应注意的问题

①饼肥施用时间应适时：饼肥无论作基肥还是作追肥，都要适时施用。基肥施用过早，对幼苗前期生长尚未发挥作用时已失去肥效；施用过晚，对幼苗后期生长继续发挥作用，引起徒长，延迟坐瓜，使坐瓜率降低。正确的施用时间应在定植前10天左右施入穴内。过早追施饼肥是造成植株徒长的重要原因之一。例如，催蔓肥追施过早，则可使节间伸长过早过快，使叶柄生长过长，同时当开花坐果需肥时，肥效却早已过去。但追肥过晚，将造成早衰和减产。因为饼肥不像化肥那样施后能很快发挥肥效，而需要一段时间在土壤里进行分解和转化，才能被根系吸收利用。

②饼肥需粉碎及发酵：饼肥在压榨过程中形成较硬的饼块，需粉碎成小颗粒才能施用均匀，也才能尽快地被土壤微生物分解。由于饼肥在被分解过程中能产生大量的热，可使附近的温度很快升高。所以，在作追肥施用时，一定要经过发酵分解后再追施，以免发生"烧根"。

③饼肥用量要适当：饼肥是一种经济价值较高的细肥，为了经济合理地施用饼肥，用量一定要恰当。根据山东省德州、潍坊、烟台、济宁、菏泽等地区及河南、河北、辽宁、内蒙古及黑龙江等省（自治区）的部分西瓜产区的调查，用饼肥作基肥每667平方米用量一般不超过40～50千克，作追肥的用量一般不超过60～70千克。笔者的试验结果表明：每株施用100克、150克及200克的单瓜重差异不大，而施用50克和250克的则均减产（表3-6）。

表3-6　豆饼追肥用量与西瓜单瓜重的关系

每株用量（克）	50	100	150	200	250
单瓜重（千克）	3.5	4.8	5.9	6.1	4.3

④深浅远近要适宜：饼肥的施用深度应比化肥稍深，基肥深25厘米左右，追肥深15厘米左右。追肥时，不可距根太近，以免引起“烧根”；也不可距根太远，以免根系吸收不到。一般催蔓肥距根25厘米左右，膨瓜肥距根30厘米左右。

⑤施用后不可马上浇水：追施饼肥后一般不可马上浇水，以免造成植株徒长。通常在追饼肥后2～3天再浇水为宜。如果在追施饼肥后2天以内遇到降雨时，应在雨后及时中耕锄土，以降低土壤湿度。

此外，饼肥较少时可与其他有机肥料混合施用，但一般不可与化肥混合施用。特别不能与速效化肥混合施用，以免造成植株徒长或引起“烧根”。

8. 新型有机肥　有机肥是以有机质为原料，经多次微生物发酵、低温干燥新技术生产的有机质肥料。它以其养分全、肥效长、抗病增产、施用方便、特效无公害等特点受广大农民的欢迎。目前，应用较多的有机肥主要有豆粕蛋白有机肥、豆粕有机肥、农溢富鱼蛋白有机液态肥、坤乐多元营养素有机肥、奥世康水剂有机肥、洁特粉状有机肥及别施曼等。

9. 西瓜化肥的正确施用

(1)成分完全，配比恰当　在施用单元素化肥时，必须做到氮(N)、磷(P_2O_5)、钾(K_2O)三种元素配合使用，并且要根据西瓜不同生育时期对主要元素的需要量提供与之相适应的配合比例。西瓜坐瓜前以氮为主，坐瓜后对钾的吸收量剧增。西瓜褪毛阶段吸收氮、钾量基本相等；膨大阶段吸收达到高峰；成熟阶段对氮、钾的吸收量大大减少，对磷的吸收量相对增加。西瓜吸收氮、磷、钾三要素的比例，幼苗期应为3.8∶1∶2.8，抽蔓期应为3.6∶1∶1.7，瓜生长盛期应为3.5∶1∶4.6。

(2)熟悉性质，品种对路　各种化肥都有不同性质，即使各元素配合比例恰当，如果品种不对路，就不能更好地发挥应有的作用。例如，各种氮素化肥的性质是不一样的。硫酸铵系生理酸性肥料(肥料在化学反应上不是酸性，被作物吸收后残留下酸性溶液)，吸湿性较小，易贮存。硝酸铵兼有硝态、铵态两种性质，肥效及利用率都很高，施用后土壤中不残留任何物质；其粉状的吸湿性很强，易结成硬块。尿素是铵态氮，是目前含氮量最高的化肥，最适宜作追肥，但不宜作种肥。碳酸氢铵在常温下易分解挥发失效，但长期施用对土壤无不良影响。在磷素化肥中有水溶性磷肥(过磷酸钙、重过磷酸钙)、弱酸溶性磷肥(钙镁磷肥、沉淀磷肥、偏磷酸钙)和难溶性磷肥(磷矿粉、骨粉)。其中过磷酸钙易吸湿结块，呈酸性；钙镁磷肥不吸湿、不结块，呈碱性。在钾肥中，硫酸钾为生理酸性肥料；氯化钾含大量氯离子，能影响西瓜品质。根据上述情况，施用化肥栽培西瓜以施用尿素、硝酸铵、过磷酸钙、钙镁磷肥、硫酸钾等最为适宜。

(3)正确施用，提高肥效

①施用时期：作物在生长发育过程中，有一个时期对某种养分的要求非常迫切，如该养分供应不足、过多或比例不当，都将给西

瓜的生长发育带来极为不良的影响,即使以后再施入时增减或调整这种养分的用量,也很难弥补所造成的损失。这个时期叫做营养的临界期。西瓜的氮、磷营养临界期都在幼苗期,而钾的营养临界期在抽蔓期。在作物生长发育的某一时期,所吸收的养分发挥最大的效果,称为营养最大效率期。西瓜的营养最大效率期在结瓜期。因此,西瓜幼苗期、抽蔓期和结瓜期都是施肥的重要时期。

②施肥方法:西瓜根系较浅,多呈水平分布,所以追肥时不宜深施。化肥有效成分较高,使用不当易“烧苗”。西瓜与其他作物相比,种植密度较小,单株营养面积较大,以上情况就决定了西瓜施用化肥应具有与其他作物不同的特点,总的原则是:局部浅施、少量多次,施后浇水。西瓜无论使用基肥或追肥,多数都是在局部使用。例如,基肥一般为沟施和穴施,追肥一般为株间或株旁开浅沟施用。每次追肥量较少,但追肥次数较多,且每次追肥后随即浇水。西瓜施用化肥时,距根部应稍远一些,更不可直接与叶片接触,以免发生“烧苗”。在磷肥较少的情况下,可全部用于基肥或幼苗前期追施,以保证西瓜营养临界期对磷素的需要。西瓜根外追肥所用的化肥主要有尿素、硫酸铵、磷酸二氢钾、硫酸钾以及微量元素肥料中的硼砂、硫酸锌等。此外,在多种化肥混合使用时,还要根据各种化肥的性质进行混合。

10. 各种肥料的混合施用原则　西瓜的生育期不同,需要养分的种类、数量及各种肥料的比例也不相同。单独施用一种肥料,不能满足西瓜生长发育的需求,即使是含有几种养分的复合肥料,其固定的养分比例也不适合西瓜各个生育期的需要。因此,根据西瓜不同发育期的需要和土壤条件,施用临时配合的混合肥料,是科学用肥、提高肥效的重要措施。随着西瓜栽培面积的不断扩大,有机肥越来越显得缺乏,因而在有机肥中混合化肥的情况越来越多,比如在基肥中土杂肥与过磷酸钙混合施用,在追肥中人粪尿、草木灰等与各种化肥的混合施用等。

各种肥料混合的原则是:混合后能够改善肥料的性状,养分不受损失,而且还可提高养分的有效性。养分之间有增效作用,比如硝酸铵与磷矿粉混合、尿素与过磷酸钙混合,可以降低硝酸铵和尿素的吸湿性。有些肥料混合后物理性状会变坏,如硝酸铵与过磷酸钙混合,由于吸湿性加强而改变成黏泥状,不便施用,因此不宜混合。有的肥料混合后能提高养分的有效性,如硫酸铵等生理酸性肥料,与骨粉、磷矿粉混合,可增加溶解度,从而提高了磷肥的肥效。草木灰不能与人粪尿、厩肥、硫酸铵、尿素、硝酸铵及碳酸氢铵等混合施用,因为草木灰与铵态氮肥混合后吸湿性增强,能促使氨挥发损失。碱性肥料都不能与铵态氮肥混合。碳酸氢铵与过磷酸钙混合后,氨与磷酸钙中的游离酸结合成磷酸铵,可减少氮的损失,但是会引起磷的变化,因此混合后要立即使用。

11. 西瓜追施粪稀应注意的问题 粪稀就是人粪尿。西瓜追施粪稀,在我国南方是一种很普遍的施肥方式。北方各地早就有在麦田或菠菜、大白菜等菜田里施用粪稀的习惯。近年来,随着生产责任制的进一步落实及饼肥的紧缺,我国北方一些西瓜产区,用粪稀作追肥的西瓜专业户也越来越多,并且收到了较好的效果。实践证明,结合浇水冲施粪稀,是瓜田追施有机肥料的较好方法。它具有肥源广、肥效长、成本较低和使用方便等特点。但是如果施用不当却易烧根,而使西瓜的生长发育受到影响。因此,在用粪稀追肥时应注意以下几个问题。

(1)要充分腐熟 未经腐熟的粪稀追施后,在腐熟过程中会产生较大的热量,容易引起烧根。同时,未经腐熟的粪稀中还会有大量蝇蛆、虫卵和病菌,施用后易发生病虫害。施用腐熟的粪稀可避免以上问题。

(2)施用时期 西瓜除发芽期、幼苗期和开花坐瓜阶段以外,在其他各生育时期均可追施粪稀,但以抽蔓期和果实生长前期最适宜。发芽期和幼苗期西瓜需肥量较少,而且由于根系尚处在幼嫩阶段，对浓度较高的粪稀适应能力和吸收能力都比较差，所以不宜施用。开花坐瓜阶段，由于植株的生长中心正处在由营养生长向生殖生长过渡的时期，应控制肥水的施用，特别应控制较高浓度肥料的施用，以防止营养生长过强，推迟生长中心的转移，影响坐瓜。

(3)施用数量　粪稀一般浓度较大(厕所有棚的含人粪70%～80%、尿液20%～30%；厕所无棚的含人粪60%～70%、尿液10%～15%、雨水20%～25%)，用量要适宜。每次施用粪稀不可过多，每667平方米以施用400～500千克为宜，冲水150～225立方米。

(4)施用方法　在施用粪稀之前，最好先浇1次清水，这样可以降低土壤中肥料的浓度，避免烧根。西瓜伸蔓前后施粪稀时，要与中耕划锄结合进行，冲施后适时划锄。但是中耕后不能马上施粪稀，以保持土壤的透气能力。进入结瓜期以后，施粪稀应与浇水相结合，而且冲施粪稀以早、晚进行为宜，避免中午高温时冲施而引起肥害(烧根)。

(5)其他注意事项　土壤比较黏重的瓜田，不宜施用粪稀。因为粪稀会使土壤结构变得更为黏重，而且在冲施粪稀时，需多次浇水，使土壤中的孔隙度减少，造成板结和缺氧，最终将影响根系的正常生长。即使在不太黏重的土壤里，也不宜施用过量的粪稀，否则容易引起植株徒长、化瓜及延迟西瓜成熟、酸度增加等。

12. 露地西瓜追肥的基本原则　在西瓜高产栽培中，一般都能注意增加基肥和追肥的数量，但对追肥次数和每次追肥量却往往掌握不好，以至各地每年都有发生肥害或后期脱肥减产的瓜田。特别是在露地西瓜栽培中，生产实践证明，西瓜追肥必须做到以下3点，并做到“少量多次”。

(1)根据西瓜根系的吸肥特点施肥　水瓜生态型的西瓜品种，大部分吸收根分布在表土下30厘米以内的土层中。同时，西瓜根系对土壤中各种盐类的浓度都比较敏感。如果一次追肥过多，使土壤溶液浓度太高，西瓜根不但不能从土壤中吸收肥料，甚至根细胞液中的水分反而会渗透出来，从而使西瓜根枯黄，即引起“烧根”。这对幼苗和成龄苗都可造成危害，所不同的是幼苗的根更加脆弱，由于尚未形成庞大的根系，所以更易受害。

(2)根据各生育时期的需肥量分期分量施肥　西瓜不同生育期的吸肥量和需肥种类不同，因而不能一次施足各生育时期的需肥量，同时也无法一次满足不同生育期对各种不同营养元素的配合比例。分期分量追肥则可以满足上述各种要求。根据周光华的研究，西瓜发芽期吸肥量极少，仅占总吸肥量的0.01%，主要靠子叶内贮藏的养分；幼苗期吸肥量约占总吸肥量的0.54%；抽蔓期吸肥量增多，约占总吸肥量的14.67%；结瓜期吸肥量最多，约占总吸肥量的84.78%。开花坐瓜前以氮肥为主，氮(N)、磷(P_2O_5)、钾(K_2O)的比例大致为3.6∶1∶1.7；坐瓜后对钾肥的吸收量剧增，瓜褪毛阶段吸收氮、钾量相等，瓜膨大阶段达到吸收高峰，氮、磷、钾的吸收比例变为3.48∶1∶4.6。

(3)经济合理用肥　各种肥料都有一定的肥效期，尽管有些肥料的肥效较长，有些肥料的肥效较短，但只要施入土壤里以后，其肥效就会随着时间的推移而逐渐降低。因此，如果一次追肥过多，西瓜实际上只吸收利用其中的一部分，而其余部分则分别被土壤吸附和被雨水冲刷流失。如果施肥较浅，还会潮解挥发掉一部分。因此，少量多次追肥，可以做到经济合理用肥。

13. 西瓜抽蔓后的追肥　西瓜从团棵开始，主蔓随叶片的展出逐渐伸长，进入抽蔓期。西瓜从抽蔓开始，茎和叶的生长逐步加快，生长量也明显加大，并开始发生侧蔓。西瓜抽蔓以后，在株间追肥，可使瓜蔓迅速伸长，故称催蔓肥。

西瓜蔓、叶生长和花、果的形成，不但要有大量氮肥，还需要大量磷、钾肥，所以追肥数量要多，肥效要长，成分要全面。一般可每株施用豆饼 100～150 克，或大粪干等优质肥料 500～1 000 克。如果施用化肥，每株可施硫酸铵 30 克、过磷酸钙约 40 克、硫酸钾约 15 克。

催蔓肥的施用方法是：在两棵瓜苗中间开一条深 10 厘米、宽 10 厘米、长 40～50 厘米的追肥沟，撒上豆饼或大粪干等肥料，用瓜铲与土拌匀，然后盖土封沟踩实。如果施用化肥，只需要将追肥沟改为深 5～6 厘米、宽 7～8 厘米、长 30～35 厘米即可。

催蔓肥要施用适时，并与浇水配合好。催蔓肥要防止施用过晚。因为西瓜伸蔓后，早熟品种从 5～7 节开始，晚熟品种从 10～15 节开始，在叶腋间孕蕾开花。如催蔓肥施用过晚，西瓜显蕾后蔓、叶生长过旺，分枝过多，瓜蔓顶端生长过旺，不利于坐瓜。西瓜施催蔓肥后应浇 1 次水，以利于肥料的吸收。以后一般应每隔 4～5 天浇 1 次水，以利于叶片迅速生长，故俗称催叶水。

14. 西瓜叶面施肥应注意的问题　西瓜叶面施肥也叫根外追肥，是西瓜高产栽培的一项重要措施。西瓜根外追肥的具体做法有两种：一种是从定苗开始，根据西瓜生长的需要，趁防病虫害或喷洒生长调节剂时，在酸碱性适合的药液中混少量尿素、磷酸二氢钾等肥料，均匀地喷洒在叶片上；一种是根据西瓜生长需要，单独喷施尿素、磷酸二氢钾等肥料溶液。如在西瓜生育期的中后期，可每隔 7 天喷 1 次。

叶面喷肥所用肥料，必须是能溶解在水中的水溶性肥料。对能全部溶解在水中的肥料(如尿素等)，可直接放在药液或水中，待溶解后喷洒。对不能全部溶解在水中的肥料(如过磷酸钙等)，可先浸泡一昼夜，经过搅拌后取其上部的澄清液喷洒。

适合用作叶面喷洒的肥料及其溶液浓度如下：氮肥主要用 0.3%～0.5%尿素或硫酸铵，磷肥主要用 0.4%～0.5%过磷酸钙，钾肥主要用 0.4%～0.5%硫酸钾。此外，还常常使用 0.2%～0.3%磷酸二氢钾。在具体施用时，苗期应用低浓度的，坐瓜前后可用高浓度的。如尿素，在苗期施用浓度以0.2%～0.3%为宜，坐瓜前后可提高到0.4%～0.5%，浓度不可超过0.5%。如果浓度太高，不但不能渗透入细胞内部，反而会把细胞内部的水分吸出来，极易造成肥害灼苗。施用中还应注意使肥液均匀，防止喷雾器底部的肥液浓度过高。

因各地肥料的产品性能不同，为了稳妥起见，在施用之前应先进行试验，防止发生不良反应。

以上肥料与农药等混用时，注意其酸碱性要适合，酸性肥料只能与酸性农药相混，酸性肥料不能与碱性农药相混，只有中性肥料才可以与酸性或碱性农药相混，否则会互相影响效力，甚至会全部失效。不要在中午前后的强烈阳光下施用，以免气温高蒸发快，肥液损失大，追肥效果差或发生肥害。喷洒时以叶面均匀喷到为止，特别要注意喷叶片背面，因叶片背面气孔多有利于吸收利用。

15. *西瓜施用微量元素肥料的意义和主要微肥*　微量元素肥料是指含有一种或几种西瓜生长发育需要量极少的营养元素的肥料。西瓜对微量元素的需要量虽然很少，但如果缺少了所需要的任何一种，就会产生相应的病症。有些微量元素在西瓜的营养和代谢过程中还起着极为重要的作用。

施用微量元素肥料，首先要摸清土壤情况。只有当土壤中缺少某种微量元素时，施用该种微量元素肥料才会有良好的效果。例如，在山区、丘陵的黄壤土地上种西瓜，喷施0.03%硫酸锌($ZnSO_4 \cdot 7H_2O$)可增产5%～7%。此外，硼肥和锌肥还能提高西瓜的品质。种西瓜常用而有效的微量元素肥料主要有锌肥、硼肥和钼肥。锌肥中有硫酸锌($ZnSO_4$)、氯化锌($ZnCl_2$)和氧化锌(ZnO)等，其中常施用的主要是硫酸锌。锌肥可作基肥，种肥和追肥用。作基肥时，每667平方米用硫酸锌1～1.5千克。锌肥可以和生理酸性肥料(如硫酸铵、氯化铵等)混合，但不能与磷肥混合。硫酸锌作根外追肥时，一般喷施浓度为0.01%～

0.05%。

硼肥有硼酸、硼砂、硼镁肥、含硼过磷酸钙等。一般用硼镁肥、含硼过磷酸钙作基肥，硼砂和硼酸作根外追肥较好。硼镁肥每667平方米可施20～30千克，含硼过磷酸钙每667平方米可施40～50千克。根外追肥可用0.01%硼砂或硼酸溶液喷施叶面。

钼肥有钼酸铵、钼酸钠、钼渣等，西瓜常用的是钼酸铵。钼肥可以作基肥、种肥和追肥，施用1次肥效可达数年之久。钼酸铵、钼酸钠用作浸种，浓度为0.05%～0.1%，浸种6～8小时。根外追肥常用浓度为0.02%～0.05%钼酸铵溶液，在西瓜苗期和抽蔓期使用效果较好。

（五）选胎留瓜

1. **西瓜瓜胎的选留** 正确地选留瓜胎，包含两层意思：一是留瓜节位的确定，二是选择什么样的瓜胎。

（1）最理想的坐瓜节位 西瓜的坐瓜节位过低，生长的西瓜个头小，瓜皮厚，纤维多，易畸形，使商品率大大降低。特别是无籽西瓜，除了上述不良性状外，还会出现空心、硬块及着色秕籽（种子空壳）等。但坐瓜节位过高时，则常常助长了西瓜蔓、叶徒长，使高节位的瓜胎难以坐住瓜。而且节位过高，当西瓜发育后期往往植株生长势已大为减弱，将使西瓜品质和产量大为降低。

西瓜最理想的坐瓜节位，应根据栽培季节、栽培方式、不同品种及发育等综合权衡而定。一般原则是：采用加温保护设施栽培，其坐瓜节位可低；阳畦育苗、地膜下直播栽培的，坐瓜节位应高。春季露地栽培的，其瓜节位应高；夏季露地栽培的，坐瓜节位可低。早熟品种坐瓜节位可低，中熟品种坐瓜节位应高，而中熟品种又比晚熟品种着生雌花的节位低。坐瓜前后，在低温、干旱、肥料不足、光照不良等条件较差的情况下，坐瓜节位应高。生产上一般选留主蔓上距根部1米左右的第十五至第十六节上的第二雌花、第三雌花留瓜。采用晚熟品种与多蔓整枝的，留瓜节位可适当高一些；

早熟品种与早熟密植少蔓整枝时，留瓜节位则应低一些。坐瓜前后，如遇低温、干旱、光照不良等不利条件或植株脱肥生长势较弱时，留瓜节位应高些；反之，宜低些。侧蔓为结瓜后备用，当主蔓受伤不宜坐瓜时可在侧蔓第一、第二雌花选留。

(2)西瓜雌花的选择　西瓜花有单性雌花、单性雄花、雌性两性花和雄性两性花。单性雌花和雌性两性花都能正常坐瓜，特别是雌性两性花，不但自然坐瓜率高，而且西瓜发育较快，容易长成大瓜，在选择雌花时应予注意。另外，当开花时，凡是子房大而长(与同一品种相对比较)、花柄粗而长的雌花，一般均能发育成较大的瓜。

为了使理想节位的理想雌花坐住瓜，除采用先进栽培技术并提供良好的栽培条件外，人工授粉十分重要。

2. 西瓜每株的留瓜数量　西瓜早熟高产栽培，每株留瓜个数，主要根据栽植密度、瓜型大小、整枝方式及肥水条件确定。一般来说，每667平方米栽植500～600株，中小型瓜、三蔓式或多蔓式整枝、肥水条件较好的，每株可留2个瓜；每667平方米栽植700～800株，中小型瓜、双蔓式整枝、肥水条件中等的，每株留1个瓜为宜；每667平方米栽植500～600株，大型瓜、双蔓式或三蔓式整枝、肥水条件中等的，每株留1个瓜较好；每667平方米栽植700～800株，中小型瓜、三蔓式或多蔓式整枝、肥水条件好的，每株可留2个瓜；每667平方米栽植500～600株，小型瓜、三蔓式或多蔓式整枝、肥水条件好的，每株可留2～3个瓜。总之，栽植密度小，可适当多留瓜；栽植密度大，可适当少留瓜；大型瓜少留瓜，小型瓜多留瓜；单蔓式或双蔓式整枝少留瓜，三蔓式或多蔓式整枝多留瓜；肥水条件好的，适当多留瓜；肥水条件较差的，适当少留瓜。此外，还应根据下茬作物的安排计划确定是否留二茬瓜来考虑每株的留瓜数。如果下茬为大葱、萝卜、大白菜或冬小麦等秋播作物的，一般每株只留1～2个瓜；如果下茬为春播作物，则可让西瓜陆续坐瓜，每株最多可结3～4个商品瓜。

当每株选留2个以上瓜时，应特别注意留瓜方法。一般可分同时选留和错开时间选留两种方法。同时选留法，即在同一株西瓜生长健壮势力均等的不同分枝上，同时选留2个以上瓜胎坐瓜。这种方法适用于株距较大、密度较小、三蔓式或多蔓式整枝、肥水条件较好的地方。这种方法的技术要点是：整枝时一般不保留主蔓，利用侧蔓结瓜，同时不要在同一分枝上选留2个以上瓜胎。错开时间选留法，即在一株西瓜上分两次选留2个以上的瓜胎坐瓜。这种方法也叫留“二茬瓜”，适用于株距较小、密度较大、双蔓式整枝、肥水条件中等的情况。这种方法的技术要点是：整枝时保留主蔓，在主蔓上先选留1个瓜，当主蔓的瓜成熟前10～15天再在健壮的侧蔓上选留1个瓜（在同一条侧蔓上只能留1个瓜）。大型西瓜，当第一瓜采收前7～10天选留第二瓜胎坐瓜。

3. 西瓜人工授粉的好处　西瓜是虫媒花。在自然条件下，西瓜的授粉昆虫主要有花蜂、蜜蜂、花虻、蝇及蝴蝶等。如果在晴天，早晨5～6时西瓜即开始开花。但在阴天、低温、有大风或降雨等不良天气情况下，常因上述昆虫活动较少而影响正常的授粉坐瓜。采用人工授粉，除了能代替上述昆虫在不良天气条件下进行授粉外，还有以下好处。

（1）人工控制坐瓜节位　在良好的天气情况下，依靠昆虫传粉，虽然能够正常坐瓜，但却不能按照生产者的意志控制在一定节位上坐瓜。所以常常出现这样的情况：最理想的节位没坐住瓜，不理想的节位却坐了瓜。如果采用人工授粉，就可以避免坐瓜的盲目性，做到人工控制在最理想的节位上坐瓜。

（2）提高坐瓜率　人工授粉比昆虫自然授粉可显著提高坐瓜率。瓜农普遍反映，采用人工授粉后，不仅没有空秧（不坐瓜的植株），而且每株坐瓜2个以上的植株大大增加了。尤其是当植株出现徒长或阴雨天开花时，人工授粉对提高坐瓜率的效果更为突出。

据试验，人工授粉比自然授粉在晴天无风时可提高坐瓜率10%左右，在阴雨天时可提高坐瓜率1倍以上(表3-7)。

(3)减少畸形瓜 在自然授粉的情况下，产生的畸形瓜较多，而人工授粉时，很少出现畸形瓜。这是因为花粉的萌芽除受气候条件的影响外，还与落到柱头上的花粉多少有关；落到柱头的花粉越多，花粉发芽越多，花粉管的伸长也越快。由于1粒花粉发芽后只能为1粒种子授精，所以发芽的花粉粒越多，瓜内产生的种子数也就越多。同时，因为西瓜雌花每根柱头(花柱顶端膨大的部分，能分泌黏液接受花粉)又各自分为两部分，它们又分别与子房和胚珠相联系，所以，如果授粉偏向某一根柱头，或者在某一根柱头上黏附的花粉较多时，种子和子房的发育也就会偏向该侧面于是便形成了畸形瓜。在通常情况下，自然授粉不仅花粉量较少，同时花粉落到柱头上的部位及密度也会不均匀。而人工授粉由于花粉量较多，且花粉在柱头上的分布密度也比较均匀，所以人工授粉的西瓜很少产生畸形瓜。

表3-7 人工授粉对西瓜的影响

处理	晴天无风			上午阴、下午1时30分降小雨		
	开花数(朵)	坐瓜数(个)	坐瓜率(%)	开花数	坐瓜数	坐瓜率(%)
自然授粉	32	29	92.6	26	11	42.3
人工授粉	30	30	100.0	24	21	87.5

注：3月21日阳畦育苗，4月23日定植，覆盖地膜，三蔓式整枝，6月22日分别调查6月13日和17日两天自然授粉和人工授粉净坐瓜数。品种为鲁瓜1号，开花数系指调查株数中当日开放的雌花数目

(4)有利于种子和瓜的发育 科学实验和生产实践证明，人工授粉的西瓜种子数量较多，并且种仁充实饱满，白籽、瘪粒较少。同时，子房内种子数量多的，瓜发育得越大。因此，人工授粉尤其

是重复授粉的西瓜，明显增产。

(5)用于杂交制种和自交保纯　人工授粉可以人为地利用事前选择的父、母本进行杂交，也可以将原种自交系或原始材料进行自交保纯。而自然授粉时，则达不到这些要求。

4. 西瓜人工授粉的方法　西瓜人工授粉要求时间性强，雌、雄花选择准确，授粉方法恰当等。因此，对授粉人员最好能在授粉前进行技术训练。

(1)授粉时间　西瓜的开花时间与温度、光照条件有关。西瓜花为半日花，即上午开放，下午闭合。在春播条件下，晴天通常在清晨5时左右花冠开始松动，6时左右花药开始裂开撒出花粉、花冠全部展开，午间12时左右花冠颜色变淡并开始闭合，下午3～4时花冠闭合。这个过程的长短和开花时间的早晚，往往受当时的气温条件的影响。气温高时，开花早，闭花也早，花期较短；气温低时，开花晚，闭花也晚，花期较长。由于上午7～10时是雌花柱头和雄花花粉生理活动最旺盛的时期，所以这时也是人工授粉最适宜的时间。晴天温度较高时，一般10时后授粉的坐瓜率显著降低。授粉时，气温为21℃～25℃时，花粉粒的发芽最旺盛，花粉管的伸长能力也最强。当气温在15℃以下或35℃以上时，花粉粒的发芽困难；降雨时，花粉粒吸水破裂而失去发芽能力。阴雨天气开花晚，授粉时间也应推迟。因此，适宜的授粉时间为晴天上午7～10时，阴天为8～11时。同时，有人还测定出完成授粉和受精的理想气温是21℃～25℃。

(2)雌、雄花的选择　人工授粉不是将每天开放的雌花与雄花全部授粉，而是当选留节位的雌花开放时，用当日开放的另一株上的雄花进行授粉。雌、雄花的选择按以下要求进行。

①雌花的选择：雌花的素质对果实发育影响很大。雌花花蕾发育好、个体大、生长旺盛，授粉后就容易坐瓜并长成优质大瓜。其主要特征是瓜柄粗、子房肥大、外形正常(符合本品种的形态特

征)、皮色嫩绿而有光泽、密生茸毛等。如果子房瘦弱短小,茸毛稀少的雌花,授粉后则不易坐瓜,或即使坐瓜也难以发育成大瓜。因此,授粉时应当选择主蔓和侧蔓上发育良好的雌花。一般主蔓坐瓜较早,侧蔓上的雌花为候补预备瓜。

②雄花的选择:雄花是提供花粉的。除选用健康无病、充分成熟、具有大量花粉的雄花外,还应根据人工授粉的目的选择雄花。如果人工授粉的目的是在于提高坐瓜率和减少畸形瓜,那么,除按预定坐瓜节位选择雌花外,对雄花的选择就可以就近选择当日开放的同株或异株同品种或不同品种的雄花进行授粉。如果人工授粉的目的是杂交制种,那么雄花就应选择预定的父本当日开放的雄花,并且在父、母本的雄、雌花开放前一天将花冠卡住或套上纸袋。如果人工授粉的目的是自交保纯,则应选择同一品种或同株当日开放的雌花和雄花进行授粉,并且在该雌、雄花开放前1天将花冠卡住或套上纸袋。

(3)授粉方法　对于以生产商品西瓜为目的的瓜田,授粉时不必提前选花套袋,只要将当天开放且已散粉的新鲜雄花采下,将花瓣向花柄方向一捋,用手捏住,然后将雄花的雄蕊对准雌花的柱头,轻轻蘸几下,看到柱头上有明显的黄色花粉即可。1朵雄花可授2～3朵雌花。对于以生产种子为目的的瓜田或植株,就要在开放前1天下午巡视瓜田,选择翌日开放的父本的雄花和母本的雌花(此时花冠顶端稍现松裂,花瓣呈浅黄绿色),用长约4厘米、宽约3毫米的薄铁片或铝片做成卡子,在花冠上部1/3处把花冠夹住。夹花时防止夹得过重,以免将花瓣夹破,也不可太轻,以免翌晨花冠开张时铁片容易脱落。夹好花后,应在附近插上树条等作为标记,以便翌日上午授粉时寻找。已选好的雄花,也可于下午4～6时连同花柄一起摘下来,插入铺有湿沙的木盘内。也可将含苞待放的雄花连同花柄在开花前1天下午摘下,放入玻璃瓶或塑料袋内,以备翌日授粉用。

授粉时,先把雄花取下,除去花冠上的铁(铝)片卡子,或从盛放雄花的沙盘、玻璃瓶、塑料袋内取出雄花剥掉花瓣,用指甲轻碰一下花药,看有无花粉散出,若已有花粉粒散出时,就将雌花上的卡子打开取下,使花瓣展开,然后拿雄花的花药在已经露出的雌花柱头上轻轻地涂抹几下,使花粉均匀地散落在柱头各处。授粉后,再将雌花的花冠用卡子夹好,并在花柄上拴 1 个纸牌或彩色塑料做好标记。

对于稀有珍贵品种或少量原种、自交材料等的品种保纯,也可采用上述人工授粉方法,只不过雄花是来自同一植株或同一品种的不同植株。

(4)注意事项　①熟悉西瓜的开花习性和花器构造,掌握人工授粉技术。②授粉要认真仔细、小心操作,既要使大量花粉均匀地散落在柱头各处,又不要碰伤柱头。③授粉若遇阴雨天,要在雨前用小纸袋或塑料袋将待授粉的雌花和雄花分别罩住,勿使雨水浸入,以提高授粉效果,雨后及时授粉。必要时,也可在雨伞等防雨工具的保护下,在雨天进行人工授粉。④抓住授粉时机。在低温、阴天和由于徒长或其他原因,雄花往往推迟开花、散粉时间,应经常观察,注意花粉散出时间,尽可能及早进行人工授粉,以免贻误授粉的良好时机。⑤留瓜节位尽量做到选留部位一致,使坐瓜整齐、成熟一致。

5. 侧蔓上瓜胎的处理　西瓜的结瓜习性和甜瓜不同,多数品种都是以主蔓结瓜能力强、坐瓜早、产量高,因此在一般情况下,以在主蔓上留瓜为好。但在西瓜生产中遇到下列 3 种情况之一时,可在侧蔓上留瓜。

(1)主蔓受伤　由于病虫危害或机械损伤,使主蔓丧失了继续健壮生长和正常结瓜的能力(例如遭到小地老虎的蛀截或感染枯萎病等),应及时控制主蔓生长,而改在最健壮的侧蔓上留瓜。具体做法是:整枝时,在原主蔓伤口以下再剪去 3～4 节瓜蔓,将所留瓜蔓放于原侧蔓位置,而将选中的原健壮侧蔓置于原主蔓位置,并固定住所留的瓜胎。

(2)单株选留多瓜 在每一株西瓜上,同时选留2个以上瓜的栽培法。小型瓜或特早熟品种西瓜可采用这种方法留瓜。具体做法是:当西瓜团棵后,第五片真叶展开时即摘心,促使侧蔓迅速伸出,而后在植株基部2～3条侧蔓上选留坐瓜,但每一条侧蔓上只能留1个瓜。这种留瓜方法的优点是可以增加单位面积的瓜数,瓜形整齐、成熟一致。缺点是瓜较小,平均单瓜重量低。

(3)二次结瓜 当主蔓上的瓜成熟前,在侧蔓上选留1～2个节位适宜的瓜胎继续生长(同一条侧蔓只留1个瓜),而将其余的瓜胎全部及时摘掉。采用这种方法,主、侧蔓上的瓜选留时间一定要错开,以免发生互相争夺养分的现象。在生产中,一般是在主蔓上的瓜成熟前10～15天再选留植株基部最健壮的侧蔓留瓜。这种方法选留的瓜,通常是第一个瓜大(主蔓上),第二个瓜较小(侧蔓上)。

6. 识别西瓜雌花能否坐住瓜的方法

(1)根据雌花形态 请参阅本章第二节"三、田间管理"中的"(五)选胎留瓜"中有关内容。

(2)根据子房发育速度 能正常坐瓜的子房,经授粉和受精后,发育很快。授粉后的第二天瓜柄即伸长并弯曲,子房明显膨大。开花后第三天子房横径可达2厘米左右。如果开花后子房发育缓慢、色泽暗淡、瓜柄细而短,这样的瓜胎就很难坐住,一般应及时另选适当的雌花坐瓜。另外,西瓜坐瓜期间如遇阴雨天气,或早春低温,或昆虫活动较少的地区,应采用人工授粉的方法,促进坐瓜。

(3)根据植株生育状况 西瓜植株生长过旺或过弱时,都不容易坐瓜。当生长过旺时,蔓、叶的生长成为生长中心,使营养物质过分集中到营养生长方面,严重地影响了花、果的生殖生长。其表现是节间变长，叶柄细而长，叶片薄而狭长，叶色淡绿；雌花出现延迟，不易坐瓜。当生长过弱时，蔓细叶小，叶柄细而短，叶片薄、叶色暗淡，雌花出现过早，子房纤小而形圆，易萎缩而化瓜。

(4)根据雌花着生部位　雌花开放时，距离所在瓜蔓生长点(瓜蔓顶端)的远近，也是识别该雌花能否坐住瓜的依据之一。据调查，当雌花开放时，从雌花到所在瓜蔓顶端的距离为30～40厘米时，一般都能坐住瓜；从雌花到所在瓜蔓顶端的距离为60厘米以上或15厘米以下时，一般都坐不住瓜。此外，雌花开放时，在同一瓜蔓上该雌花以上节位(较低节位)已坐住瓜时，则该雌花一般不能再坐住瓜。

(5)根据肥水供应情况　在雌花开放前后，肥水供应适当，就容易坐瓜；如果肥水供应过大或严重不足，都能造成化瓜。

在识别能否坐住瓜的基础上，应主动采取积极措施，促进坐瓜、提高坐瓜率。主要措施是：①进行人工授粉。②将该雌花前后两节瓜蔓固定住，防止风吹瓜蔓磨伤瓜胎。③将其他不留的瓜胎及时摘掉，以集中养料供应所留瓜胎生长。④花前花后正确施用肥水，保胎护纽。在田间管理时对已选留的瓜胎要倍加爱护，防止踏伤及鼠咬虫叮，浇水时防止水淹泥淤。如采用上述措施后仍坐不住瓜时，应立即改在另一条生长健壮的瓜蔓上选留雌花，并且根据情况再次采用上述促进坐瓜的各项措施，一般都能坐住瓜。

7. 瓜胎的清理　西瓜若任其自然坐瓜，1株西瓜可着生6～10个幼瓜。但在西瓜生产中，为了提高商品率、保证瓜大而整齐，一般每株只留1个或2个瓜。不留的瓜胎何时摘掉要根据植株生长情况和所留幼瓜的发育状况确定。

一般来说，凡不留的瓜胎摘去的时间越早，越有利于所留瓜胎的生长，也越节约养分。但事实上，有时疏瓜(即摘去多余的瓜胎)过早，还会造成已留的瓜“化瓜”。这种情况在新瓜区常常遇到：不留的瓜胎已经全部摘掉了，而原来选好的瓜又“化”了，如果等到新的瓜胎出现再留瓜，不仅季节已过、时间大大推迟，而且那时植株生长势也已大为减弱，多数形不成商品瓜。但有些老瓜区接受了疏瓜过早的教训，往往又疏瓜过晚，不但造成许多养分的浪费，同时还影响了所留瓜的正常生长。

最适宜的疏瓜时间，应根据下列情况确定：①所留瓜胎已谢花 3 天，子房膨大迅速，瓜柄较粗，而且留瓜节位距离该瓜蔓顶端的位置适宜(例如 45～50 厘米)。②所留的瓜已褪毛后即开花后 5～7 天，子房如鸡蛋大小，绒毛明显变稀。③不留的瓜胎应在褪毛之前去掉。上述 3 种情况，在生产中可灵活掌握。

(六)护瓜整瓜

1. **松蔓**　即当幼瓜生长到拳头大小时(授粉后 5～7 天)，将幼瓜后秧蔓上压的土块去掉，或将压入土中的秧蔓提出土面放松，以促进果实膨大。

2. **顺瓜和垫瓜**　西瓜开花时，雌花子房大多是朝上的。授粉受精以后，随着子房的膨大，瓜柄逐渐扭转向下，幼瓜可能落入土块之间，易受机械压力而长成畸形瓜。若陷入泥水之中或沾污较多的污浆，会使幼瓜停止发育造成腐烂。因此，应进行垫瓜和顺瓜。垫瓜即在幼瓜下边以及植株根际附近垫以碎草、麦秸或细土等，以防炭疽病及疫病病菌的侵染，使幼瓜生长周正，同时也有一定的抗旱保墒和防病作用。顺瓜即在幼瓜坐稳后，将瓜下地面整细拍平，做成斜坡形高台，然后将幼瓜顺着斜坡放置。北方干旱地区常结合瓜下松土进行垫瓜，当幼瓜长到 1～1.5 千克时，左手将幼瓜托起，右手用瓜铲沿瓜下地面松土、松土深度约 2 厘米，并将地面土壤整平，同时铺一层细沙土。一般松土 2～3 次。在南方多雨地区，可将瓜蔓提起，将瓜下面的土块打碎整平，垫上麦秸或稻草，使幼瓜坐在草上。

3. **曲蔓**　即在幼瓜坐住后，结合顺瓜将主蔓先端从瓜柄处曲转，然后仍向前延伸，使幼瓜与主蔓摆成一条直线，然后也同样顺放在斜坡土台上。这样的幼瓜垫放，将有利于加速从根部输入果实的养分、水分畅通运输。

4. 翻瓜和竖瓜　翻瓜即不断改变果实着地部位，使瓜面受光均匀、皮色一致，瓜瓤成熟度均匀。翻瓜一般在膨瓜中后期进行，每隔10～15天翻动1次，可翻1～2次。翻瓜时应注意以下几点：①翻瓜的时间以晴天的午后为宜，以免折伤果柄和茎叶。②翻瓜要看瓜柄上的纹路(即维管束，通常称作瓜脉)，要顺着纹路转，不可强扭。③翻瓜时双手操作，一手扶住瓜柄，一手扶住瓜顶，双手同时轻轻扭转。④每次翻瓜沿同一方向轻轻转动；一次翻转角度不可太大，以转出原着地面即可。

在西瓜采收前几天，将瓜竖起来，以利于瓜圆正发育，瓜皮着色良好。这也叫“竖瓜”。

5. 荫瓜　夏季烈日高温，容易引起瓜皮老化、果肉恶变和雨后裂瓜，可以在瓜上面盖草，或牵引叶蔓为瓜遮阳，避免瓜直接裸露在阳光下。

第三节　夏播西瓜栽培

夏播西瓜的主要方式是麦田套种或麦后抢种。前茬作物是早春蔬菜的地块也可以种夏播西瓜。因夏播西瓜的生育期处在高温多湿季节，不但气候不适应，而且杂草和病虫危害都重，对西瓜的品质和产量影响较大。但是只要措施有力、方法得当，在小麦每667平方米产量350～400千克的土壤肥力基础上，夏播西瓜的产量仍可以达到2 600千克以上。

一、整地做畦

夏播西瓜的前作一般为小麦。当小麦收割后，立即用拖拉机深耕一遍，耕深35厘米左右，再用圆盘耙耙两遍。然后每667平方米施 5 000 千克土杂肥作基肥。基肥可按行距 1.7～1.8 米，将肥料撒成 50～60 厘米宽的带状，用耘锄中耕夏锄两遍，使粪土掺匀翻入土内。如果基肥准备施用饼肥或化肥，因用量较少，可用耧播施入播种行内。施肥后做好标记，以便播种时识别。

夏播西瓜应注意排水防涝，所以做畦时应做成简易高畦。简易高畦的做法是先做成平畦，然后在离播种一侧 25 厘米处开一条深 15 厘米、宽 25 厘米的排灌水沟，西瓜种植于每条排灌水沟的两侧(图 3-7)。

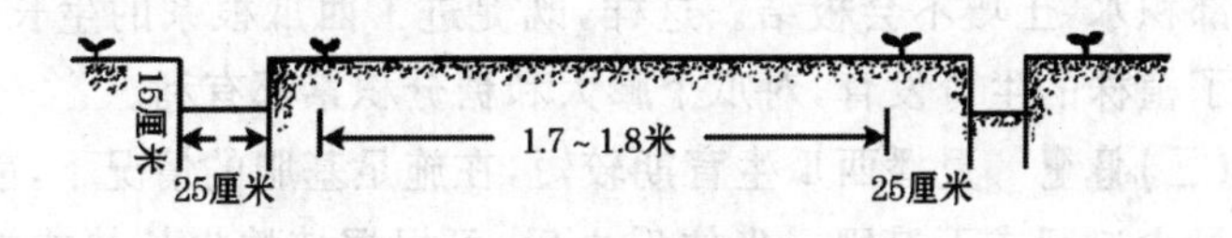

图 3-7　夏播西瓜简易畦示意图

为了有利于排水灌水，畦长可根据地形和坡度确定，一般为 20～30 米。瓜畦越长，排水灌水沟越应沟边直、沟底平，以利于排水和灌水。

二、品种选择

应选择生育期短、抗病耐热的早熟品种，但往往产量较低。如果选用中熟品种，则应采取提早育苗和提早坐瓜的某些技术措施。

三、播种育苗

方法同本章“第二节　露地春播西瓜栽培”。

四、栽培管理要点

为了提高夏播西瓜的产量，应抓好以下主要措施。

(一)实行高畦栽培　西瓜根系不耐淹渍，积水时间稍长就会引起烂根、造成死蔓。因此,要选择地势高、能灌能排的沙质壤土地,瓜畦应做成高畦或采用起垄栽培。起垄栽培时,因单行栽培或双行栽培的不同,垄的规格大小也不同。单行栽培的垄背高15~20厘米,上宽15厘米,底宽50厘米左右;双行栽培的垄背高15~20厘米,上宽50厘米,底宽60~80厘米。单行的株行距0.5米×1.6米或0.4米×1.8米,双行的株行距为0.5米×3米或0.4米×3.6米。起垄栽培的好处是:可防积水,土壤通透性良好;温度回升快,同时降温也快,会形成较大的昼夜温差;灌水时避免了根部积水,土壤不会板结。这样,既促进了西瓜根系的生长,又加快了植株的生育发育,对瓜个膨大和糖分积累都有利。

(二)追肥 夏播西瓜生育期较短,在施足基肥的情况下,前期应尽量少追肥或不追肥。坐住瓜之后,可根据植株生长势或缺肥情况,适当追施部分速效化肥。其施肥方法:垄栽的在两株间开穴施入,高畦栽培的在离植株20厘米处开一条深5~8厘米、宽10厘米的追肥沟,施入肥料后埋土封沟。

(三)浇水排涝 夏播西瓜因生长期间雨水较多,容易引起瓜蔓徒长,不易坐瓜,延迟成熟,降低产量和品质。因此,生产上必须做好排水工作,尤其要做好雨后的排水工作。一般要求降雨时畦面不积水,雨停后沟内积水很快能够排泄干净。如果排水不良,会造成沤根和减产。这是因为土壤中水分多,孔隙度就小,通气性差,西瓜根系的呼吸作用受到抑制,进而使根毛腐烂,吸收功能遭到破坏的缘故。据调查,7~8月份高温期,西瓜地内若积水12小时,瓜根即产生木质化现象;如果积水5天,则根系的皮层完全腐烂。所以夏播西瓜除采用高畦栽培外,还必须在汛期到来之前,在瓜田及其附近挖好排水沟,以便及时排涝。

当进入西瓜膨大盛期,需水量很大,这时又往往进入秋旱时期,必须及时浇水。浇水时应采用沟灌,浇水量由少到多。浇水后勿使沟内积水时间过长,以充分湿润畦面为度。浇水时间,高温期以早晚浇水为宜。因为在炎热的旱季，白天地温很高，浇水时容易伤根。瓜地土壤应始终保持一定的湿润状态，切忌过湿或过干。

（四）覆盖银灰色地膜　7～8月份是气候多变的季节，中雨、大雨多，阴雨天气增加，有时雨天骤晴、强光暴晒。这个时期会造成土壤养分大量流失，致使土壤表层板结，透气不良，同时各种病虫害严重发生，对西瓜的生长发育不利。覆盖银灰色地膜，既可提高土壤温度，又能稳定土壤墒情，更有避蚜和增加光照的效果，可增强西瓜生长势，减少西瓜病毒病的发生。

（五）苗期严格控制浇水　不管是露地直播还是育苗移栽，夏播西瓜苗期都要严格控制浇水。因为这个阶段温度高，水分大，苗子容易徒长，难以控制。出苗后根据情况严格控制浇水，必须浇水时也要少浇，控制苗子的生长速度，使苗子长成壮苗。育苗移栽时，育苗畦选在通风地块，畦的长宽与春播西瓜相同。做畦时南高北低，上面搭起棚架，盖上薄膜防雨。盖帘子防止上午10时到下午3时前的强光暴晒，比直播的西瓜苗可提前开花坐瓜。这是夺取夏播西瓜优质高产的关键性措施。

（六）加强整枝打杈　夏播西瓜生育前期，也就是从团棵到坐瓜前处在高温高湿的条件下，营养生长旺盛；生育后期，从瓜膨大到成熟期，温度开始下降，光照减少，这就必须采取合理的密度，及时整枝打杈。双蔓整枝早期使茎叶覆盖地面，充分利用光能促进光合作用。为防止过密互相遮阳，要及时打掉多余的侧蔓。在雌花开放阶段，如植株徒长、不易坐瓜，应在雌花前3～5片叶处把瓜蔓扭伤或者掐尖，控制营养生长。坐住瓜后，营养生长过旺时，应把坐瓜的蔓在10片叶前打顶。如仍有徒长现象，把另一条瓜蔓的顶心也打掉，使田间始终保持着良好的通风透光的状态，既防止各种病虫害的发生，又可防止植株的早衰，有利于光合作用的提高、促进瓜的膨大。

（七）搞好人工授粉，提高坐瓜率　夏播西瓜雌花节位高，间隔大,不易坐瓜,遇到不良天气会推迟坐瓜,影响产量,造成成熟期推后,甚至不能成熟。要想在理想的节位上坐瓜,必须采取人工授粉的办法。如遇阴雨天气,还要防雨套袋。授粉后继续套袋,以防雨淋后大量落花、化瓜。

(八)及时防治病虫草害 夏播西瓜的病虫草害比春播西瓜种类多,发生早,来势猛,危害重。因此,应特别注意以防为主做到"治早、治小"。一般从子叶出土后即用2.5%溴氰菊酯乳油3 000倍液灌根,防治瓜地蛆、金针虫等地下害虫。从团棵至伸蔓,结合中耕、间苗等彻底清除田间杂草。伸蔓后结合整枝,并继续除草。

第四节 秋季西瓜栽培

一、选用良种

秋西瓜坐果后气温逐渐下降,不利于西瓜果实迅速发育。同时秋西瓜采收后,为了增加季节差价,一般都贮藏一段时间再卖。所以,在选择栽培品种时,一方面既要考虑早熟性,注意选择果实发育快、耐低温、全生育期较短的品种;另一方面要注意选择瓜皮较硬、抗病、耐贮运的品种。

二、培育壮苗

秋西瓜一般在7月上中旬播种。由于苗期正处在高温多雨季节,病虫害较重;无病虫害的,瓜苗也往往徒长。如果采用小高畦遮阳网育苗,可培养出非常健壮的瓜苗。秋西瓜适宜定植的苗龄是20～25天,定植时以幼苗3叶1心为宜。我国北方地区的定植时间,一般掌握在7月下旬至8月上旬。如定植过早,幼苗易发生病虫害,特别易发生蚜虫传播而感染病毒病,使植株生长不良,难以坐瓜;定植过晚,后期气温逐渐降低,生长发育速度减缓,难以保证果实成熟。

三、覆盖银灰地膜

7～8月份雨水较多，易造成土壤养分的大量流失，形成土壤表层板结，影响土壤通气。同时，此期又是各种病虫危害严重和杂草生长迅速的季节，定植后应及时覆盖地膜进行保护。一般在下午开穴、移苗定植，浇足定植水，翌日上午覆盖地膜。以覆盖银灰色地膜为好，这种膜既可增温保墒，又能驱蚜防病。

四、高畦栽培

秋西瓜应特别注意前期防涝排水问题。除选择地势高燥、土质肥沃、排灌方便的地块外，还必须采用起垄栽培。做畦栽培又分为单行栽培和双行栽培两种方式。单行栽培宜采用小高畦，一般畦高15～20厘米，畦底宽50厘米，畦面宽15厘米。株行距可采用0.5米×1.4米或0.4米×1.8米。双行栽培宜采用小高畦，畦高15～20厘米，畦面宽50厘米，畦底宽60～80厘米。株距可采用0.5米×3米或0.4米×3.6米。每畦栽2行瓜苗，2行西瓜分别向相反的方向爬蔓。有些地区麦收后，在麦田畦埂上按0.6米株距种植西瓜，不挖瓜沟，不做瓜畦，只需在畦埂上覆盖地膜和小拱棚，十分简便。

五、前控后促

在整个田间管理过程中，要始终掌握前控后促的原则，即苗期防止徒长，坐瓜期防止化瓜，果实膨大期促果保熟。在肥水管理中，伸蔓后至坐瓜前严格控制氮肥和浇水。在高温天气，浇水宜在早晨和傍晚进行，浇后将多余的水立即排出，以保持畦面湿润为度，切忌大水漫灌。进入果实膨大期后，气温逐渐降低，浇水宜在中午前后进行，水量不宜过大，以小水勤浇为宜。

秋西瓜多采用双蔓整枝。坐瓜后，若发现植株生长过旺时，应将坐瓜蔓在幼果前留 10 片叶打去顶端。

六、促瓜保熟

秋西瓜生长后期，外界环境条件不利于西瓜果实的发育，最大的限制因素是温度。除了利用覆盖物增温保温外，还可采用某些促进果实发育的技术措施使果实迅速发育，缩短发育时间，提早成熟，避开不利条件。

（一）掌握好播种期 当计划采收期确定后，要根据所种西瓜品种生育期和当地物候期（主要指月均温或西瓜有效积温）向前推算播种时间。例如，山东省莱州市种植京欣 6 号西瓜，计划国庆节在莱州上市，那么最适宜的播种期应为 6 月 28 日。如果种京欣 2 号或黄帅、抗病早冠龙等早熟品种，也计划国庆节在莱州上市，那么最适宜的播种期应为 7 月 7 日。如果种京欣 6 号西瓜，计划 10 月中旬在莱州上市，最适宜的播种期为 7 月 4 日（按生育期计算应为 7 月 8 日，但积温不够）。无论早熟品种还是晚熟品种，秋西瓜播种越晚，生育期也相应地延长（平均气温逐旬降低、积温逐旬减少）。这一点在计算播种期时应予考虑。

（二）促进坐瓜 秋西瓜雌花节位较春西瓜高且节间较长，肥水施用不当极易徒长。因此，秋西瓜比春西瓜难以坐瓜。要想在理想的节位上坐住瓜，必须进行人工授粉。在雌花开放阶段，如果植株徒长而不易坐瓜时，可在雌花节前 3～5 叶处将瓜蔓扭伤，即以两手的拇指和食指分别捏住瓜蔓，相对转动 90°。也可将前端“龙头”拧伤捏入土下或摘掉，亦称“摘心”、“打顶”。

（三）促进果实发育 除科学施用肥水、及时防治病虫害等外，可采用某些植物生长调节剂或营养制剂促进西瓜果实迅速发育。生产上常用的有高效增产灵、植保素、西瓜灵、乙烯利等。

（四）后期覆盖保温 秋西瓜进入果实生长中后期，气温明显下降，不利于西瓜果实发育和糖分的积累。如利用农膜覆盖保温，则可确保果实继续生长发育，直至成熟采收。目前覆盖形式多采用小拱棚。即用竹片或棉槐条作骨架，做成宽1米、高0.4米～0.5米的拱圆形小棚，上面覆盖幅宽1.5米的农用塑料薄膜。覆盖前，先进行曲蔓，即把西瓜蔓向后盘绕，使其伸展长度不超过1米，然后在植株前后两侧插好拱条，每隔0.8米左右插1根，插完1行覆盖1行，将塑料薄膜盖好，四周用土压紧。覆盖前期，晴天上午外界气温升至25℃以上时，可在薄膜背风一侧开几个通风口或全部揭开通风，下午4时左右再盖好盖严。覆盖后期，一般不通风，只在晴天中午当棚内气温过高时，才进行短时间小通风（在向阳一侧开少量小通风口）。采收前5～7天，昼夜不通风，保持较高棚温，以促进西瓜果实成熟。

第五节　西瓜地膜覆盖栽培

一、西瓜地膜覆盖栽培的好处

西瓜地膜覆盖就是用0.015～0.007毫米厚聚乙烯薄膜，在西瓜整个生育期间，沿瓜垄紧贴地面覆盖（故俗称地膜）的一种栽培方式。具有显著的增温保墒及改良土壤条件的作用，因而能加速幼苗生长，促进根系发育，提早伸蔓、开花，提早坐瓜，增加瓜数，最终表现为早熟、丰产、增值。

（一）增温保湿，改良土壤结构　各地试验证明，地膜覆盖在任何情况下，都能不同程度地提高地温，其中以地面下5厘米处效果最好。

（二）促进瓜苗生长发育　西瓜经地膜覆盖后，不但直播的出苗快而整齐，而且对移栽定植的大苗也有明显的促进生长发育的作用。地膜覆盖促进西瓜苗生长的原因，除地温提高、土壤疏松、蓄水增加外,还因为覆盖地膜能改善植株底层光照条件。由于地膜光滑、致密,能截获地面反射的大量太阳光,为西瓜叶片背面所吸收,从而提高了叶面下的光照强度。

(三)压碱灭草,减少病虫害 在盐碱地种植西瓜往往出现断垄缺株和幼苗生长较弱的现象。据试验,在中度盐碱地覆盖地膜栽培西瓜,可以达到苗全苗壮。

露地西瓜若除草不及时,很容易造成杂草丛生。覆盖地膜后,多数杂草均被压在膜下,只要整地细致,地膜覆盖严密,经数日后草苗即被蒸晒萎黄,再经数日就会干枯死亡。

地膜覆盖西瓜病虫害发生比露地西瓜轻,这是由于以下两方面的原因:一方面是由于前者与后者环境中温湿度的差异,另一方面是由于地膜将土壤与地上部瓜苗隔开,使土壤与地上部的病菌和虫体相互隔绝得不到传播。

(四)有利于间作套种 由于地膜覆盖使西瓜生育提前,这对瓜粮、瓜菜间作套种十分有利。不覆盖地膜的,套种时间一般在夏至前后,覆盖地膜的套种时间可提前在芒种前后,这样就使套种作物生育期延长了 15 天,因而扩大了间套品种,提高了套种作物的产量。

(五)早熟优质,增产增收 由于西瓜是喜温耐热作物,生长发育要求较高的温度,所以地膜覆盖对西瓜具有明显的早熟优质增产增收效果。在我国北方地区地膜覆盖西瓜一般比不覆盖地膜的可提前 20~25 天成熟,比大苗移栽西瓜可提前 10~15 天成熟。这就大幅度地提早了上市时间,不但能及早满足消费者的需要,而且可减少大中城市每年搞“南瓜北运”的许多麻烦。

二、西瓜地膜覆盖栽培的方法

(一)覆盖地膜前的准备

1. 施足基肥 覆盖地膜一般在播种或定植以后进行,覆盖地

膜前一定要施足基肥。由于地膜西瓜生长快、发育早,如果仍采用露地西瓜那种多次追肥法,一则容易造成脱肥,二则增加地膜破损,不利于保墒增温。所以地膜西瓜应一次施足基肥。在做瓜畦时,每667平方米沟施土杂肥4 000～6 000千克,穴施磷肥50千克、硫酸铵40千克(有条件的可穴施饼肥75千克)。

2. 灌水蓄墒　地膜西瓜由于土壤条件的改善,其根系横向伸展快,80%的根群分布在0～30厘米的土层内,因而不抗旱。加之地温较高,瓜苗生长量增大,需水量也相应的增加,所以必须灌足底水。这样不但能蓄造良好的底墒,而且可使西瓜畦踏实,坷垃易碎,有利于精细整畦和铺放地膜。

3. 精细整畦　为了使地膜与畦面紧密接触以达到增温的良好效果,铺地膜前必须将畦面整细整平,无坷垃,畦幅一致,排灌方便,流水畅通。要求畦面呈平垄状,宽180～200厘米;灌(排)水沟宽20厘米、深15厘米(图3-8)。沟外起埂,栽瓜苗的部位较宽,覆盖地膜后既防旱又防涝,受光面又大,热量分布均匀。

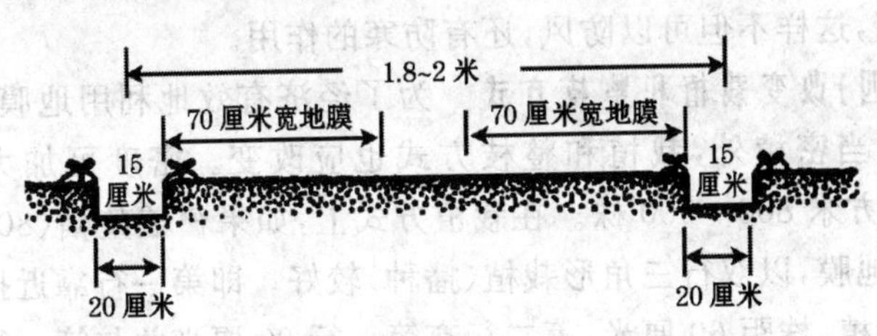

图3-8　地膜覆盖西瓜平畦

(二)地膜的选择　目前市售地膜有多种规格,厚度有0.02毫米、0.015毫米、0.008毫米3种,幅宽有60～70厘米、80～90厘米和100～110厘米3种。幅宽的比较好,但地膜用量增加一些。如果覆盖宽幅的,最好采用双行栽植(播种)。由于西瓜行距较大,幼苗前期生长又慢,所以一般不选用过宽的地膜。总之,应根据西瓜的种植方式等选择地膜。

三、西瓜地膜覆盖应注意的问题

（一）施足基肥，灌足底水　为了保持地膜覆盖的作用，尽量减少地膜破孔，所以苗期追肥和灌水次数应减少。在播种或定植前要一次施足基肥，灌足底水，使苗期肥料供应充足，保持良好的墒情。

（二）做畦要精细　做畦质量对地膜平整及保温保湿效果关系很大。如果畦面有土块、碎石、草根等，铺膜就不易平整，而且容易造成破损。要求西瓜畦耙细整平，凡铺地膜部位土面上所有的土块、碎石、草根等一律清除干净。

（三）注意防风　春季风沙大的地区，应采取防风措施，以免风吹翻地膜影响瓜苗生长。除将地膜四周用泥土严密封压以外，覆盖地膜后还应沿西瓜沟方向每隔 3～5 米压一道“镇膜泥”（压住地膜的条状泥土）。有条件的地区也可在瓜沟北侧迎风架设风障或挡风墙，这样不但可以防风，还有防寒的作用。

（四）改变栽植和整枝方式　为了经济有效地利用地膜，除西瓜应适当密植外，栽植和整枝方式也应改变。密度可加大到每 667 平方米 800～900 株。在栽植方式上，如果覆盖整幅（80～100 厘米）地膜，以双行三角形栽植（播种）较好。即第一行靠近排灌水沟沿栽植、株距 60 厘米，第二行离第一行 20 厘米并与第一行平行栽植、株距也是 60 厘米，但两行植株应交错栽植（播种），使株间成为三角形。如果覆盖半幅（40～50 厘米）地膜，可单行栽植播种，株距以 50 厘米为宜。在整枝方式上，双行栽植（播种）的，可采用双蔓式整枝、单向两沟对爬；单行栽植（播种）的，可采用三蔓式整枝、单向两沟对爬（图 3-9，图 3-10）。

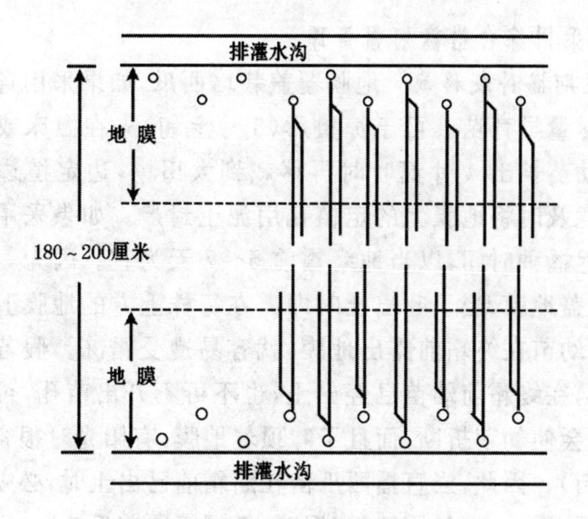

图 3-9　双行栽植双蔓式整枝

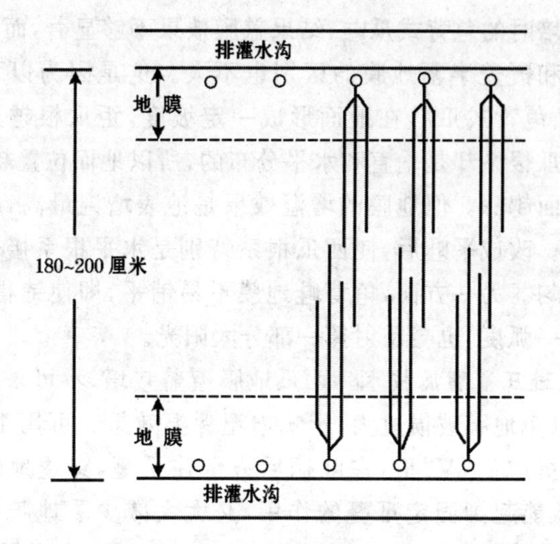

图 3-10　单行栽植三蔓式整枝

(五)采用综合措施加强管理

1. *适期播种或移栽* 地膜覆盖栽培西瓜,如果采用育苗移栽方式,应尽量早育苗。可于惊蛰后(3月上旬)先在温床或阳畦内育苗,当幼苗长出4片真叶时再移栽到大田中,边定植边覆盖地膜,并注意及时将地膜上的定植孔用泥土封严。如果采用直播方式,应推迟播种时间,以当地终霜前5～7天为宜。因为一般都是直播后覆盖地膜,当子叶出土时即需在每株上方的地膜上开出苗孔。如果幼苗在终霜前露出地膜,就容易遭受霜冻。假若播种期掌握不当,在终霜前幼苗已经出土,也不可不开出苗孔,否则由于地膜压力会使幼茎折断,而且子叶顶着地膜,有阳光时很容易造成日烧(烤苗)。因此,当直播西瓜苗在断霜前已出土时,必须再增加出苗后的防霜措施(如用苇毛、泥碗、纸帽等覆盖瓜苗)。

2. *改革瓜畦* 目前,有些单位西瓜覆盖地膜栽培仍采用不覆盖地膜栽培时的龟背式瓜畦,结果盖膜效果不够显著,而且覆盖整幅地膜的和覆盖半幅地膜的区别也不大。这是因为以下两个原因:一方面龟背式瓜畦在地面形成一定坡度,距瓜根越远地势越高。而西瓜根系却是垂直和水平分布的,所以地面位置越高,西瓜根系离地面越深。但地膜的增温效果是地表增温最高,越往下层增温越小。改成平畦后,使西瓜根系特别是水平根系接受地膜增温比较均匀。另一方面,龟背畦地膜不易铺平,即使铺得很平,由于畦面有一弧度,也会反射掉一部分太阳光。

3. *改进压蔓留瓜技术* 西瓜地膜覆盖栽培,不可采用开沟压蔓方式,以免地膜破损过大,影响增温保温效果。可用10厘米长的细树条折成倒"V"形,在叶柄后方卡住瓜蔓,穿透地膜插入土内,这样既能起到固定瓜蔓的作用,又大大减少了地膜的破损面积。当西瓜蔓每伸长40～50厘米时便固定1次,直到两沟瓜蔓相互交接为止。

由于地膜西瓜生长较快,生育期提前,因而每株可先后选留2

个果实。一般先在主蔓上选留第二个雌花坐瓜，作为第一个果实。当第一个果实褪毛后，在追施膨瓜肥、浇膨瓜水时，再在生长比较健壮的一条侧蔓上选留1朵雌花坐瓜，作为第二个果实。

四、西瓜地膜和小拱棚双覆盖栽培

利用0.015毫米厚的超薄塑料薄膜作地膜和0.1毫米厚的农用塑料薄膜作小拱棚，对西瓜进行双覆盖栽培，是目前国内外的一项先进栽培措施，可使西瓜的上市时间大大提前。地膜和小拱棚双覆盖栽培西瓜，比普通露地栽培西瓜可提前30～40天成熟，比单纯用地膜覆盖的西瓜可提前15～20天成熟。因此，可使我国北方大部分省、直辖市西瓜的成熟时间提前到6月上旬或中旬，这对填补北方水果淡季供应，解决“南瓜北调”起了一定作用。同时，由于双覆盖栽培的西瓜上市早、产值高，还可采收大量二茬瓜，进一步提高了产量，增加了产值。

地膜小拱棚双覆盖西瓜，其栽培管理技术除和地膜西瓜相同之外，还需注意以下几点。

(一)早播种，早育苗　地膜小拱棚双覆盖栽培西瓜比单用地膜覆盖的西瓜提早播种或提早育苗。如果利用阳畦育苗，可在2月中下旬；如果直播，可在3月上旬。育苗或直播的方法与前面介绍的露地栽培相同，但播种时间需提前40～50天。

(二)移栽盖膜　移栽前5～7天用0.015毫米厚、0.9米宽的地膜先将西瓜畦盖住，使地面得到预热。当苗龄为30～35天时，选择晴天上午，揭开地膜，在排灌水沟上沿每隔40～50厘米开一个深10厘米、直径12厘米的定植穴，将育成的西瓜大苗栽植于穴内，浇透水，封好埯；将畦面整平，重新盖好地膜。覆盖时，在地膜上对准有西瓜苗的位置开一小口，使瓜苗露出地膜外，再用细土将定植孔封严。地膜要拉紧拉直铺平，紧贴地面，四周边缘用泥土压牢封好。盖好地膜后再用1.5米跨度的竹片或棉槐条，每隔50～

60 厘米在瓜畦两侧插一个和瓜畦相垂直的弓子，然后在上边覆盖 0.1 毫米厚、1.6～2 米宽的塑料薄膜，做成小拱棚。薄膜要拉紧，四周边缘用泥土压牢。春季风多风大的地方，可沿着拱棚顶部和两侧拉上 3 道细铁丝或塑料绳固定防风。为便于通风管理，每个拱棚以长 25～30 米、高 50～60 厘米为宜。

（三）拱棚的管理 定植后 3～5 天，瓜苗开始生长新叶，这时可在晴天上午 9 时到下午 3 时打开拱棚两端通风换气。前期管理措施主要是预防寒流冻害，夜晚要加盖 1～2 层草苫保温，棚内温度不低于 16℃为宜。早春寒流多，降温剧烈，风大并且持续时间长，要加厚拱棚迎风面的覆盖物，挡风御寒。覆盖物要用绳固定，防止被风卷走和吹翻。

寒流过后气温回升快，应逐渐揭去覆盖物，白天增加光照，并从两端开通风口通风换气散湿。随外界温度的升高，通风的时间也应逐渐延长，并在背风面增加通风口，白天使温度保持在 28℃～30℃。后期管理要防止高温灼伤幼苗和通风过急而“闪苗”，中午棚内温度较高时，切勿突然通大风，以免温度发生剧烈变化。可在向阳面盖草苫遮荫，防止温度继续升高。立夏后，当外界温度已稳定在 18℃以上时，可将小拱棚撤除。

（四）整枝留瓜 双覆盖的西瓜宜用早中熟品种，每 667 平方米种植 800～1 000 株，进行三蔓式整枝，留主蔓第二雌花坐瓜。双覆盖西瓜于 4 月下旬或 5 月上旬进入开花盛期，此时仍有低温天气，地面昆虫活动少，靠自然授粉坐瓜率低，应在上午 6～8 时大部分雌花开放时进行人工辅助授粉，以提高坐瓜率。

双覆盖西瓜在拱棚内伸蔓，一般无风害，不需要插枝压蔓，只要把瓜蔓引向应伸展的方向或顺垄伸展即可。但要防止因瓜蔓拥挤生长，卷须缠绕损坏瓜叶。幼瓜是在拱棚内坐牢的，撤除拱棚后，再将瓜蔓拉出，压蔓固定，幼瓜也要轻轻地拿入坐瓜畦内，此后开始浇水追肥，加强管理，促瓜迅速膨大。头茬瓜收摘后，要及时选留二茬瓜，做好标记，认真管理，二茬瓜很快就能长大。

（五）覆盖方式与方法　西瓜覆盖地膜的方式有多种，可因地制宜地选用。

1. *平畦单行种植和双行种植覆膜方式*　畦宽180～200厘米，灌排水沟宽20厘米、深15厘米，在沟边起垄种植西瓜。单行种植的，西瓜苗呈直线排列，可选用60～70厘米宽的地膜，或用50～55厘米宽的地膜(即100～110厘米宽地膜的半幅)。双行种植的，西瓜苗呈三角形排列，可选用80～90厘米宽的地膜。地膜沿灌排水沟顺垄覆盖。

2. *小高垄单行种植和双行种植覆膜方式*　单行种植的，可选用60～70厘米宽的地膜。双行种植，可选用100～110厘米的地膜。地膜以垄顶为中心线顺垄覆盖。地膜覆盖时间，可与栽苗或播种同时进行，也可早覆盖4～5天或10天左右，以利于提高地温和保墒防旱。

覆盖地膜时，先沿种植行两边，在各小于地膜10厘米处开挖一条小沟，然后将地膜在种植行的一头放正，一人在前把地膜滚放开，两侧各一人将地膜展平、拉直，使地膜紧贴地面或垄面，并将地膜用土压入挖好的小沟中踏实，防止地膜移动。为防止地膜被风吹动，可每隔2～3米压一锨土。地膜一定要拉紧、铺平、封严，尽量做到无皱褶、无裂口。万一出现裂口，要用土封严压实。地膜周边要用土压10厘米左右，要压紧压严。

直播的西瓜，当子叶出土时，应及时在出苗部位开割出苗孔。育苗移栽的西瓜，在定植时按株距随时开割定植孔。为了尽量使孔口小些，直播出苗孔可割成“一”字形，育苗移栽的定植孔可割成“十”字形，并于出苗或栽植后随时将孔用土封严。

五、西瓜地膜覆盖的一膜两用技术

西瓜地膜覆盖栽培技术，是一项早熟、高产，经济效益十分显著的措施。由于该技术简单易行、成本低、效益高,所以全国各地发展极为迅速。山东省的瓜农在西瓜地膜覆盖栽培中,创造了一种一膜两用新方法,即播种后至 5～8 片真叶期间,使地膜相当于育苗时覆盖薄膜用,第五至第八片真叶展开后作地膜用。采用这种新方法,不用另设苗床就能提早播种,省去了育苗及移栽程序,节约人力物力,瓜苗不伤根,生长健壮。这种方法的具体做法是:在播种前挖 15 厘米深、底宽 20 厘米的瓜畦,畦北沿垂直向下,畦南沿向外倾斜成 30°,以减少遮光面积。播种后,在畦的两侧沿每个播种穴的上方插一根拱形树条(用以支撑地膜),然后在畦上覆盖地膜。当幼苗长到 5～8 片真叶时,在瓜苗上方将地膜开一个"十"字形口,使瓜苗露出地膜,并将拱形树条取出,使地膜接触畦面,再将地膜开口处和其他破损处用土封好压住。

西瓜地膜覆盖栽培还有另一种方法是:在做西瓜畦时,先挖东西走向的丰产沟,深 40～50 厘米、宽 40 厘米。平沟时,结合施用基肥将翻于沟南侧的土填回沟内,翻于北侧的土留在原处,一方面可以阻挡北风侵袭瓜苗,另一方面可作为支撑地膜的"北墙"。做瓜畦时,将播种行整成宽 20～30 厘米的平底畦,畦底面距北侧地面深度为 15 厘米左右,距南侧地面深度为 6 厘米左右。播种后每穴上插一根拱形树条,拱高 20 厘米左右。然后覆盖地膜。当瓜苗长到 5～8 片真叶时,放苗出膜、去掉拱形树条等的具体做法与上述第一种方法相同。

六、双膜覆盖西瓜的前期管理要点

(一)选用高产抗病品种 适合双膜覆盖栽培选用的品种有京抗二号、庆农五号、郑抗 8 号、大江 2008、开杂 12 号、京欣 1 号等优良品种。

(二)电热温床培育壮苗 用电热温床育苗法,可以培育大规格的壮苗。其主要做法是:播种后,先在畦面平盖上一层地膜,再在苗床骨架上覆盖塑料薄膜并封严苗床。接通电源进行加温，夜间加盖草苫。6～7天后，如果不出现寒流和阴天，就可不用通电加温。

幼苗出土时，立即撤掉地膜，并开始小通风。这时苗床内白天的温度要保持在20℃～25℃，最高不超过30℃；夜间17℃～18℃，最低不低于15℃。随着西瓜苗的逐渐生长和外界气温的增高，逐渐加大通风和延长通风时间，白天畦温一般保持在25℃～28℃，夜间16℃～18℃。为了锻炼瓜苗，移栽前5～7天要适当加大通风口和延长通风时间，夜间逐渐减少覆盖物。移栽前2～3天喷一遍0.2%磷酸二氢钾水溶液和50%多菌灵1 000倍液。

(三)施足基肥，合理追肥　双膜盖西瓜。由于不便早期追肥(避免追肥时破膜)，所以应有充足的基肥。基肥可分两次施用：第一次结合填丰产沟，每667平方米施优质圈肥5 000～6 000千克、过磷酸钙50～60千克。第二次在移栽时，每667平方米施草木灰100～120千克、三元复合肥20～25千克。追肥可分3次进行：第一次在团棵时，每667平方米追施豆饼40～50千克。第二次在头茬瓜坐住瓜后、当幼瓜长到鸡蛋大小时，每667平方米追施三元复合肥40～50千克。第三次当头茬瓜收获后，每667平方米穴施尿素20～25千克，以防早衰并供给二茬瓜生长所需的肥料。

(四)及早移栽，合理密植　双膜覆盖西瓜应尽量早些移栽定植。移栽前2～3天可先将地膜覆盖地面以提高定植畦地温。移栽定植时，为了经济有效地利用地膜和薄膜，最好采用双行密植栽培，在已整好的西瓜定植畦上，按行距20厘米、株距50厘米进行双行交错三角形栽植。每栽完一畦后，立即将地膜重新铺平，并将栽植孔周围用土封严。整个瓜田定植完，扣好塑料拱棚，夜间加盖草苫保温。西瓜伸蔓后，单向整枝，使每畦的两行瓜蔓分别向相反的方向伸展。

七、西瓜双膜覆盖栽培的技术要点

(一)早育苗,育壮苗 西瓜双覆盖栽培应较一般露地栽培提早育苗。一般于2月底或3月初播种育苗。苗龄30天左右,当幼苗具3～4片真叶时定植。为了在早春低温季节培养出西瓜的适龄壮苗,最好采用电热温床育苗。电热温床可比阳畦育苗缩短苗龄5～6天,而且幼苗粗壮、根系发达。

(二)提高瓜苗定植质量 双覆盖栽培西瓜一般在3月底或4月初定植。据山东省历年来的气象资料,3月下旬仍常有较强的寒流,一般要在寒流过后天气转暖时移栽。为了不使地温降低,定植一般采用穴栽法,即按株距40～45厘米开定植穴,将苗移栽于穴中,四周覆土并轻轻压实,然后浇水,水渗下后封堰。栽好后开孔覆盖地膜,并扣好拱棚。

(三)小拱棚的通风控温管理 瓜苗移栽后,一般3～5天内通风或通小风。缓苗后,随着气温的升高逐步加大通风量和延长通风时间,白天畦温应保持在25℃～30℃,最高不超过35℃。若遇寒流天气,夜间要加盖草苫防寒保温。5月上中旬,随着外界气温的升高,可将小拱棚逐渐撤除,但地膜不要去掉。

(四)搞好人工授粉 双膜覆盖栽培的西瓜开花较早,昆虫活动较差,同时因夜温较低,花粉不易散落,所以必须进行人工授粉,以提高坐瓜率。

(五)巧留二茬瓜 双膜覆盖栽培的西瓜一般于6月中下旬收获。头茬瓜收获后,山东省的高温多雨季节尚未到来,这时西瓜植株仍保持较多的功能叶,可供二茬瓜生长。所以当头茬瓜收获前10～15天,要在生长健壮的侧蔓上及时选留二茬瓜。除二茬瓜开花时进行人工授粉外,在采收头茬瓜时应注意爱护二茬瓜的幼瓜,防止踩伤等机械损伤。头茬瓜采收后,立即追肥浇水,并清理病叶残蔓,促进二茬瓜的生长。

（六）其他管理　同本章“第二节　露地春播西瓜栽培”。

第六节　小型西瓜栽培

一、生育特征

（一）幼苗弱，前期生长势较差　小西瓜种子贮藏养分较少，出土力弱，子叶小，下胚轴细，生长势较弱。尤其在早播种时幼苗处于低温、寡照的环境条件下，更易影响幼苗生长。幼苗定植后若处于不利气候条件下，则幼苗期与伸蔓期的植株生长仍表现细弱。一旦气候好转，植株生长就恢复正常。小西瓜的分枝性强，雌花出现较早，着生密度高，易坐果。

（二）果型小，果实发育周期短　小西瓜的果型小，果实发育周期较短，在适温条件下，雌花开放至果实成熟仅需22～26天，成熟期较普通西瓜早熟品种提早4～8天。

（三）易裂果　小西瓜果皮薄，在肥水较多、植株生长过旺，或水分和养分供应不匀时，容易发生裂果。

（四）小西瓜的生长发育对氮肥反应敏感　氮肥量过多易引起植株营养生长过旺而影响坐果。因此，基肥的施肥量应较普通西瓜减少。由于果型小，养分输入的容量小，故多采用多蔓多果栽培。

（五）结果的周期性不明显　小西瓜前期生长差，如过早自然坐果，瓜个很小，而且易发生坠秧，严重影响植株的营养生长。生长前期一方面要防止营养生长弱，另一方面要适应坐果、防止徒长。植株正常坐果后，因果小，果实发育周期短，对植株自身营养生长影响不大，故持续结果能力强，可以多蔓结果，同时果实的生长对植株的营养生长影响也不大。所以，小西瓜的结果周期性不像普通西瓜那样显著。

二、栽培方式与栽培季节

小型西瓜生育期较短，果实成熟早，易坐瓜，在保护设施条件下，可实现多季多茬栽培小型西瓜的栽培季节与栽培方式见表3-8。

表3-8　栽培季节与栽培方式示意

栽培方式	栽培季节(月份)		
冬、春温室栽培	§12月中旬至翌年1月下旬	& 1月下旬至2月	○ 4月中旬采收茬瓜，5月上旬采收二茬瓜
春大棚或拱圆棚栽培	§1月下旬至2月上旬	& 2月下旬至3月上旬	○ 5月上旬
夏大棚或拱圆棚栽培	§5月下旬	& 6月中旬	○ 8月中下旬
早秋大棚或拱圆棚栽培	§7月上中旬	& 7月下旬至8月初	○ 9月下旬至10月初
秋温室或大棚栽培	§8月中下旬	& 9月上中旬	○ 元旦前后

注：§ 表示播种；& 表示定植；○ 表示果实供应

三、栽培要点

(一)播后分次覆土　小型西瓜种子小，出土力弱，不可一次覆土(基质快速育苗除外)，播后最好分两次覆土，并且要保持一定温、湿度。

(二)培育壮苗　由于小型西瓜子叶苗细弱，生长较缓慢，所以需提供较好的生长发育环境，如较高的温度、充足的湿度、易吸收的养分及足够的光照等。拉十字至团棵或定植前，最好进行1～2

次根外追肥(叶面喷施洁特 1 000 倍液或 0.3%～0.5%磷酸二氢钾水溶液)。

(三)合理密植　小型西瓜分枝较强，而且侧蔓坐果产量较高，故生产中多采用三蔓式或四蔓式整枝。因此，栽植不可过密。有人认为小型西瓜适合密植，这是一个误区。当然，栽植密度还要考虑到整枝方式和单株坐果数(表 3-9)。

表 3-9　不同栽培方式、整枝方式的定植密度

栽培模式	立架栽培		匍匐栽培	
整枝方式	双蔓整枝	三蔓整枝	三蔓整枝	四蔓整枝
定植密度(株/667 米^2)	1100～1300	800～1000	400～700	300～600
坐果数(个)	2	2～3	2～3	3～5

(四)田间管理　定植后，应浇一次充足的缓苗水，直到第一雌花出现前不再浇水。浇水应少次多量，这样可使根系的分布深而广。小型西瓜比一般西瓜植株后期生长势强。氮肥应施用硝态氮肥，且施用上应比常规西瓜少 25%～30%。在理想状态下，第一雌花节位出现在主蔓第六至第八节，下一个雌花节位出现在第十一至第十三节。适宜的第一坐果节位应为第十一至第十三节。小型西瓜坐果能力强，在爬地栽培时单株坐果可达 4～6 个，在良好的生长发育条件下应多授粉，不必人工疏瓜。

(五)及时采收，防止裂果　由于小型西瓜适熟期较短，而且当气温忽冷忽热，水分供应忽多忽少，暴雨过后或氮肥过多时，极易裂果。所以，除及时采收外，还应利用保护设施避免温度和水分波动过大。果实膨大后期少施氮肥，增加钾肥。采收前 7～10 天停止浇水。

第四章 西瓜棚室栽培技术

第一节 小拱棚栽培

一、整地做畦

冬前深耕晒垡，施足基肥(每 667 平方米施土杂肥 5 000～6 000 千克、三元复合肥 80 千克)，深耕 25～30 厘米，整平、耙细，而后做畦。做畦方式因栽培行数和整枝方式而不同。目前国内主要有单行栽植双向整枝、单行栽植单向整枝、双行栽植对向整枝和双行栽植背向整枝等方式，畦式和畦宽也因栽植行数和整枝方式而异。单行栽植双向整枝的，可做成 1.4～1.6 米宽南北走向的龟背畦；单行栽植单向整枝的可做成北高南低、东西走向的向阳坡畦；双行栽植对向整枝的，可做成 3.4～3.6 米宽、南北走向的龟背畦；双行栽植背向整枝的，可做成 3.4～3.6 米宽的平畦。

二、育苗及定植

利用大棚或温室育嫁接苗，待幼苗具 2～3 片真叶时即可定植于小棚内。定植时，选晴天上午在定植畦上逐行按株距 30～40 厘米(早熟品种 30 厘米，中熟品种 40 厘米)挖 12 厘米深、12 厘米见方的栽植穴，先浇水，待水渗下后将西瓜苗栽植到穴内，封好垄，垄面要平整，随栽植随盖地膜，扣小拱棚。

三、扣 棚

小拱棚的拱架一般用竹片、细竹竿、棉槐条等做成。沿畦埂每隔1～1.2米插1根，拱高80～100厘米，拱宽同畦宽。每个拱棚的拱架要插得上下、左右对齐，为使拱架牢固，还应将拱顶和拱腰用细竹竿或8号铁丝串联成一体。搭好拱架后立即盖上棚膜。棚膜有普通膜、长寿膜、无滴膜、有色膜、长寿无滴膜、漫反射膜及复合多功能膜等多种。目前应用较多的是长寿无滴膜。根据畦宽和棚高选择适宜幅宽的棚膜，在无大风的时候覆盖到拱架上，四周用土压紧。较宽较高的拱棚还要在拱顶和拱腰拉好压膜线(绳)。

四、扣棚后的管理

(一)温度管理　西瓜苗定植后，为促进缓苗，一般5～7天内不通风，如遇晴天中午高温，棚内气温超过35℃时可采取遮荫降温。缓苗后要及时通风，特别是中午前后棚内气温应保持在25℃～30℃，最高不要超过35℃。通风方法是在背风面开小通风口，位置要逐次更换，并且随着气温的升高逐渐增大通风口，延长通风时间，以达到降温、排湿，改善风、光、气等的要求，提高植株抗逆能力。

(二)整枝压蔓　小拱棚西瓜为增加密度，提高产量，大多采用双蔓整枝法。西瓜伸蔓后及时理顺棚内瓜蔓。当蔓长60厘米以上时，结合整枝进行压蔓，每隔4～5节压一道，使瓜蔓布局合理。当夜间无须覆盖时即可撤棚。撤棚时，将瓜蔓引出棚外。一般采用双蔓整枝方式，当主蔓长至30厘米左右、基部侧蔓达5厘米时，每株选留1条生长势健壮的侧蔓，多余的侧蔓及早去掉。

一般选留主蔓第二或第三雌花坐果，主蔓坐不住时可选留侧蔓雌花坐果。一般坐果节位前的多余侧枝应及早去掉，而坐果节位以后几节的侧枝可留3～6片叶打尖，以增加叶面积提高产量。

(三)追肥浇水　在施足基肥、浇足底水的情况下，苗期一般不需追肥浇水。结合第一次压蔓追肥1次。每667平方米施用发酵好的饼肥25千克、尿素4千克、磷酸二氢钾8千克，并浇1次促蔓水。幼瓜坐齐并超过鸡蛋大时(褪毛阶段后)追膨瓜肥，一般每

667平方米施尿素15千克、磷酸二氢钾20千克，并浇足膨瓜水。当果实超过碗口大时，再追一次膨瓜肥，每667平方米追施多元复合肥30千克或金六丰生物工程有限公司生产的“黄金搭档”20千克，追肥后立即浇水。此后，视天气情况，除降雨外，每隔3～5天浇1次膨瓜水，直至采收前5天停止浇水。

(四)人工辅助授粉 每天上午7～11时，将当天开放的雄花去掉花瓣，将花粉轻轻涂抹在坐瓜节位的雌花柱头上。在操作中应注意做到周到均匀，以防止出现畸形瓜。

(五)病虫害防治 早春栽培，很容易发生鼠害以及蝼蛄、蚜虫、红蜘蛛等害虫，病害主要有炭疽病、蔓枯病、白粉病、病毒病。防治病虫害应坚持预防为主、药剂防治为辅的原则。防鼠害可用商品灭鼠药随发现随防治。消灭蝼蛄可用辛硫磷拌炒出香味的麦麸或玉米面，按1份药加5份水拌15份料的比例混成毒饵。播种后或定植后撒于地表。

第二节 大棚栽培

一、大棚的结构及建造

(一)结构类型

1. 竹木钢材混合结构拱棚 大棚南北走向，棚顶呈拱圆形。大棚的立柱全部用水泥预制；拉杆(花梁)有水泥预制的，也有用钢筋焊接的；拱杆是竹木的；压杆有用竹木的，也有用钢筋或铁丝的。其结构形式是：立柱纵向每间隔2～3米立1根，横向间隔2米左右立1排。面积为667平方米的大棚，可设立柱5～6排，一般棚宽10～12米，长60～70米，顶高2.4～2.5米。建1个667平方米的大棚需水泥2吨，钢筋0.75吨，拱杆、压杆各50根左右。

这种大棚的骨架比竹木结构大棚耐用，具有抗风能力较强、增温保温性较好、可搬动、建棚材料易筹备等优点;缺点是骨架较沉重、棚内立柱较多,遮光较多。

2. 水泥预制件大棚 该棚骨架除压杆用竹木或钢筋外,其余骨架全部为水泥预制件构成。采用“悬梁吊柱”棚架,可减少立柱或建成无立柱的空心大棚(顶部呈拱形或起脊)。建造1个667平方米的水泥预制件大棚,需水泥3吨、钢筋1吨。这种大棚坚固耐用,抗风性能强,由于立柱少或无立柱,遮光少,透光好,光照强,有利于西瓜生长发育。同时,棚内宽敞,管理方便,并可进行双膜覆盖栽培。缺点是棚架笨重,安装费工,不易搬动。

3. 镀锌钢架装配式大棚 又称钢管大棚。是工厂生产的成套大棚,造型美观,高大宽敞,开棚、关棚容易,操作方便,遮荫少,光照条件好。骨架坚固耐用,大棚增温、保温性能好,是目前最理想的一种塑料大棚。但由于这种大棚全部用镀锌钢管组成,造价很高。

4. 单斜面塑料大棚 又称日光温室塑料大棚。该棚东西走向,棚面像土温室一样,南低北高,向南倾斜。宽8米左右,长40～60米,脊高(后柱)2～2.2米,东、西、北三面都是土墙或砖墙,北墙高1.6～1.8米,棚南侧肩高(边柱)0.8～1米;南北共3排立柱,离地面高度分别为:后柱2～2.2米,腰柱(也叫中柱)1.7～1.8米,边柱0.8～1米,各柱间距为3米左右,后柱至腰柱为2.5～2.8米,腰柱至边柱为2.5～2.9米,边柱之外为0.6～0.8米。用竹竿压棚膜,通风时可通过北墙开窗、棚顶留通风口、南侧底部向上卷起等办法进行,夜间覆盖草苫。这种大棚的优点是建造容易,坚固耐用,防风、保温性能好,可加温。缺点是固定着不能搬动,西瓜连作时需进行嫁接换根。

(二)大棚的设计与要求 大棚的设计和建造不但要提供适宜于西瓜生长发育所需的温、光、湿、气等环境条件,还须考虑尽量做到结构牢固、经久耐用而又简易经济、操作管理方便。在设计、建造或改进原有大棚时，应着重考虑以下几个问题。

第一，应选在背风、向阳、土质肥沃、排灌方便的地块建造。

第二，大棚面积从温、光、湿、气等因素综合考虑。我国南方每个大棚的面积以 400～600 平方米为宜，北方各省大棚面积以 1 000～2 000 平方米为宜。

第三，大棚规格：①宽(跨)度。南方各省因冬季时间较短，空气相对湿度较高，宽度以 6～8 米为宜；北方各省秋、冬、春三季低温时间长，宽以 10～14 米为宜，以尽量减少边缘散热降温所占总体积的比例。②长度一般为 40～60 米，以便于操作管理。③高度。大棚的中高和两侧的肩高，直接影响其结构的强度、采光、保温、保湿及操作管理等。一般竹木混合结构中高 1.7～1.8 米，竹铁混凝土结构中高 1.9～2 米，钢筋焊接或钢管组装结构中高 2.5～3.2 米。如果西瓜采用爬地栽培时，大棚可低些；如果采用支架栽培时，大棚可高些。④棚间距。当连片建造大棚时，左右两棚之间应相距 2 米以上，前后两排大棚之间应相距 4 米以上。

(三)大棚的建造

1. 拱圆大棚的建造 大棚的建造主要由立柱、拱杆、塑料农膜、压杆或压膜线组成。大棚走向一般为南北纵向延伸。棚宽东西方向 13～15 米，棚长南北方向 50～200 米(即占地面积为 0.067～0.26 公顷)。上顶拱圆，横断面呈隧道式。现将无籽西瓜爬地生长改良大棚的建造程序和方法介绍如下。

(1)选择场地 选择背风向阳、南面开阔无遮荫的地方建造大棚，以利于大棚采光；地势平坦，土质肥沃，排灌方便，水质无污染，地下水位在 1.5 米以下；与交通道路相连，以利于大棚建造和进出作业。

(2)提前备料 拱圆形大棚一般有 4～6 排立柱，立柱纵向间隔 2～3 米，横向间隔 2 米，埋深 50 厘米。如设计脊高 2.5 米，中间 2 排立柱 2.8 米长，埋 50 厘米，地上部分 2.3 米，腰柱 2.2 米，边柱1.8米，棚边离边柱1～1.5米。立柱可用水泥预制，也可用木质立柱。柱顶要穿孔。建造1个南北长60米、东西宽12米的拱圆形大棚，要备长短立柱100根、拉杆50根、拱杆90根、压杆90根，聚乙烯薄膜150千克。

(3)埋柱　要先埋设中柱、腰柱和边柱，埋深50厘米，下面垫砖以防立柱下陷，上面埋土踏实。拉杆是纵向连接立柱、固定拱杆和压杆的“拉手”，起整体加固作用。要用较粗的鸭蛋竹、木杆或钢材，用铁丝固定在立柱上。固定好拉杆后再上拱杆。拱杆是支撑塑料薄膜的骨架，横向固定在立柱或拉杆上，呈自然拱形，两端埋入地下，深30～50厘米，必要时两端加“横木”固定，以防拱杆拔起。大棚拱杆每根间隔1～1.5米，可使用粗头直径4～6厘米的鸭蛋竹。上好拱杆后再上薄膜，选用厚度为0.06～0.08毫米的农用聚乙烯薄膜，根据大棚的长度和宽度，用电熨斗粘接成大块，全棚需3块。上到棚上时，连接处要重叠20～30厘米，四周近地面处留20～30厘米，以便埋入土中固定。如有条件，也可选用聚氯乙烯无滴膜。边上薄膜边用压杆固定。压杆选用较细的鸭蛋竹，压在两拱杆之间，用铁丝固定在拉杆上。也可用2根细竹竿顺拱杆压膜，或用12号铁丝、压膜线压在两拱杆之间，两端埋入地下并系在“地锚”上。

(4)设门　在大棚的一端或两端设“活门”，用以进棚操作。大棚的通风方法，一是将“活门”拿下横放在门口，二是在薄膜连接处扒口。拱圆形大棚结构见图4-1。

2. 冬暖式日光温室的建造

(1)选地　棚场地要求与建造拱圆形大棚相同，但东西向最好在80米以上。

(2)备料　冬暖式大棚由墙体、立柱、拱杆、铁丝、薄膜和草苫构成。如建造1个80米长的冬暖式大棚，需要截面8厘米×10厘米的水泥立柱134根，其中长3.3米的45根，长3.1米的22

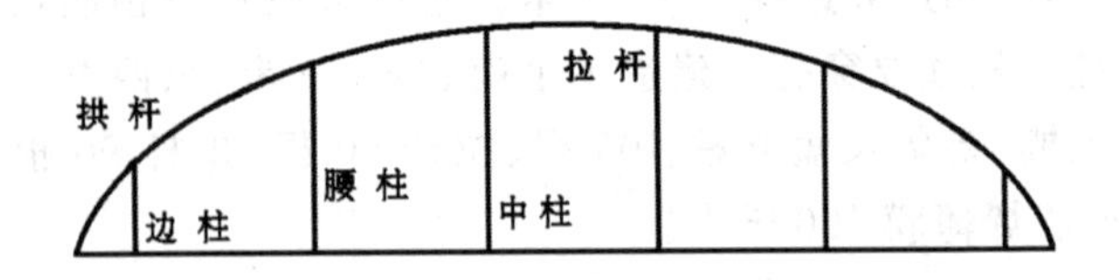

图 4-1　拱圆形大棚结构

根，长 2.2 米的 22 根，长 1.3 米的 45 根。立柱顶部要留孔，以便固定拱杆。宽 3 米、厚 0.10～0.12 毫米的聚氯乙烯无滴膜 120 千克，宽 3 米、厚 0.08 毫米的聚乙烯农膜 8 千克，宽 1.3 米、厚 0.007～0.008 毫米的地膜 5 千克。长 8.5 米、直径 9 厘米的毛竹 22 根，长 6 米、直径 7 厘米的鸭蛋竹 14 根，长 7 米、直径 5 厘米的鸭蛋竹 2 根，长 2～3 米、直径 1.5 厘米的细竹竿 700 根，长 2.3 米、直径 10～15 厘米的短木棒 49 根。长 7 米、直径 8 厘米左右的长木棒 4 根做成木梯。8 号铁丝 300 千克，12 号铁丝 10 千克，18 号铁丝 15 千克，长 5～8 厘米的铁钉 300 个。长 10 米、宽 1.2 米、厚 3 厘米的草苫 92 床，长 20 米、直径 0.8 厘米左右的拉绳 82 根。重 20 千克左右的坠石 54 块。

(3)建筑墙体　用麦穰泥砌或用湿土打成东、西、北三面墙体，后墙高 1.8 米，脊高 3 米，脊顶距后墙 1 米，前立窗 80 厘米，总跨度 8.2 米，墙体下部厚 1 米，上部厚 80 厘米。最好从墙外取土，如需从墙内取土，一定要先锄去熟土层，取生土砌墙后再将熟土填回。

(4)埋设立柱　在距后墙根 75 厘米处埋好后排立柱，埋深 60 厘米，地上部分 2.7 米，下面填砖防陷，向后稍倾斜，立柱间距 1.8 米。要先埋两头，然后拉线埋设，使上端整齐一致。埋好后排立柱后再埋前排立柱。前排立柱距后墙根 6 米，与山墙前端上口齐。每 3.6 米 1 根，埋深 50 厘米，地上部分 80 厘米，与后排立柱错开 10 厘米左右。埋好前排立柱后，在前、后两排立柱间按等距离埋第二、第三排立柱，位置与前排立柱对齐，埋深50厘米左右。前面第二排地上部分1.9米，第三排地上部分2.4米。

(5)埋坠石　在山墙外1.3米处挖1.5米深的沟，将捆好铁丝的坠石排入沟内埋好踏实，铁丝一头（双股）露出地面，每头27块。

(6)上后坡铁丝　在后墙和后排立柱上架斜木棒，间距1.8米，与地面成45°，用铁丝固定在后排立柱上，并上好两山墙木棒，木棒顶端与山脊齐。在后坡上共上6根8号铁丝，其中顶部2根，其余均匀分布。两端固定在坠石上，用紧线机拉紧，再用铁钉固定在木棒上。

(7)上后坡　先在后坡上铺一层塑料薄膜，纵向铺30厘米厚的玉米秸，再包一层薄膜，这样能防止玉米秸腐烂，延长使用寿命。玉米秸上面培土厚20～30厘米。

(8)上拱杆和横杆　拱杆用粗头直径9厘米、长8.5米的毛竹。将粗头固定在后坡顶部两根铁丝上，小头固定在前排立柱上，然后再固定在后坡第二、第三排立柱上，使其呈微弓形，间距3.6米。拱杆与前排立柱割齐后上横杆，横杆用直径7厘米的鸭蛋竹。在前排立柱前或前排2根立柱中间埋戗柱，与前排立柱岔开20厘米，顶在横杆上。

(9)上前坡铁丝　棚前坡有18根8号铁丝，自横杆到顶部均匀分布，东西平行，拉紧固定在坠石上，用铁钉或铁丝固定在拱杆上。另外拱杆下面还有3根，上、中、下各1根，以备吊蔓用。

(10)上压膜垫竹　将直径1.5厘米的细竹竿捆在铁丝上，间距60～80厘米，并削去毛刺，以防扎破薄膜。

(11)上棚膜　用电熨斗或专用黏合剂将3幅3米宽的聚氯乙烯无滴膜粘成一大块，长度略小于棚长。

上膜要选无风天气进行，以免鼓坏薄膜。需20～30人，分为5个组，4个组从四个方向拉紧薄膜，另一组先从两山墙用竹竿缠紧薄膜，固定在铁丝上，再将两边用土压好。要求薄膜平、紧。

(12)上压膜竹　用18号铁丝将压膜小竹固定在压膜垫竹上，上部留20厘米宽以备通风。

完成上述工作，一个冬暖式温室就基本建好了，然后在棚前挖宽40厘米、深30厘米的防寒沟，用麦秸填好埋实，防止热量从棚前土壤中散失。气温降低时加盖草苫。在一山墙开门建缓冲房。最后上好草苫。草苫一般厚4厘米，宽2米，长度比屋面长0.5米。从东向西安装，西边的草苫要压住东边草苫20厘米左右，以便防风保温。每个草苫装两条拉帘麻绳，以便卷起和放下。各种冬暖式日光温室结构见图4-2，图4-3，图4-4，图4-5，图4-6。

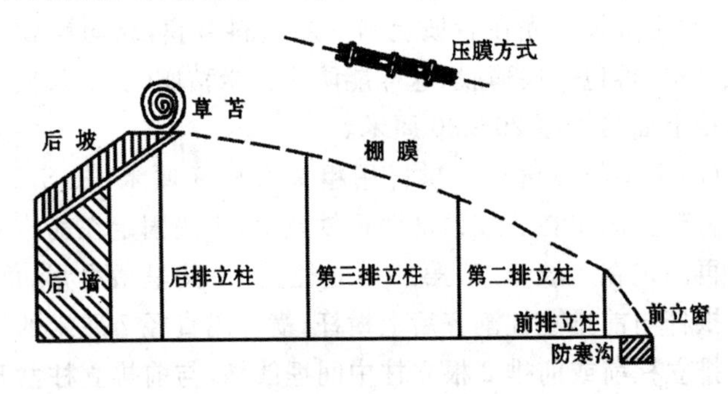

图4-2　冬暖式日光温室结构

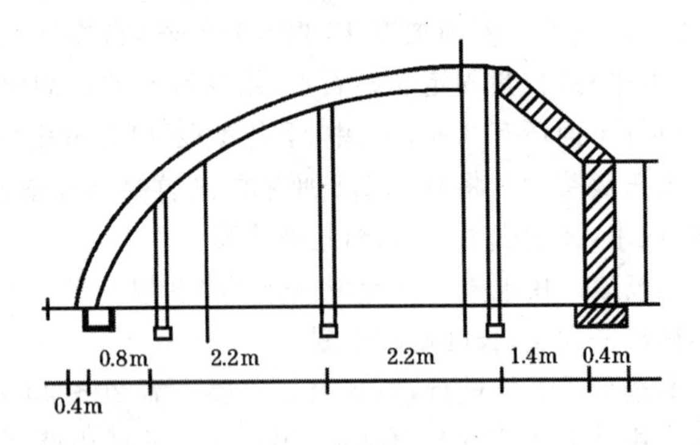

图4-3　冬暖型单坡面塑料日光温室

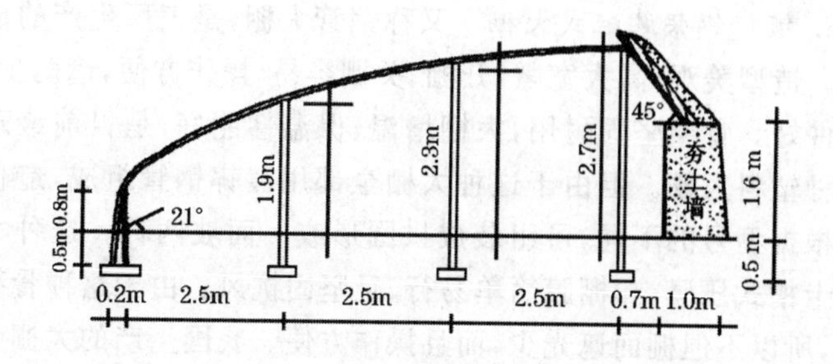

图 4-4　寿光Ⅱ型冬暖式日光温室断面结构图

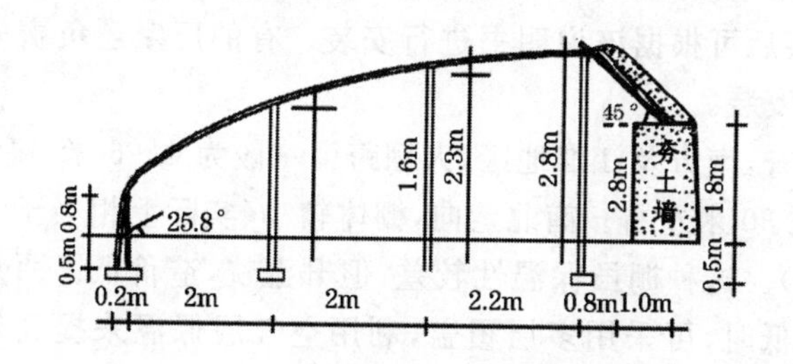

图 4-5　冬暖型钢架无支柱拱型日光温室

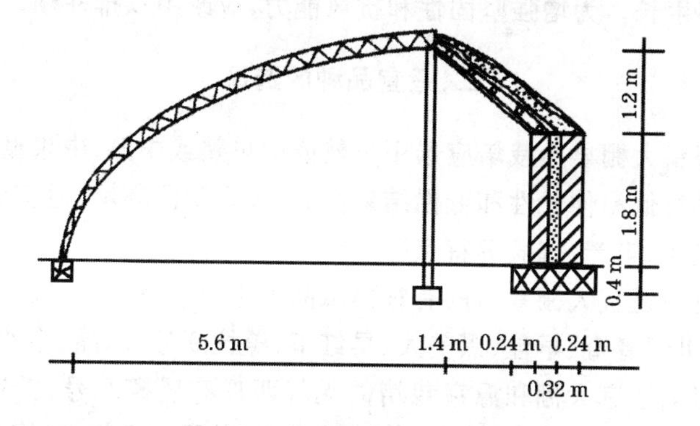

图 4-6　全钢拱架日光温室

3. **镀锌钢架装配式大棚** 又称钢管大棚，是工厂生产的成套大棚。造型美观，高大宽敞，开棚、关棚容易，操作方便，遮荫少，光照条件好。骨架坚固耐用，大棚增温、保温性能好，是目前最理想的一种塑料大棚。但由于这种大棚全部用镀锌钢管组成，造价很高。根据型号的不同，可组装成拱圆形或一面坡两种。这种大棚采用卡槽式压膜，扣棚膜简单易行，且坚固抗风。由于这种骨架无支柱，所以不但棚面遮光少，而且操作方便。我国生产的大棚骨架主要有 PGP、GG-7.5-2.6B 和 GP-Y8-1 等型号，其中以 GP-Y8-1 型最适宜栽培西瓜。在各种规格型号的包装内均附有安装组配说明书，购买后可根据该说明书进行安装。有的厂家还负责安装或现场指导安装。

据调查，南方及江淮地区，大棚跨度一般为 4～6 米，高 1.7～1.8 米，长 30 米左右。南北走向，棚体较小（实际上相当于北方地区的中棚）。这种棚虽保温性较差，但升温快，造价低。西瓜生长前期温度低时，可采用多层覆盖，利用空气层保温来提高保温性能。据观察，每增加一层薄膜，可以提高棚温 1℃～3℃。采用支架栽培的中棚跨度一般为 6 米，高 2 米，肩高 1.2 米，以满足支架和瓜蔓生长。为增强坚固性和抗风能力，应改用双排柱棚。

二、适宜品种的选择

塑料大棚早熟栽培应选用早熟或中早熟或中熟、中果型品种，并应具有低温伸长性和低温结果性好、较耐阴湿环境、适宜嫁接栽培和优质、丰产、抗病等特点。

目前适宜大棚栽培的有籽西瓜品种主要有特小凤、红小玉、特早红、世纪春蜜、早佳、黑美人、早红玉、美抗 9 号、冰晶、小兰等。

目前适宜大棚和温室栽培的无籽西瓜有黑蜜 2 号、雪峰无籽 304、丰乐无籽 3 号、金太阳一号、花露无籽、翠宝无籽、黄露无籽等品种。

三、整地、施肥及做畦

为使大棚内土壤提早解冻，及时整地和施肥，保证适时定植，应提前扣棚烤地、提高地温。棚地有前茬作物或准备复种一茬作物时，可提前30～45天扣棚；没有前茬的提前15～20天扣棚即可。在扣棚前每667平方米施入基肥6 000～7 000千克土杂肥。扣棚后，随土壤的解冻进行多次翻耕，将粪土混匀，有利于提高地温。翻耕深度应达到30～40厘米。待土壤充分深翻整细后，可按1米行距做高畦或大垄，以利于西瓜生长发育。做畦的方法与拱棚双覆盖栽培相似。

四、嫁接育苗及移栽定植

在大棚、温室等固定的保护设施内栽培西瓜必须进行嫁接育苗，否则会因枯萎病的发生严重减产或绝产。同时，由于嫁接苗砧木的根系比西瓜自根的根系发达，吸收肥水能力强，能促进接穗(西瓜)的生长发育，增强耐低温、弱光和抗病能力，从而可提高棚室西瓜的产量。嫁接育苗的具体方法、嫁接砧木的选择、嫁接苗的管理及嫁接注意事项等请详见第五章的“第一节　西瓜嫁接栽培技术”。

西瓜嫁接育苗可在大棚、日光温室或加温温室内进行。嫁接苗育成后(顶插接法接穗新生叶展出1～2片；舌靠接法接穗“断根”后5～7天；劈接法接穗新生叶展出1片以上)即可移栽定植。定植前2～5天扣棚(覆盖塑料棚膜)，以提高地温。扣棚后，在定植前1～2天用塑料袋灌满水，放置于大棚内，以提高水温，作为定植水在穴内使用。定植时，按株行距开好定植穴，施用适量三元复合肥之类以为奶肥，并适量喷农药，以防治蚜虫和地下害虫。定植时，先将嫁接好的瓜苗植于穴内，使土坨表面比畦面略高(用塑料钵育苗者，应先脱去塑料钵)。封掩时，先封半穴土，轻轻将瓜苗栽住。然后浇足定植水，待水渗下后封穴。封穴时，不要挤破土坨和碰伤瓜苗，用手轻轻按实土坨周围即可。

瓜苗定植后，沿行向在瓜苗周围喷施除草剂，随即铺放好地膜，并在垄面上插小拱架，覆盖上小拱膜。由于大棚内无风，所以小拱架可采用棉槐条或其他细小树枝简易搭成，小棚膜也不必压牢以便昼揭夜盖。

五、大棚西瓜的管理

大棚西瓜定植后的管理，主要是温度、湿度、光照、气体调节、肥水、整枝及选留瓜等。

塑料大棚内的温度、湿度、光照及空气等环境条件对西瓜生长发育的影响很大，应经常进行调节。但只有掌握棚内各种小气候条件的变化规律，才能及时准确地进行调节。

（一）棚内温度管理 棚内温度的变化规律，一般是随外界气温的升高而增高，随外界气温的下降而下降。棚内的温度存在着明显的季节温差，尤其是昼夜温差更大。越是低温季节，昼夜温差越大，而且昼夜温差受天气阴晴影响很大。

西瓜性喜高温强光，在温度高、光照好的条件下同化作用最强。这样的气温条件维持越长，西瓜生长越好、产量也越高。但棚温受外界温度影响很大，棚内昼夜温差大，有时夜间温度为3℃～4℃，白天最高达45℃以上，因此必须注意前期和后期的低温，中期控制高温。一般管理原则是：在早期多采用开天窗通风口和设边门的办法通风调温。延后栽培的大棚进入9月下旬后，天气渐凉，又正逢西瓜膨大期，要注意补好棚膜，采取晚通风、早闭棚的办法，千方百计提高棚温，以促进西瓜及早成熟。

（二）棚内湿度 棚内空气相对湿度的变化规律，一般是随棚温的升高而降低，随棚温的降低而升高。晴天和刮风天空气相对湿度低，阴天和雨雪天空气相对湿度高。棚内绝对湿度，随着棚温的升高而增加。棚内的水蒸气，因土壤水分大量蒸发和西瓜叶面蒸腾出来的水分而成倍增加。中午水气含量达到早晨的2～3倍。到午后5～6时时，由于及时通风和气温的下降，棚内水气大量减少。

在棚内空气相对湿度为100%的情况下，通过提高棚温可降低相对湿度。如棚温在5℃～10℃时，每提高1℃可降低空气相对湿度3%～4%。西瓜适宜的空气相对湿度白天为55%～65%，夜间为75%～85%。棚内空气相对湿度和土壤湿度是相互影响的。通过浇水、通风和调温等项措施，可以调节棚内的湿度。

(三)棚内光照　棚内光照条件因不同部位、不同季节及天气、覆盖情况的不同，差异很大。从不同部位看，光照自上而下逐渐减弱。如棚内上部为自然光照的61%时，棚内中部距地面150厘米处光照为自然光照的34.7%，近地面的光照为自然光照的24.5%。棚架越高，棚内光照垂直分布的递减越多。东西走向的大棚，由于山墙的挡光，上午光照东侧弱、西侧强，下午光照西侧弱、东侧强，南北两头相差不大。

此外，双层薄膜覆盖的受光量比单层薄膜覆盖的受光量可减少40%～50%；立柱多的棚比少立柱、无立柱棚遮光严重；尼龙绳作架材比竹竿作架材遮光少等。棚膜对受光的影响，主要是薄膜老化和受污染的薄膜透光差，无水滴膜(微孔膜)比有水滴膜透光强等。及时清除棚膜上的尘土和污物，是增强透光性的主要措施。

(四)棚内气体调节　二氧化碳浓度的变化通常是夜间高、白天低，特别是在西瓜蔓、叶大量生长时期，白天光合作用消耗大量二氧化碳，使棚室内二氧化碳含量大幅度降低。所以，在大棚密闭期间，向棚内补充二氧化碳气体能够提高西瓜光合作用强度、提高产量。利用化肥碳酸氢铵和工业硫酸起化学反应，生成硫酸铵和二氧化碳的方法，是目前我国采用的最简便、最经济、最有效、最适宜推广的一种方法。其具体做法是：在面积为667平方米的塑料大棚内,均匀地设置 35～40 个容器(可用泥盆、瓷盆、瓦罐或塑料盆等,不可使用金属器皿)。先将 98%工业硫酸和水按 1∶3 的比例稀释,并搅拌均匀。稀释时应特别注意的是,一定要把硫酸往水里倒,而绝不能把水往硫酸里倒,以免溅出酸液烧伤衣服或皮肤。再将稀释好的硫酸溶液均匀地分配到棚内各个容器中,一般每个容器内盛入 0.5～0.75 升溶液。然后再在每个盛有硫酸溶液的容器内,每天加入碳酸氢铵 90 克(40 个容器)或 103 克(35 个容器)。一般加一次硫酸溶液可供 3 天加碳酸氢铵之用。二氧化碳气肥施用时间最好在无籽西瓜坐瓜前后。晴天时,日出后 30 分钟棚内二氧化碳浓度开始下降,只要光照充足,气温在 15℃以上时即可施放二氧化碳气肥。

(五)肥水管理 基本上与露地春西瓜相同。但由于有棚膜覆盖,保湿性能较好,而且水分蒸发后易使棚内空气湿度增大,故不宜多浇水。但遇到连阴雨天气,也要适当浇水,以免出现棚外下雨棚内旱的现象。

西瓜在高度密植、一株多瓜的情况下,仅施基肥和一般追肥是不够的,应每采收 1 次瓜追 1 次肥,做到连续结瓜采收、连续追肥。一般在每茬瓜膨大前期每 667 平方米施三元复合肥 20～30 千克,每次追肥必须结合浇水冲施,才能收到明显的增产效果。

(六)其他管理 西瓜抽蔓后要及时整枝上架。整枝可根据密度特别是株距大小采用单蔓整枝或双蔓整枝。在塑料大棚内可采用塑料绳吊架。其优点是:架式简单适合密植,通风透光,作业方便,便于保护瓜蔓。

由于西瓜是雌雄异花作物,棚内无风,加之昆虫很少,授粉条件影响结瓜,必须进行人工授粉。采用人工授粉不仅可以提高坐瓜率,还能调整结瓜部位,使每个瓜都有足够的叶面积,保证瓜个头大、质量好。留瓜部位一般在主蔓上第十二至第十四节较好;侧蔓留瓜位置要求不严格,只要瓜形整齐,第八至第十节即可留瓜。

当瓜长到0.5千克左右时，用草圈把瓜吊起来，防止瓜大坠伤。

第三节　温室栽培

一、日光温室栽培西瓜

(一)栽培季节　由于日光温室投资较大，要把采收期安排在秋延后西瓜供应期之后、于春季普通大棚西瓜上市之前。日光温室西瓜的播种期除考虑上市期外，还应考虑到温度对坐瓜的影响。低温不利于果实的发育。应使果实发育期避开1～2月份低温期。由于我国幅员辽阔，各地气候各异，无法确定统一栽培时间，只能提出一个框架：10～12月份播种，11月份至翌年1月份定植，3～4月份采收上市。

(二)整地做畦　在室内南北走向先挖宽1米、深50厘米的瓜沟，回填瓜沟约30厘米。结合平沟每667平方米施入土杂肥5000千克，腐熟饼肥167～200千克，三元复合肥30千克。施肥时将以上各种肥料混合，撒入沟内与土充分混合均匀，整平地面。在两行立柱之间做畦，畦向与之前挖的瓜沟方向一致(南北向)。做成畦面宽约60厘米、高约15厘米，灌水沟宽25厘米左右，整平地面。

(三)移栽定植　提早定植2叶1心的嫁接西瓜苗，方法与大棚相同。爬地栽培时采用大小行栽植，即每畦双行栽植，行距30厘米(小行)，株距40厘米。伸蔓后分别爬向东、西两边的瓜畦(大行)。支架栽培时，行距1米，株距0.3～0.4米。定植选晴天上午进行，栽苗后立即铺地膜。

(四)栽培管理

1. 温度管理　日光温室内冬季晴天时，最高气温可达35℃以上，最低气温低于5℃。但春季以后室温迅速升高，一般当外界气温为10℃时，室内气温可达到35℃，夜间最低也可维持在10℃以上。因此，在温度管理上冬季应以保温防寒为主，春季则应注意防止高温。

日光温室冬季保温增温的方法主要有扣盖小拱棚、拉二道保温幕、屋面覆盖草苫、在草苫上加盖一层塑料薄膜等。

2. 光照管理　日光温室的东、西、北三面是墙，后屋顶也不透明，惟一采光面只有南屋面。再加上冬、春栽培西瓜，室内需保温，上午草苫揭得较晚，下午又得早盖，这就使一日内的光照时间更短。改善光照的办法主要是：保持棚膜清洁无水滴，以增加透光率；建棚时应根据当地纬度设计好前屋面适宜的坡度，尽量减少棚面反射光和棚内遮光量；在权衡温度对瓜苗影响的前提下，尽量延长采光时间。晴天时，一般在日出后30分钟、日落后30分钟卷、放草苫为宜。阴天时，只要室温不低于15℃，也要卷起草苫，让散射光进入室内。此外，在后墙和东、西两侧墙面上张挂反光膜或用白石灰把室内墙面、立柱表面涂白也可改善室内光照。有条件时可在每间日光温室内安装1个100瓦以上的日光灯或太阳灯，每天早、晚补光2小时左右。阴雪天时，其补光效果尤为显著。

3. 整枝压蔓　日光温室西瓜宜及早整枝，以减少无用瓜蔓对养分的消耗。爬地栽培一般采用双蔓整枝，大果型中熟品种也可采用三蔓整枝。上架栽培一般采用单蔓整枝或改良双蔓整枝。所谓改良双蔓整枝，就是除选留主蔓结果外，还在植株基部选1条健壮侧蔓，其余侧蔓全部摘除，当所留侧蔓8～10叶时摘心。压蔓、吊蔓上架等管理与普通大棚相同。

4. 其他管理　包括施用二氧化碳气肥在内的管理与普通大棚相同。

二、日光温室育苗

(一)苗床选择　在日光温室内育苗一般多为大棚栽培西瓜提

供幼苗。苗床选择应根据大棚西瓜的定植时间或育苗期间的温度确定。如果定植时间较早或育苗期间温度较低时,可采用电热温床或酿热温床甚至火坑育苗;如果定植时间较晚或育苗期温度较高时,可采用阳畦或小拱棚育苗。

(二)育苗方法　各种育苗方法已在本书第三章第一节中的"三、育苗技术"中介绍过,请参阅。除前述方法外,再介绍一种由鲁青种苗公司推出的"基质育苗"方法。在日光温室利用鲁青牌西瓜专用育苗基质,育苗钵采用上口径为6厘米、高8厘米的54孔西瓜专用育苗盘。

1. 基质装盘　装盘前一天先将基质喷水拌匀调节含水量到50%～60%,以手捏有水渗出,从30厘米高处落地即散为度。在基质膨松状态下装入穴盘,用平直木条刮去盘面上的多余的基质。

2. 播种　早春大棚栽培播种期为12月下旬。在穴盘中间扎一个0.5～1厘米深的小孔,将催过芽的种子平放于营养基质上,随播种随盖蛭石或营养土,厚度为1厘米。播种后立即盖地膜。嫁接栽培的砧木种子播在穴盘中,接穗种子播在接穗盘中,铺5厘米厚基质,将种子均匀地排于其上,再覆蛭石,厚度为1厘米,最后喷水覆地膜。

3. 温度管理　出苗前育苗室或苗床应密闭,白天温度保持30℃～32℃,夜间保持18℃～22℃。瓜苗出土后,及时撤去盖膜。白天温度保持在25℃,夜间温度保持在16℃～18℃,防止徒长拔秆(下胚轴)。从出苗到子叶长出,要求白天为26℃,夜间为14℃～15℃。第一片真叶展开后,白天温度控制在26℃～30℃,夜间在14℃～16℃;定植前1周进行炼苗,白天温度为22℃～26℃,夜间为12℃～14℃。温度的调控白天主要靠补温多少和通风大小来进行。夜间除以上措施外,应着重于根据日落和日出前的温度适时盖、揭覆盖物。

4. 湿度管理　苗床湿度以控为主,在底水浇足的基础上尽可能不浇或少浇水，必要时浇前喷药、浇后通风散湿。穴盘育苗选晴天喷水，喷时喷透(苗盘中上下水分相接即可)，于喷水前后利用闭风、放风提温降湿，翌日通风散湿。定植前结合炼苗停止浇水。

5. 病害防治　苗期病害主要是猝倒病，有时也发生炭疽病、立枯病和疫病，近年又有新的细菌性病害发生。药剂防治可选择霜霉威、多菌灵、根茎保 2 号、多·福、克菌康等，每隔 7～10 天喷药 1 次，轮换施药。发生病情时对症施药。

6. 嫁接　嫁接前一天将砧木喷 1 次透水，喷 1 次多菌灵药液。西瓜嫁接适合用插接法，亦可实行劈插接法嫁接，这样接穗与砧木接触面大、成活率高，一般成活率在 90%以上。砧木苗幼苗以 1 叶 1 心为宜，接穗苗以子叶刚展开为嫁接适期。

(1)插接法　用削成楔锥形的竹签剔除砧木苗的生长点，然后自一片子叶的基部按 45°角向另一片子叶处斜插，使竹签达到砧木下胚轴另一侧，手指能感到或刚破皮并保证 1 厘米深为宜，不拔出竹签；取接穗用手指夹住子叶，与子叶方向垂直面(为插入砧木后保持接穗子叶与砧木子叶呈“＋”字状)自子叶下 0.5 厘米处用刀片按 30°角向下斜削一刀，保持切面长度稍小于 1 厘米；取出竹签，将接穗削面向下插入砧木即可。注意应将削面全部插入或将接穗带皮部分稍插入一点，以减少伤口水分散失，以利于成活。

(2)劈插接法　用削成两面扁平的楔形竹签将砧木生长点剔除，顺子叶伸展方向将竹签垂直插入深 1 厘米，不拔出竹签；接穗用手指夹住子叶，在顺子叶两侧下 0.5 厘米处，用刀片将表皮各斜削 0.8 厘米，使形成钝圆刃形的楔状，然后迅速拔出竹签将接穗插入，再用嫁接夹顺切口方向夹住固定，这样接穗子叶与砧木子叶即呈“＋”字状。

(3)嫁接后的管理　日光温室育苗，嫁接后随着排放穴盘随盖地膜或薄膜。平地排放的应于苗盘上覆地膜，目的是进行保湿。嫁接后的头两天，白天的温度控制在 25℃～28℃，夜间在 20℃～

22℃,床内空气相对湿度达到饱和状态。嫁接后的第三至第六天,白天温度控制在 22℃～28℃,夜间在 18℃～20℃。白天达到 28℃时适当遮荫降温,从第三天开始上午 9 时和下午 4 时时开小口通风 30 分钟,以后逐渐增加通风时间和通风量。嫁接后第七至第十天后按一般苗床的温、湿度管理进行。嫁接 1 周后要及时除去砧木的萌蘖,不使其争夺养分和造成大伤口。采用劈插接法的,在第一片真叶露出时摘下嫁接夹。定植前 1 周要通风降温炼苗。

第四节　西瓜棚室栽培中关键技术的探讨

一、我国目前棚室西瓜生产中存在的主要问题

大棚西瓜与露地西瓜、地膜西瓜及小拱棚西瓜的栽培特点和所处的环境条件都不相同,因此照搬露地西瓜栽培技术或地膜栽培技术,都不能达到应有的生产效果,甚至得不偿失,劳民伤财。当前在大棚西瓜生产中,主要存在着以下几个问题。

(一)品种不配套　适宜大棚栽培的西瓜应具有早熟、耐低温、耐弱光、易坐瓜等特点。但前几年在生产中还有选用京欣 1 号、庆农 3 号、郑杂 5 号的,有些地方长期采用金钟冠龙这个中熟品种,有的甚至采用生育期更长的品种。建议用生育期短、熟期早、耐低温、耐弱光性强、极易坐果的新品种。

(二)发展不平衡　一方面是技术上的不平衡。目前除了保护地栽培发展较快的山东、辽宁、苏北等地和某些城市近郊,西瓜保护地的栽培除积累了较丰富的经验外,很多地方的瓜农仍处于摸索状态,迫切需要找出适合不同地区的保护地栽培模式;另一方面是面积发展不平衡。目前,我国西瓜的保护地栽培面积主要集中在山东等沿海省份和东北一带以及一些大城市郊区,其他地区尚未形成规模。

(三)配套技术问题 如适合不同地区的双膜覆盖栽培技术规程,塑料中棚、塑料大棚栽培技术规程,大棚、温室栽培中的连作障碍、嫁接技术,大棚中温、光、水、气、肥的调节等,都有待于进行更深入的研究。

二、棚室西瓜栽培配套技术的探讨

(一)栽植密度和栽植方式问题 不同品种、不同地区西瓜栽植密度和栽植方式也不同。例如,我国北方各省(自治区、直辖市)每667平方米大棚栽植中熟品种800株左右,而在长江流域以南每667平方米栽植仅为400~600株。近年来,地膜覆盖和小拱棚栽培西瓜发展最快,栽植密度和栽植方式较前有很大改进。大棚栽培系集约化生产,应更合理地利用保护设施,尽量压低生产成本。为了增加密度而又不影响通风透光,在适当加密的同时,要相应地改进栽植方式。例如,改单行栽植为双行大小垄栽植以及采用科学整枝方式等。在日光温室中栽培西瓜,则要尽量采用支架栽培、双蔓整枝吊蔓上长瓜或用网袋吊瓜、立架上长瓜。

(二)肥水管理问题 大棚栽培比露地栽培肥水流失较少,特别在西瓜生长前期(坐瓜前),西瓜自身吸收和消耗水分皆少,而此时棚内地下和空气中的水分都高于棚外。这时若不注意控制肥水,很易造成西瓜蔓、叶徒长。这就要求做到"前控":一是基肥特别是穴肥不可过多;二是浇水要晚;三是追肥要适当推迟;四是要及时通风调温调湿;五是推广西瓜专用缓效肥,一次性施足基肥,用浇水量来分次发挥缓释西瓜专用肥的肥效,不必再追肥。在买不到西瓜专用缓效肥的地方,也可在施用基肥时,将复合肥用化肥耧或条耧器按4~6行条施于畦面移栽定植行的两侧。

(三)嫁接栽培问题 西瓜棚室栽培,嫁接是必由之路。但目前存在的问题一是嫁接技术,二是砧木选择。嫁接方法很多,但要成活率高又要省工易学的方法主要是插接法和靠接法。现在插接法的成活率还仍然低于靠接法。但确实很省工，也易学好推广。这里值得注意的是砧木和西瓜播种的错期问题。不同砧木错期时间不同，葫芦砧错期6～8天（还要根据品种正确计算），南瓜砧错期4～6天。一般当砧木第一片真叶开展期嫁接为宜。最晚1叶1心即可嫁接。如砧木苗过小、下胚轴过细，插竹针时，胚轴易开裂；苗过大，因胚轴髓腔扩大中空而影响成活。采用舌靠接法，应适时断根（成活后及时切断西瓜下胚轴近根处）。此外，无论采用插接法还是靠接法，在移栽定植嫁接苗前后都要及时"除萌"（就是摘除接穗和砧木上已萌发的不定芽），否则将会严重影响嫁接西瓜的抗病性和品质。砧木蔓、叶对西瓜的品质影响极大。

砧木的选择问题。通过多年的试验，用长瓠瓜（即瓠子、长颈葫芦）作西瓜砧木，亲和性好，植株生长健壮，抗枯萎病，坐瓜稳定，果实大、产量高，对品质无不良影响。用南瓜作砧木嫁接西瓜，抗枯萎病最强，但与西瓜接穗的亲和力特别是共生亲和力不如葫芦和瓠子。日本采用印度南瓜×中国南瓜育成的新土佐南瓜也可使用。但用黑籽南瓜作西瓜砧木是不可取的。因为根据多年的试验观察，用黑籽南瓜作砧木嫁接西瓜，其果实含糖量可降低1.5～2.1度，而且风味清淡。像过去吃的含糖量低的地方品种，有的像吃甜梢瓜一样。同时，白粉病和病毒病较葫芦砧、瓠子砧严重。

（四）留瓜促瓜问题　露地栽培西瓜一般选留主蔓第二、第三瓜胎。但在大棚西瓜生产中，以尽量选留第二瓜胎为宜。甚至如果第一瓜胎节位达到10节以上者，也可选留第一瓜胎坐瓜。对某些生长势强的品种或坐果率较低的品种，也可先留第一瓜胎作为缓冲营养生长势力的"阀门"，当植株转向以生殖生长为中心时，第二瓜胎必然会迅速出现，而且其生长发育速度也会大大超过第一瓜胎。此时，第一瓜胎往往就会自行化瓜。如果当第二瓜胎开始迅速膨大时，第一瓜胎仍在继续生长，那就应该立即将第一瓜胎摘掉，否则会影响第二瓜胎的继续加速膨大。

(五)采收及果实处理问题 大棚西瓜普遍采收过早,上市生瓜较多,损害了消费者的利益,有时也使经营者蒙受损失。近年来,生产者都采用标记法采收西瓜,所以出现生瓜上市并非技术原因,实属为谋取季节(时间)差价和重量差(熟瓜较轻)。

(六)提高棚室西瓜甜度的问题 决定西瓜品质风味的关键时间是瓜成熟前15天左右至采收前2～3天。为了提高西瓜的品质,这一阶段的管理总要求是要保持叶片较高的光合强度,减少氮素比例,提高昼夜温差,采收前4～5天停止浇水等。

(七)塑料棚室西瓜优质高产的关键技术 要使大棚西瓜优质高产,必须掌握以下栽培要点。

1. *选用优良品种* 选用早熟丰产的品种,是获得大棚西瓜丰产的前提。塑料大棚内的小气候不同于露地,应选用早熟性强、苗期比较耐低温、耐湿、耐弱光、抗病、丰产、品质好的品种。经各地试种比较试验,认为以特小凤、红小玉、世纪春蜜、早佳、黑美人、早红玉、燕都大地雷为上选。

2. *培育适龄壮苗* 培育适龄壮苗是大棚西瓜高产的基础。可利用加温温室或电热温床,提前育苗。如用温室育苗要防止高温徒长。

3. *扣棚整地,适时定植* 为使大棚内土壤提早解冻,及时整地和施肥,保证适时定植,应提前扣棚烤地、提高地温。棚地有前茬作物或准备复种一茬作物时,可提前30～45天扣棚;没有前茬的提前15～20天扣棚即可。在扣棚前每667平方米施入基肥6 000～7 000千克。扣棚后,随土壤的解冻进行多次翻耕,将粪土混匀,以利于提高地温。翻耕深度应达到30～40厘米。待土壤充分深翻整细后,可按1米行距做高畦或大垄,以利于西瓜生长发育。

定植时期应根据外界温度与扣棚后棚内地温、气温状况,秧苗大小,防寒设备等条件确定。但主要是依据棚内地温和气温来确定。根据西瓜对温度的要求，当棚内 10 厘米地温稳定在 12℃以上，最低气温稳定在 8℃以上，即可进行定植。这样定植后缓苗快，成活率高。定植后如棚内再扣小棚或利用其他防寒保温措施，可提高棚内温度，加速西瓜生长，促进早熟。

4. 西瓜管理　大棚西瓜的管理主要在整枝上架，人工授粉，留瓜吊瓜等几个环节与露地西瓜不同。西瓜抽蔓后要及时整枝上架。整枝可根据密度，特别是株距大小采用单蔓整枝或双蔓整枝。在塑料大棚内可采用塑料绳吊架。其优点是架式简单适合密植，通风透光，作业方便，保护瓜蔓。瓜蔓上架时，如果蔓长棚矮可采用“之”字形绑蔓法。即首先引蔓上架绑好第一道蔓，当绑第二道蔓时，应斜着拉向邻近吊绳捆绑；要使吊绳方向一致，水平拉齐。当绑第三道时，再拉回原吊绳上。如此反复进行。每条瓜蔓只选留 1 个瓜。当瓜蔓长满吊架时，在瓜上留 5～7 片叶打顶。采用单蔓整枝时，打顶后及时在下部选留 2 条侧蔓，引蔓上架；每条瓜蔓仍选留 1 个瓜，当瓜坐住后留 5～7 片叶打顶；主蔓瓜采收后，要将主蔓适当短截，以利于通风透光，促进侧蔓瓜的生长。

5. 棚温管理　西瓜性喜高温强光，在温度高、光照好的条件下同化作用最强。这样的气温条件维持越长，西瓜生长越好，产量也高。但棚温受外界温度影响很大，棚内昼夜温差大，有时夜间 3℃～4℃，白天最高达 45℃以上。因此，必须注意前期和后期防低温，中期控制高温。一般管理原则是：在早期多采用开天窗通风口和设边门膜的办法，通风调温。对延后栽培的大棚进入 9 月下旬后天气渐凉，又正逢西瓜膨大期，要注意补好棚膜，采取晚通风、早闭棚的办法，千方百计提高棚温，以促进晚批瓜及早成熟。

6. 肥水管理　基本上与露地春西瓜相同，但由于有棚膜覆盖，保湿性能较好，而且水分蒸发后易使棚内空气相对湿度增大，故不宜多浇水。但遇到连阴雨天气，也要适当浇水，以免出现棚外下雨棚内旱的现象。

西瓜在高度密植、一株多瓜的情况下，仅施基肥和一般追肥是不够的，应每采收1次瓜追1次肥，做到连续结瓜采收、连续追肥。一般于每茬瓜膨大前期每667平方米施用复合肥料20～30千克，或者追大粪稀2 000～3 000千克。每次追肥必须结合浇水冲施，方可收到明显的增产效果。

三、棚室西瓜栽培管理的改进

（一）改善光照 大棚温室内的水泥横梁、竹竿等，能用8号铁丝代替的尽量代替，可减少遮光，增加光照和提高棚室温度。对覆盖物除选用透光性能好的以外，还要经常清洁棚面，早揭晚盖、墙面涂白或后墙挂银色反光膜等。

（二）用压膜线代替压杆 棚室覆盖塑料薄膜为防风吹，一般都用压杆加以固定。但膜上的压杆需用铁丝穿过塑料薄膜固定在拱杆上，这样薄膜上面就会形成很多孔眼，透气进风，势必影响室内的温度，而且压杆在棚面遮光较多。所以，用压膜线代替压杆不仅能减少遮光，而且膜面无孔眼有利于密闭升温。

（三）起垄覆膜栽培 整地施足基肥后，一般先起垄做畦，畦高10～20厘米、宽50厘米，覆盖地膜升温。定植时，按株距和瓜苗大小在地膜上打孔栽植。畦间设置排、灌水沟。

（四）地下全覆膜 为了增加地面反光、提高地温和降低棚内空气相对湿度，棚室内实施地膜全覆盖技术，使地面全部让专用塑料薄膜（地膜）盖住。

（五）膜下暗灌 西瓜是需水量较大的作物，大量浇水往往会使棚室内空气相对湿度过大。但浇水时，让水从地膜下的排、灌水沟流动（暗灌）就不会使棚室内的湿度增加。

（六）吊绳引蔓 棚室栽培西瓜为增加密度充分利用空间，一般多采用支架栽培。无论采用何种架式，均需一定架材。架材不仅价格较高，而且遮光较多。如果用铁丝和塑料绳代替支架，即沿定植西瓜的行向在棚室上方横拉细铁丝，在每株西瓜苗的上方垂直拉下一根塑料细条（包装绳）。当西瓜蔓长20～30厘米时，用扎绳将瓜蔓沿每株各自的垂直塑料细条自下而上逐渐引蔓。

（七）人工授粉　采摘刚刚开放的雄花，露出雄蕊，往雌花柱头上轻轻涂抹，须使整个柱头上都蘸上花粉。如果用几朵雄花给一朵雌花混合授粉，效果更好。为防止阴雨天雄花散粉晚而少，可在头一天下午将翌日能开放的雄花用纸袋或信封取回放在室内温暖干燥处，使其翌日上午能按时开药散粉，即可给开放的雌花授粉。

（八）增加棚室内二氧化碳浓度　二氧化碳又称植物气肥，能提高西瓜植株的光合作用，因而可提高产量和改善品质。在西瓜结果期，棚室内二氧化碳浓度严重不足。室内增加二氧化碳的方法简便宜行，最易推广的是“硫酸碳铵”法。具体做法是：将浓硫酸缓缓注入盛有3倍水的塑料桶内，称取300克碳酸氢铵放入塑料袋内，袋上扎3～5个小孔，并将该袋放入上述盛有稀硫酸的塑料桶内进行化学反应，二氧化碳气体便缓缓从桶内释放出来。棚室内每40平方米左右放置1个二氧化碳气体发生桶。

四、西瓜棚室设施的维护

（一）自然灾害的防护

1. 风灾的防护　防护的根本在于当初的选地设计和设施。一般应选背风向阳之地；设施抗风能力应达到8～9级；施工时应使骨架牢固、棚膜绷紧，四周深埋入土坨并压紧。除此，应经常检查骨架和棚膜，特别要注意观察棚膜的各部位有无破裂或孔洞、即使是很小的孔眼也不可放过。

经常注意天气预报，当预报的风力大于棚室的原设计抗风能力时，要及时设置防风屏障，以减小风力；或在棚室周边每隔一定距离拴绳索压紧棚膜，两端固定于地下。此外，还要经常检查所有压膜线，看是否都紧贴棚面，发现松弛或断、缺者应及时紧固或补加压膜线。

2. 冰雹的防护　防护方法主要靠历年气象资料和注意天气预报。根据历史资料或天气预报,可于冰雹到来之前在棚室顶部覆盖草苫、麻袋片或篷布等。冰雹多发地有条件时,可购买防雹网帘,其防冰雹效果较好。

3. 防雨雪　在西瓜棚室栽培中,南方要注意防暴雨,北方防暴雪。大雪使棚室覆盖物和骨架受力加大,对旧棚膜和竹木结构的骨架尤易造成损伤。特别是当大雪加上大风、亦即暴风雪的天气时,在棚室内应留有值班人员,经常观察棚顶和棚室周边。当积雪较厚时,要及时清除,以免压塌棚室。清除棚室顶部的积雪,要用特制的长柄拖把,不可使用竹扫帚或带有铁丝、锐利物的清扫工具。

(二)棚室的维护　西瓜主棚室的维护可分日常护理和季节维修两方面。日常护理主要指对一些比较次要的、较小的毛病或设施进行简单的护理和小修小补。如对棚膜的清洁或修补,对压膜线、拱杆、拉杆的检查与紧固等,这些简易维修不会影响棚室内的正常生产。而季节维修一般是在西瓜生产周期结束后、下一季生产尚未开始或已开始生产但尚不需完整棚室的空闲时间进行的较大维修,如对骨架、管件、覆盖材料等进行的定期维护和修理,对棚室结构的改进或对设施设备的更新等,这些重大的维修,费工费力,一旦施工势必会影响西瓜的正常生产,所以必须在西瓜生产周期结束后方能进行。

对于竹木骨架,由于棚室高温高湿,入土部分甚易腐烂、折断,除建棚时进行防腐处理外,还要定期检查维修,一旦发现险情应采取加固措施或在大修时予以更换。

对于钢材骨架及零部件,最好采用热浸镀锌构件,螺栓、螺钉等零件也要选用镀锌处理的。如发现零件表面出现锈蚀,应及时修整或更换。对一些未经镀锌处理的铁件、黑铁管、钢筋等,可定期涂抹防锈漆或防锈剂。

对螺栓连接的装配式骨架，要定期检查螺栓的坚固程度；焊接骨架要检查焊点是否有虚焊或断裂现象，一旦发现应立即补焊。

铝制骨架构件也存在腐蚀问题，主要由于阴极与阳极区域之间电子的流动而产生。当铝制构件与空气或土壤中某种化学物质相接触时，也易发生化学腐蚀现象，最常发生的是点状腐蚀。特别是埋在土中的铝制构件，常出现麻点状锈斑甚至腐烂成筛孔状，严重降低其支撑和承载力，故必须及时维修或更换。

第五章　西瓜特殊栽培技术

第一节　西瓜嫁接栽培技术

一、西瓜砧木选择的依据

(一)砧木与西瓜的亲和力　嫁接亲和力,是指嫁接后砧木与接穗(西瓜)愈合的程度。嫁接亲和力可用嫁接后的成活百分率表示。嫁接后砧木很快就与接穗愈合,成活率高,则表明该砧木与西瓜的嫁接亲和力高;反之,则低。共生亲和力,是指嫁接成活后两者的共生状况,通常用嫁接成活后嫁接苗的生长发育速度、生育正常与否、结果后的负载能力等来表示。为了在苗期判断共生亲和力,则可利用成活后的幼苗生长速度为指标。嫁接亲和力和共生亲和力并不一定一致。有的砧木嫁接成活率很高,但进入结果初期便表现不良,甚至有些植株突然凋萎,表现共生亲和力差。据湖南省园艺研究所、沈阳市农业科学研究院、河北农业大学和青岛市农业科学研究所报道,瓠瓜、葫芦、新土佐南瓜(F_1)、黑籽南瓜、野生西瓜等均有较好的亲和性。

(二)砧木的抗枯萎病能力　导致西瓜发生枯萎病的病原菌中,以西瓜菌(株)系和葫芦菌(株)系为最重要。因此,所用砧木必须同时能抗这两种病原菌。但葫芦不抗西瓜菌,因而不是绝对抗病的砧木;而南瓜则表现兼抗这两种病原菌,因而南瓜是可靠的抗病砧木。选用的抗病砧木应能达到100%的植株不发生枯萎病。

(三)砧木对西瓜品质的影响　不同的砧木对西瓜的品质有不同的影响。不同的西瓜品种,对同一种砧木的嫁接反应也不完全一样。西瓜嫁接栽培,必须选择对西瓜品质基本无不良影响的砧木。一般南瓜砧有使西瓜果实的果皮变厚、果肉纤维素多、肉质变硬的作用,并可能导致含糖量下降,而西瓜砧或葫芦砧较少有此现象。

(四)砧木对不良条件的适应能力　在嫁接栽培情况下,西瓜植株在低温环境中的生长能力(低温伸长性)、雌花出现早晚和在低温下稳定坐果的能力(低温坐果性)以及根群的扩展和吸肥能力、耐旱性和对土壤酸度的适应性等,都受砧木固有特性的影响。不同砧木的特性及其影响也不相同。因此,要根据需要来选用适宜的砧木,这是获得西瓜早熟丰产和优质的关键之一。在春季早熟栽培情况下,由于春季温度低,应选用低温生长性和低温坐果性好、对不良环境条件适应性强的砧木。

二、适用砧木

(一)葫芦　具有与西瓜良好而稳定的亲和性,对西瓜品质也无不良影响,其低温生长性、吸肥力仅次于南瓜。主要缺点是会受到西瓜菌的感染,故不绝对抗枯萎病。过去葫芦(干瓢)砧在日本曾广为使用,但由于上述缺点,现在已很少用。

(二)瓠瓜　与西瓜种质较近,因而嫁接亲和性好,苗期生长旺盛,对西瓜品质影响不大(但在有些西瓜品种上也会发生果肉中有黄色纤维块)。其缺点是低温生长性不如南瓜,并且容易发生炭疽病,有时成株出现凋萎。这个砧木在国内西瓜生产中也有应用。

(三)南瓜　品种很多,但并非任何南瓜品种都可用作西瓜砧木,因为作为砧木的效果,南瓜品种间差异很大。多数南瓜品种并不适宜作砧木。南瓜对枯萎病有绝对的抗病性,并且其低温生长性和低温坐果性好,在低温条件下的吸肥能力也最强。但其与西瓜的亲和性在品种间差异较大,一些品种有使西瓜皮增厚、肉质增粗和含糖量下降等不良影响。据青岛市农业科学研究所试验证明，新土佐南瓜(F_1)砧木具有良好的亲和性、低温生长性和低温坐果性，具有100%的抗西瓜枯萎病能力，并且对西瓜品质影响不大(但也因西瓜品种而异)，是可用于西瓜早熟保护栽培的优良砧木品种。目前，山东、北京、河北、河南等省(直辖市)推广的砧木主要有壮士、京欣、冬强、青研砧木一号、勇士等。

三、嫁接方法

(一)顶插接 此法最好由两人配合。其中一人持特制竹签(用宽、厚与西瓜下胚轴相仿，先端约1厘米削成楔形做成)负责插接，另一人持刀片负责切割接穗。嫁接前要保证苗床湿润，并喷1次百菌清或多菌灵之类的杀菌剂。首先去掉砧木的第一片真叶和生长点，然后用左手食指和中指夹住砧木的茎上部，拇指和中指捏住砧木内侧一片子叶，右手持竹签从内侧子叶的主叶脉基部插入竹签，尖端和楔形斜面朝下呈45°角向对面插入5～7毫米深，以竹尖透出茎外为宜。与此同时，另一人用左手拇指和食指捏住接穗的2片子叶，从沙箱或育苗盘中轻轻拔出。再用左手中指托住接穗的基部偏上部位，右手用刀片从接穗茎左侧距接穗子叶下8～10毫米处斜切断基部，使切口长略大于插入砧木的插孔深度。然后拔出竹签，将接穗切口朝下迅速插入砧木，以接穗尖端透出砧木茎外为宜(图5-1)。采用插接法两人1天可嫁接2 000棵以上，成活率一般在90%以上。

(二)舌靠接 嫁接时先在砧木的下胚轴靠子叶处，用刮脸刀片向下呈45°角斜切一刀，深达胚轴的2/5～1/2，长约1厘米，呈舌状。再在接穗的相应部位向上做45°角斜切一刀，深达胚轴的1/2～2/3，长度与砧木相等，也呈舌状。然后把砧木和接穗的舌部互相嵌入，用薄棉纸条或塑料嫁接夹夹住，同时栽培在营养钵中，要使嫁接部稍离开地面，以免浇水时浸湿纸条和刀口而影响成活(图5-2)。嫁接苗置于塑料小拱棚内愈合，要求温度保持在

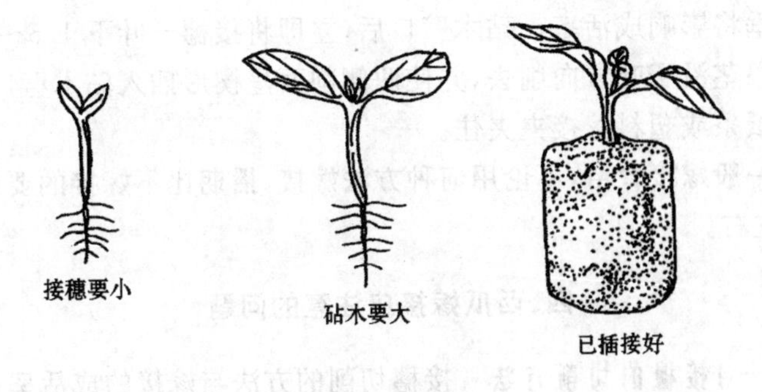

图 5-1　顶插接

25℃～30℃，空气相对湿度在最初 2～3 天应为 95%～99%。同时要遮荫，以后逐渐通风见光，一般 1 周后即可愈合，接穗开始生长。半个月后，将接穗的根剪断，再生长一段时间即可定植于大田。

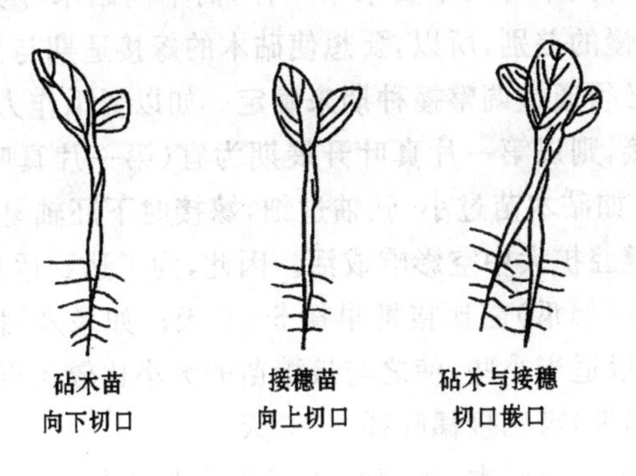

图 5-2　西瓜舌靠接

（三）劈接　先将切取的接穗冲去泥沙，放入带水的碗（盘）中，然后用刮脸刀片将砧木的生长点和真叶削去，在幼茎一侧向下纵切约 1.5 厘米长。切时注意不可将幼茎两侧全劈开，否则砧木子叶下垂将影响成活率。砧木劈口后，立即将接穗子叶下1.5～2厘米的根茎沿子叶方向削去，并使两侧削面呈楔形插入砧木劈口内，用棉纸条或塑料嫁接夹夹住。

一般嫁接育苗，不论用何种方法嫁接，播期比不嫁接的要提前7天左右。

四、西瓜嫁接应注意的问题

（一）接穗的切削方法 接穗切削的方法与嫁接的成活率有一定的关系。两面斜削时，插入砧木后形成层与砧木的接触面大，成活率也较高。接穗插入的方向，即接穗子叶与砧木子叶呈平行或垂直，则没有明显的差别。切削时，下刀要直，使切口平直。这样接穗与砧木的接触面也就容易紧密无隙，有利于刀口愈合。

（二）嫁接适期 主要取决于砧木种类和嫁接方法。因为不同的嫁接方法对砧木的大小要求不一样，而不同砧木种类的幼苗又存在生长快慢的差别，所以，要想使砧木的嫁接适期与接穗的嫁接适期相遇，必须通过调整播种期来确定。如以瓠瓜作为砧木，采用顶插接、劈接，则以第一片真叶开展期为宜(第一片真叶叶长约为3厘米时)。如砧木苗过小、胚轴过细，嫁接时下胚轴易开裂；苗过大，因胚轴髓腔扩大中空影响成活。因此，为了达到适宜的嫁接苗龄，一般砧木(瓠瓜)需比接穗早播5～6天。如果采用靠接法，则瓠瓜秧苗可以适当小些，使之与接穗苗的大小比较接近以便操作，这样砧木(瓠瓜)需比接穗晚播4～6天。

如以南瓜作为砧木，嫁接时适宜苗龄则较小。采用顶插接和劈接以显真叶为宜，而靠接以子叶期为宜。幼苗过大，胚轴更易空心，同时南瓜砧木根系容易引起衰老，会影响到缓苗。所以，在确定播种期时应注意:若插接，南瓜砧木需比接穗早播3～4天；若靠接，南瓜砧木需比接穗晚播3～4天。

有人误认为子叶面积越小、蒸发量越小，因而接穗越小，成活率也越高。实际上子叶幼小时嫁接，成活率虽然较高些，但嫁接成活后子叶不能充分扩大，真叶的展出也较缓慢。

五、西瓜嫁接苗的管理

（一）保温　嫁接后砧木与接穗的愈合需要一定的温度，因此要注意苗床保温。嫁接苗适宜的温度，白天应维持在22℃～25℃，夜间维持在14℃～16℃。由于早春气温变化大，特别是在塑料薄膜覆盖下，温度昼夜变化更大，即使白天晴天或阴雨天，中午和早晚温度变化都很大。所以，应特别防止高温灼苗和低温冻苗。如果夜间气温低于14℃或者有寒流侵袭，应及时加盖草苫防寒，并密封苗床保温。

（二）保湿　嫁接苗由于砧木和接穗均有伤口，尤其是顶插接和劈接的接穗，因失去根部，所以极易失水而萎缩。因此，要保持苗床内较高的湿度。一般要求嫁接苗栽植后随即浇1次透水，盖好塑料薄膜，在2～3天内不必通风，使苗床空气相对湿度保持在95%左右。3天以后，可根据苗床温度和湿度情况适当进行通风。

（三）遮光　为了减少接穗的水分消耗，防止萎蔫，嫁接后应将苗床透光面用草苫遮盖起来。但当嫁接苗成活后，应即去掉遮光物。嫁接苗的成活与否，一般观察接穗是否保持新鲜、不凋萎，主要应看接穗是否明显生长并较快地展叶。但应注意，这期间遮光的时间，并不是每日全天遮光，一般是嫁接后2～3日内全天遮光，以后可以上午10时至下午4时遮光，成活前后则只在中午烈日下短时间遮光即可。在遮光期间，如遇阴雨天时，就要揭除遮光物。这样，既可防止接穗因光照强烈而发生萎蔫，有利于成活；又可防止嫁接苗长期不见光致使徒长和叶片黄化，影响以后健壮生长。

（四）除萌　在嫁接时虽然切除了砧木的生长点和已发出的真叶，但随着生长，砧木上还会萌发出新的腋芽。对砧木上的萌芽应及早抹除，否则将会影响接穗生长。如果砧木上的萌芽保留到结果期还不抹除，不但会影响接穗生长，而且还会使果实品质变劣。

(五)防治病虫害 嫁接西瓜轮作周期短，前作多为秋菜，种类复杂，土壤中病虫害种类也多，因而大大增加了嫁接西瓜遭受病虫危害的机会，特别是炭疽病、疫霉病、线虫病、蛴螬、地老虎等最易发生。所以，嫁接西瓜应从苗期即加强防治病虫害。

六、其他管理

嫁接苗成活后苗床大通风时，应注意随时检查和去掉砧木上萌生的新芽，以防影响接穗生长；同时，应根据嫁接苗成活和生长状况，进行分级排放、分别管理，使秧苗生长整齐一致，提高好苗率。一般插接苗接后10～12天、靠接苗接后8～10天即可判定成活与否。有时因嫁接技术不熟练，部分嫁接苗恢复生长的速度慢，可单独加强管理，促进生长。靠接苗成活后即可切断接穗接口下的接穗幼茎(又称断根)，同时取下夹子收存，以备再用。为防止断根过早而引起接穗凋萎，可先做少量断根试验，当确认无问题时再行全部断根。

七、西瓜嫁接苗的定植及管理要点

第一，嫁接苗在定植时，应注意不要栽植过深，防止西瓜(接穗)下胚轴部分接触土壤而产生自生根，使嫁接失去意义。如发现有此现象，应将其自生根断掉，并将周围土壤扒离西瓜下胚轴，防止再发生自生根。

第二，当以新土佐(F_1)等南瓜为砧木进行嫁接育苗时，应注意不要使苗龄超过30天，以防因砧木根系过于生长老化而在定植时受损伤，影响缓苗成活。其他砧木如葫芦砧，则可不必有此严格限制。

第三，在采用嫁接栽培情况下，由于砧木吸肥力强，特别是对氮素的吸收力强，可适当减少基肥用量，以防止过分旺长。尤其是南瓜砧基肥用量可减少40%,葫芦砧可减少30%,但应注重追肥。新土佐砧的耐旱性不如西瓜自根,应防止土壤过旱。

第四,采用嫁接苗栽培后,整枝应适当提早,以促进主蔓生长。但过于严格整枝,特别是过早打去侧蔓,也可能影响根系生长扩大。为此,可在多余侧蔓长至10～15厘米时再去掉。

第五,采用嫁接苗栽培西瓜时,不可再用埋土压蔓的方法,否则会因西瓜蔓上压蔓节上长出自生根而感染枯萎病,失去嫁接意义。但可以利用树枝杈在畦面上压活蔓,或采用畦面铺草的方法固定瓜蔓,尽量防止瓜蔓与土壤直接接触和发生自生根。

第二节　西瓜支架栽培技术

一、整地做畦

搭架西瓜主要在有保护设施的棚室内栽培。但在有天然防风屏障的山坡地、丘陵地,也可选择背风向阳、土层较厚、排灌方便的地块栽培,还可与非瓜类蔬菜作物间套作。如进行早熟栽培,最好选用冬闲地。

冬前应深耕25～30厘米,晒垡增温。春季复耕耙平,最好结合春耕普施一次有机肥。定植前10天左右,按预定的行距进行开沟施肥和做畦。开沟施肥的方法与一般瓜田开丰产沟施肥法相同。基肥施用量为每667平方米施腐熟有机肥4 000～5 000千克,腐熟豆饼或油渣75千克,硫酸铵25千克,过磷酸钙30～50千克或磷酸二氢铵25千克。开沟施肥时,沟深30厘米左右。

西瓜支架栽培的做畦有平畦和高垄等不同方式。平畦可做成畦宽1～1.3米,畦面覆盖地膜;也可在畦北侧再加一道高50厘米的土墙,以挡风增温。在栽苗后再扣拱棚,昼揭夜盖,成为双覆盖形式;采用垄栽的,可按66厘米垄宽与66厘米垄沟(人行道兼灌水沟)相间排列。在垄上覆盖地膜,西瓜生长期再在沟内铺草。

二、品种选择

由于支架栽培采用密植上架方式,故应选用早熟、果叶不很旺盛的小果型或中果型品种,如小天使、特小凤、美抗9号、特早红和蜜露等。

栽植密度,国内各地支架栽培均趋向密植,但实际采用的密度相差很大,从每667平方米1 000株到2 400株不等。实验证明,在高度密植情况下,在一定范围内虽然提高单产,但单瓜重却明显下降,过度密植严重地影响单瓜的发育。因此,支架栽培也不可过密。一般可参照大棚支架栽培的密度,或适当再密些。如小果型品种作棚架栽培的,每667平方米可栽1 300~1 600株;中果型中早熟品种作三角架栽培的,每667平方米可栽1 000~1 200株。定植时,在畦宽1米的条件下,每畦栽1行;畦宽为1.3米时,每畦栽2行。株距一般为0.4~0.5米。

三、移栽定植

支架栽培的西瓜应采用育大苗移栽的办法,苗龄为4叶1心,最好用嫁接苗。定植时采取与地膜覆盖栽培相似的定植方法,但应采用破膜挖穴栽植,栽后浇水覆土,重新盖好地膜。双行栽植时,可采用成对栽,或呈三角形错开栽植。

四、搭设支架

西瓜支架采用的架式,目前有篱壁架、人字架、塑料绳吊架、棚架和三角架等多种。露地条件下的支架栽培所采用的架式,一般均比大棚内的支架矮小,但要求支架要牢固稳定,以适应露地风大的条件。所采用材料为竹竿、树枝条等。搭棚架用的材料长为2米左右,架高1.5米左右。三角架用的杆长为1.2米左右,架高

0.8～1 米。由于这种三角架栽培的西瓜是坐地生长，故也可采用玉米秸和高粱秸作架材。支架工作一般在西瓜伸蔓初期、蔓长 15～20 厘米时进行。西瓜是喜光性作物，支架方式、支架高度、架材选用及整枝等均应以减少遮荫、改善通风透光条件为前提。

（一）支架方式的选择　架式的选择要根据栽培场地（温室、大棚、中棚或露地等）、密度及架材等决定支架方式。棚室内栽培通常可采用篱壁架、人字架（图 5-3）或塑料绳吊架。篱壁架就是将竹竿或树条等按株距和整枝方式绑成稀疏篱笆状直立架，让瓜蔓沿直立架生长、结瓜。这种架式通风透光良好，便于单行操作管理，但牢固性较差，不太抗风。人字架就是将竹竿或树条等按株行距交叉绑成人字形，让瓜蔓沿人字斜架生长、结瓜。这种架式结构简单、牢固抗风，适于双行定植的西瓜。但通风透光不如篱壁架，人字架下的西瓜行间操作管理也不如篱壁架方便。塑料绳吊架就是在温室或塑料棚内的骨架（如横梁、拱杆、立柱等）上拴挂塑料绳，让瓜蔓沿塑料绳生长、结瓜。这种架式通风透光条件比篱壁架和人字架都好，且无须竹竿、树条等，成本较低，但瓜蔓和西瓜易在空中晃动，而且这种架式只适于在温室或有骨架的大棚内采用，不像三角架和人字架在露地也能使用。

（二）架材的选择　架材可选用竹竿、细木棍、树枝等。立杆可

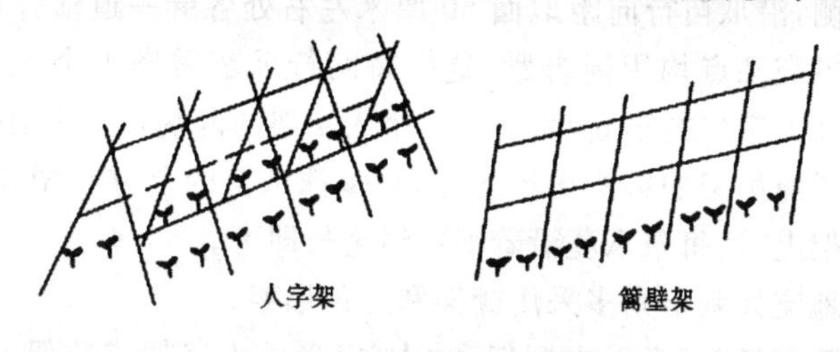

图 5-3　支架西瓜架式示意

选用较直立、长为 1.2～1.5 米、粗为 1.5～2.5 厘米的竹竿或木棍，插地的一端要削尖。辅助材料可选用细铁丝、尼龙绳、塑料绳等。吊架的主要架材就是塑料绳。在选材时，粗而直立的可用作立杆，细长的可用作横杆、腰杆。

（三）搭支架 当西瓜蔓长到 15～20 厘米长时，即应搭支架。插立杆时，立杆要离开瓜苗根部 25 厘米左右插入土内，深度一般为 15～25 厘米。如为篱壁架，立杆要垂直插入，深度为 20～25 厘米；如为人字架，立杆要按交叉角度倾斜插入土内，深度可适当浅些(15～20 厘米)。但无论采用哪种支架方式，架材都要插牢插稳。

搭篱壁架时，要先插立杆。立杆要沿着西瓜行等距离地垂直插入土内。为了节约架材，可每隔 2～3 棵瓜苗插 1 根立杆。每个瓜畦的 2 行立杆都要平行排齐，使其横成对、纵成行、高低一致。在每行立杆的上、中、下部位各绑 1 道横杆，这样就构成了篱壁架。在整个篱壁架的纵横杆交叉处均应用绳绑紧。为了增加篱壁架的抗风能力和牢固程度，可在每个瓜畦的两头和中间用横杆将 2 个篱壁架连接起来。

搭人字架时，可用 1.5 米左右的竹竿，在每个瓜畦的 2 行瓜苗中每隔 2～3 株相对斜插两根，使上端交叉呈“人”字形，两根竹竿的基脚相距 65～75 厘米，再用较粗的竹竿绑紧作上端横梁。在人字架两侧，沿瓜苗行向距地面 50 厘米左右处各绑一道横杆(也叫腰杆)，各交叉点均用绳绑紧，这样每两行瓜苗需搭 1 个人字架。为了提高人字架的牢固性，可在每个人字架的两端各绑 1 根斜桩。

塑料绳吊架的搭法比较容易，在每株瓜苗的上方将塑料绳吊挂在骨架上，让每条瓜蔓沿着塑料绳生长即可。

露地支架栽培则多采用棚架和三角形架。

棚架包括“1”字形立棚架和“人”字形的人字架或花架。搭架时先插立杆，立杆距瓜秧根部 15～30 厘米，插入土中 15～20 厘米。每一株或每隔 2～3 株插 1 根杆,顺瓜行插一排立杆(每行 1 排)。插杆后,在立杆上绑上、中、下 3 道横杆。每株 1 杆的,可在距地面 50 厘米处绑一道横杆;搭成人字形架的,应将畦内两排立杆顶部绑在一起,其上再绑一道横杆。总之,应使整个棚架牢固坚挺。

三角形架为每株西瓜搭一个三角形架,用 3 根立杆斜插在瓜秧周围,杆顶端都向中央聚拢,将 3 根立杆顶端绑在一起,如同稳固的三角支架,瓜秧就在架下正中央部位,杆间距离 40～50 厘米。单行栽植情况下,可将其中 2 根立杆插在瓜秧北侧畦埂上,另 1 根插在瓜秧南侧。立杆插入土中 15 厘米左右,视土壤情况而定,以插牢为准。

五、整枝绑蔓

搭架西瓜目前普遍采用双蔓整枝,选留 1 主 1 侧蔓,其余侧蔓去掉。在主蔓上第二或第三雌花节位选留 1 个瓜。

整枝与上架绑蔓是支架栽培西瓜的重要管理工作。当瓜蔓长到 60～70 厘米时,就应陆续上架绑蔓。如上架过晚,瓜蔓生长过长易相互缠绕而拉伤蔓、叶和花蕾。在上架的同时进行整枝。单蔓整枝时,将主蔓上架,其余侧蔓全部剪除。双蔓整枝时,每株选留 2 条健壮的瓜蔓(通常为主蔓和植株基部 1 条健壮侧蔓)上架,将其余侧蔓全部剪除。无论单蔓整枝或双蔓整枝,所留瓜蔓上的侧枝都要随时剪除。

随着瓜蔓的生长要及时将瓜蔓引缚上架。可用湿稻草或塑料、纸条将瓜蔓均匀地绑在架面的立杆和横杆上。绑时要一条蔓一条蔓地引缚,切不可将两条蔓绑在一起。同时,不要将瓜蔓绑得太紧,以免影响植株生长。绑蔓方式可根据支架高低、瓜蔓多少及长短等,分别采用 S 形、之字形、A 字形或 U 形。当支架较高、瓜蔓较少时,可采用 S 形,即将瓜蔓沿着架材呈 S 形曲线上升,每隔

30～50 厘米绑一道，并将坐瓜部位的瓜蔓绑在横杆上，以便于以后吊瓜。当支架较低、瓜蔓较少时，可采用之字形绑蔓法(详见第四章第二节中的“五、大棚西瓜的管理”)。当支架较高瓜蔓较多时，可采用 A 字形绑蔓法，即将每条瓜蔓先沿着架材直立伸展，每隔 30～50 厘米绑一道，当绑到架顶后再向下折回，沿着右下方斜向绑蔓，仍每隔 30～50 厘米绑一道，使瓜蔓在架面呈 A 字形排列。当支架较矮瓜蔓较多时，可采用 U 形绑蔓法，即先将每条瓜蔓引上架向上直立绑蔓，当第二雌花开放坐瓜时，则将坐瓜部位前后数节瓜蔓弯曲成 U 形，使其离地面 30 厘米左右。当幼瓜褪毛后，将瓜把(柄)连同瓜蔓固定绑牢，然后随着瓜蔓的生长直立向上继续绑蔓，这样就使每条瓜蔓在架面上呈 U 形排列。绑蔓时注意留置好叶片，不要使叶片相互重叠或交叉。当坐住瓜后，可不再绑蔓。对于坐瓜节位的绑蔓要求，因护瓜方法不同而异。当采用吊瓜方式时，要求在坐瓜节位上下都把瓜蔓绑牢。当幼瓜直径为 10 厘米左右时将瓜蔓打顶，每株留叶 50 余片。当幼瓜长到 0.5 千克重左右时，用吊瓜草绳圈(直径 10 厘米左右)托住瓜，并用绳吊挂在棚架上。采用吊瓜法必须是棚架坚挺抗风雨；若采用使瓜落地生长方法时，可在第一雌花开放坐果期间，将瓜蔓曲成倒“Ω”字形，倒“Ω”形蔓底部距地面 30 厘米左右，坐瓜节位也刚好在倒“Ω”形底部。当西瓜长至鸡蛋大小时进行定瓜，并将上方的蔓绑牢固。以后随着瓜个长大，瓜表面逐渐接触地面(落瓜)。为防止瓜皮受伤，可在瓜大如碗口时，在预计落瓜接触地面处铺些稻草或谷草，使西瓜坐落其上，以防止西瓜受损伤和减轻病虫危害。

三角架栽培的绑蔓方法是：侧蔓均不上架，而将其理顺依次压在地面上匍匐生长，只将主蔓引绑上架。将主蔓先引向瓜行南边的 1 根杆上绑住，然后环绕三角架呈螺旋上升式引蔓和绑蔓，直到架顶。此种方法与三角形矮架相适应，都采取“落瓜”的护瓜方法。坐瓜后，幼瓜随着长大而逐渐下落到地面上生长。为此，应将坐瓜节位前后两道蔓松绑，将瓜放在预先垫好草的地面上；或在瓜落地前，在瓜下垫一草圈，将瓜托住。

此外，还应及时剪除多余侧蔓，适时进行人工辅助授粉，选瓜留瓜，锄草施药防治病虫，去掉多余的瓜胎和清除黄叶、病叶，改善田间通风透光条件。由于上述矮架栽培都实行大弯曲引蔓绑蔓，应注意在中午前后瓜蔓软韧时进行绑蔓工作，以防折断西瓜蔓、叶。

六、留瓜吊瓜

经整枝后每条瓜蔓上只选留1个雌花坐瓜，通常选留第二雌花人工授粉使其坐瓜。多余的小侧蔓和幼瓜要及时摘除，以便节约养分向所留西瓜内集中、促瓜迅速膨大。支架栽培中的整瓜主要是吊瓜和放瓜。当幼瓜长到0.5千克左右时，就要开始吊瓜。吊瓜前，应预先做好吊瓜用的草圈和吊带(通常每个草圈3根吊带)。吊瓜时，先将幼瓜轻轻放在草圈上，然后再将3根吊带均匀地吊挂在支架上。当支架较矮时，一般不进行吊瓜，可先在坐瓜节位上方用塑料条将瓜蔓绑在支架上，当幼瓜长到0.5千克以上时，再将坐瓜节位的瓜蔓松绑，将瓜小心轻放于地面，并在瓜下垫一些麦秸或沙土，以减轻病虫危害，并有利于西瓜发育。

七、其他管理

支架西瓜由于密度大、坐瓜多，所以对肥水的需要量也比爬地栽培多。由于支架对田间操作有一定影响，因而在中耕除草、病虫害防治等方面也比爬地栽培较为费工。

(一)加强肥水管理　支架栽培西瓜除在做畦时重施基肥、浇足底水外，在西瓜膨大期间仍需补充大量肥水。在具体管理上，坐瓜前应注意适当控水、控肥，防止徒长坐不住瓜；坐瓜后要以水促肥，肥水并用，促瓜迅速膨大。在支架西瓜生长中后期单株穴施肥料虽不方便，但可在排灌水沟内随水冲施腐熟粪稀和尿液，每30米长的瓜畦每次冲施15～25千克原液，膨瓜期可冲施2次。在2次冲施追肥间隔中间，再补施一次速效肥，每畦施尿素2～3千克或硫酸铵4～6千克，先将化肥充分溶解在50升水中，再结合浇水冲入瓜畦内。浇水次数也要比一般瓜田增加。除每次结合追肥浇水外，每隔2～3天浇1次膨瓜水，直到采收前3～5天停止浇水。

(二)中耕除草 在支架前应进行一次浅中耕，除掉地面杂草，疏松表层土壤。瓜蔓上架后，要经常拔除支架内外的杂草，以减少养分消耗和有利于架内通风透光。特别要注意及时清除排灌水沟两侧的杂草。当畦面板结时，可用铁钩划锄。

(三)病虫害防治 支架西瓜密度大，又因绑蔓次数较多，所以应加强病虫害防治。常见的主要病害有炭疽病、枯萎病、白粉病、疫病和病毒病等，主要虫害有瓜地蛆、蛴螬、黄守瓜、蚜虫、地老虎和金龟子等。各种病虫害的防治方法请参阅第九章。

(四)打顶 瓜蔓打顶也是一项重要管理工作。无论单蔓整枝或双蔓整枝，每株西瓜应保留50～60片叶(约1平方米的叶面积)，将每条瓜蔓的顶端剪去。打顶时间一般掌握在幼瓜直径长到10厘米左右时进行。

支架西瓜的收获可参照双覆盖栽培进行。但由于采用支架栽培西瓜外观鲜艳、果形端正，收获时要细心采收、轻拿轻放、妥善包装，以保持优良的商品品质，有利于提高售价。

第三节 西瓜再生栽培技术

西瓜再生栽培就是在第一茬西瓜采收后割去老蔓，通过增施肥水，促使植株基部潜伏芽再萌发出新的秧蔓，培养其重新结瓜的一种栽培方式，也称为割蔓再生法。主要是利用西瓜基部的潜伏芽具有萌发再生的能力，减少栽培环节，延长西瓜供应期。

一、基本要求

(一)整地　再生栽培对土壤要求严格,应尽量创造一个土层深厚、肥沃、通透性良好的土壤环境。除了要选择疏松、肥沃的砂壤土种植外,还要精细整地。前茬作物收获后,深翻20厘米以上,细耙2～3遍,而后按1.5～1.8米的行距,挖宽50厘米、深40～50厘米的瓜沟,生土、熟土分放两侧。挖出的土不要马上回填,晾晒一段时间,以利于风化。也可在早春土壤解冻后深耕20～30厘米,整细耙平后再开挖瓜沟。

(二)施基肥　再生栽培的基肥要比一般栽培的适当多施,同时注意长效肥料和速效肥料配合施用。一般每667平方米施用优质圈肥4 000～5 000千克,饼肥100～150千克,过磷酸钙75～100千克,硫酸钾20～25千克。采用分层施肥法施肥,即将全部圈肥和1/2的磷肥施入瓜沟底部,填入部分熟土,并使土、肥混匀。将饼肥、硫酸钾和剩余的磷肥施入10厘米左右的表层土壤中,注意将肥、土充分混匀。

(三)做畦造墒　北方西瓜再生栽培的前提是早熟栽培,故畦式以锯齿畦或龟背畦为宜。具体做畦方法请参阅第三章第一节中的“二、播种前的准备”。播种或定植前5～7天顺瓜沟浇水,造足底墒,以利于出苗或缓苗。

(四)栽培技术

1. 选用适宜品种　适于再生栽培的西瓜品种必须具备生长势及分枝力较强、抗病性强、品质好、产量高等特点。因此,宜选用生长势旺盛、坐果能力强、优质丰产的西农8号、开杂12、美抗8号、华蜜8号、豫兰2000、华西7号及燕都巨龙王等。

2. 适期播种　北方地区进入7～8月份后,高温多雨,各种病虫害暴发,气候条件对西瓜植株的生长不利,西瓜再生栽培难以获得成功。因此,采用再生栽培时,播种期要尽量提早,宜采用育苗移栽或地膜覆盖栽培。育苗移栽的，播种期为 3 月上中旬；地膜覆盖直播栽培，播期也不应晚于 4 月上旬。苗期管理方法与一般栽培相同。

3. 合理整蔓压蔓　采用三蔓紧靠式整蔓压蔓，即保留主蔓和基部两条健壮侧蔓，其余均及时剪去。压蔓时，将 3 条蔓靠在一起压住。结瓜前压蔓要近头重压，即用较大的土块，压在瓜蔓靠近生长点 1 厘米处，促使瓜蔓粗壮节短、叶片肥大、雌花发育良好。当主蔓第十二至第十五节明显分化出雌花蕾时，则在雌花蕾前留 3～5 片叶进行摘心，掐去生长点，使叶片制造的养分集中供给雌花发育。主蔓摘心后，若遇雌花子房脱落，则应利用侧蔓显现的雌花，并及时摘心促使结瓜，保证 1 株结 1 个瓜。雌花开放时，在开花的当天上午 6～9 时进行人工辅助授粉，以保证坐果。

4. 肥水力促　苗期适当控制肥水。在浇足底墒的基础上，一般不需浇水。若底墒不足幼苗表现缺水时，可实行点浇或小水暗浇。如果个别幼苗生长势较弱，可酌施少量追肥。具体做法是：在离幼苗 15 厘米处开穴，每株施尿素 10～15 克，结合点浇小水，促进弱苗生长。

伸蔓后，浇水量适当增加，但以开沟浇小水为主，切勿大水漫灌，以防止秧蔓徒长。植株“甩龙头”后，追肥 1 次。方法是在植株一侧 20 厘米处开沟，每 667 平方米施用三元复合肥 15～20 千克。开花坐瓜期一般不施肥、浇水，以免引起化瓜。

结瓜期要肥水紧促，保证充足的肥水供应。坐瓜后 5～7 天追 1 次肥，每 667 平方米追施三元复合肥 25～30 千克、尿素 5～7.5 千克，开沟施入或结合浇水冲施。此后，根据天气情况，每 2～3 天浇 1 次水，保持畦面湿润，促使幼瓜迅速膨大。西瓜采收前 5～6 天，结合割蔓前浇最后一次水，每 667 平方米施尿素 7.5～10 千克，硫酸铜 5～7.5 千克，促进割蔓后新蔓的萌发。另外，还可进行叶面喷肥，喷洒 0.3％磷酸二氢钾和尿素混合液（二者各半），每隔

7～10 天喷 1 次，共喷 1～2 次。

5. 适时采收　西瓜成熟后要及时采收，具体采收时间根据品种特点及销售情况确定。对某些皮薄易裂瓜或对成熟度要求不太严格的品种，宜在八九成熟时采收。有些西瓜品种对成熟采收期要求严格，如偏早采收瓜瓤色浅，瓤紧味淡，品质下降，必须等果实达到十成熟时再采收。另外，远销时可适当早采，就近供应宜适熟上市。

为使西瓜提早成熟，可采用适量浓度的乙烯利处理。具体做法是：中早熟品种在开花后 24～26 天用 100～200 毫克/千克的乙烯利溶液，于傍晚前后沿果面涂擦一遍，2～3 天后可采收上市。采用乙烯利催熟，应严格控制浓度，禁止在高温期处理，以免瓜瓤恶变而失去食用价值。

二、再生技术

（一）割蔓时间　宜早不宜迟。一般育苗移栽或地膜覆盖栽培的西瓜多在 6 月份成熟后采收。此期外界气温较高、日照充足、雨量适中，比较适于西瓜的生长发育，此时割蔓后新枝萌发快、生长良好，容易获得高产。若栽培或割蔓时间较晚，往往进入高温多雨季节，或遇高温干旱天气，新发秧蔓易受病虫危害，生长势弱、空秧率高、产量较低。一般要求割蔓时间不能晚于 7 月上旬，以保证二次西瓜的成熟。

（二）割蔓方法　在第一次瓜全部采收以后，应及时将全园的老瓜蔓剪除。具体做法是：在主蔓和 2 条侧蔓的基部保留约 10 厘米的老蔓（含有 3～5 个潜伏芽），其余部分全部剪掉。将剪下的秧蔓连同杂草一起清出园外。3～5 天后，基部的潜伏芽即可萌生出新蔓。

三、再生西瓜的管理

（一）促发新蔓 割蔓以后，露地栽培和小拱棚栽培的，清除西瓜植株根际附近的杂草，并用瓜铲刨松表层土壤，然后整平并覆盖50厘米见方的地膜，以提高地温，促进新蔓的萌发和生长。地膜覆盖栽培的，应将地膜上的泥土清扫干净，提高地膜的透光率。也可将地膜揭起用清水冲洗干净，重新铺好。土壤墒情较差时，可在地膜前侧开1条宽、深各20厘米左右的沟，顺沟浇水，浸润膜下土壤。结合浇水每667平方米可施用尿素5～7.5千克，硫酸钾5～6千克或三元复合肥7.5～10千克。以促进新蔓早发旺长。

（二）防治病虫害 再生西瓜一般生长势较弱，加之新蔓的发生和生长期已进入高温多雨季节，各种病虫害极易发生和蔓延。容易发生的病害有枯萎病、炭疽病、病毒病、疫病等，害虫主要有蚜虫、金龟子和黄守瓜等。因此，除在割蔓前注意适时喷药防治病虫害、保持植株旺盛生长外，自割蔓起更应加强对病虫害的防治工作，提前预防和及时用药，把病虫害消灭在萌发阶段。

（三）留瓜节位 再生新蔓的管理与早熟栽培相似。蔓长30厘米左右时，选留3条生长势良好、较长的秧蔓，实行三蔓紧靠式整枝法，剪除其他多余侧蔓。

再生栽培因植株生长势较弱，叶片较小，故留瓜节位不宜过低，一般不选用第一雌花留瓜，否则因营养面积过小，而导致瓜个小、产量低、商品价值不高。但留瓜节位也不能太高，开花坐瓜期若进入高温多雨季节，则病虫害多，坐瓜困难。适宜的留瓜节位为第二或第三雌花。为保证坐瓜，3条蔓上见到雌花后，均在开花后进行人工授粉，最后幼瓜坐稳后在适宜的节位上选留一个子房周正、发育良好的幼瓜，其余的及时摘除。

（四）追肥、浇水 根据再生新蔓的生长情况，开花坐瓜前追施一定量的腐熟有机肥和三元复合肥，每667平方米用量为腐熟饼肥40～50千克，三元复合肥5～7.5千克。幼瓜坐稳后，每667平方米施磷酸二铵15～20千克或尿素10～15千克，三元复合肥10千克，追肥可距瓜根30厘米处开沟或挖穴施下，追肥后浇1次水。结瓜期干旱时应及时浇水，雨后注意排水。结瓜后还可采用0.2%尿素溶液叶面喷肥。

四、再生西瓜的收获

再生西瓜的生育期一般比同品种原生西瓜的生育期短些，特别是春播西瓜的再生栽培，其发育期正值高温季节，由于有效积温很高，因而西瓜很快成熟。所以，再生西瓜的适宜采收期一般可比春播原生西瓜提早3～5天。

第四节　西瓜扦插栽培技术

一、西瓜扦插栽培的意义

连续5年试验证明，利用西瓜茎蔓切段扦插繁殖所结的西瓜，与利用同一品种种子繁殖所结的西瓜进行比较，其单瓜重量及含糖量均无明显差异，并且具有许多优点。

(一)节约种子　用种子生产无籽西瓜，由于发芽率和成苗率低，一般需5～7粒种子保1棵苗。采用插蔓繁殖，只要开始有1棵苗，切取茎蔓扦插就可以大量繁殖无籽西瓜苗。如果利用田间无籽西瓜整枝时剪下的多余分枝进行扦插，则可以完全不用种子(1粒也不用)而大量地繁殖无籽西瓜苗。同时，对新引进的珍贵品种的加速繁殖也有很大意义。

(二)繁殖系数高　西瓜的分枝性很强，在生长过程中不断地发生分枝，而每一分枝又可产生许多节，因为扦插时每根插蔓只需2～3节即可，所以每株西瓜一生中能提供插条1 200根左右。

(三)繁殖方法简便易行,成本低 西瓜插蔓繁殖方法比较简单,只要预先培养好扦插所用瓜蔓(如果延后栽培可用整枝时剪下的瓜蔓进行截段扦插),整好畦灌水后即可扦插。无籽西瓜利用插蔓繁殖,成本很低,如果利用田间无籽西瓜整枝剪下的瓜蔓扦插时,则可节省下种子和育苗费用。如果先利用采蔓圃培养瓜苗,然后再用采蔓圃的瓜蔓进行扦插时,则可节省种子费用。

(四)保存种质资源 通过插蔓繁殖的西瓜,具有原母体种相对稳定的植物学特征和生物学特性,而且这种稳定性在以后的继代插蔓繁殖后代中仍能保存下来,使来自同一株瓜蔓的各世后代形成了无性繁殖系,并能使历代都相对稳定地保持其原祖代品种的特征和特性。因此,西瓜插蔓繁殖可作为保存种质资源的一种特殊方法,用于某些珍贵稀有品种种质资源的保存。

二、西瓜扦插繁殖方法

西瓜插蔓繁殖,可根据瓜蔓来源考虑设采蔓圃或不设采蔓圃。设采蔓圃时,应利用温室、火炕或电热线提前育苗,培养出健壮母株,其方法与早熟栽培中的苗期管理相同。一般结合西瓜的保护地(如温室、塑料大棚或中型拱棚等)栽培,可不单设采苗圃。利用整枝时剪下的分枝截段扦插即可。其扦插方法如下。

(一)扦插畦的准备 扦插畦设在塑料小拱棚内,以便于保温、保湿和防风遮荫等。畦宽 1.2～1.5 米,长 10～15 米,深 0.2～0.25 米。畦内放入高 10 厘米、直径为 8～10 厘米的塑料钵或营养纸袋,钵(袋)内装满营养土。也可在畦内填入营养土,踩实整平,使厚度达 10 厘米,灌透水,当水刚渗下时,立即用刀具等切割成 10 厘米×10 厘米×10 厘米的营养土块(营养土事先用砂壤土 6 份、厩肥 4 份掺和好,而后每立方米掺和土内再加入 1 千克三元复合肥充分混合均匀配成。砂壤土和厩肥要过筛后使用)。

(二)采蔓 先将采蔓用的刀或剪子用 75%酒精消毒,然后从田间或采蔓圃内切(剪)取瓜蔓,立即放入塑料袋里,防止失水萎蔫。

(三)扦插 插前先将扦插畦内的营养土浇透水,再将采集的西瓜蔓用保险刀片(用75%酒精消毒)切成每根带有2～3片叶的小段,并将每段基部的一个叶连同叶柄切去(如有苞叶、卷须、花蕾等也应切去),但要保留茎节,以利于产生不定根。下切口削成马蹄形,在生根液内浸泡半分钟,即可用于扦插。扦插时瓜蔓与畦面呈45°倾角,深度为3.5厘米左右。也可以先插蔓后浇水,但扦插深度要适当控制,并应防止因浇水而倒蔓。采蔓、浸泡、扦插操作应连续进行,插完后立即盖膜。

(四)盖膜 盖膜前先用小竹竿扎好拱形骨架,其方法与建小拱棚育苗苗床相同。每畦扦插完毕立即覆盖塑料薄膜,用以保温、保湿和防风。拱棚可于一侧固定封死,另一侧暂时封住,留作进出管理的门口。

三、西瓜扦插栽培管理要点

提高扦插成活率是扦插栽培管理的基本出发点。西瓜扦插苗的成活率与所采取的瓜蔓节位高低、分枝级次和叶片多少等有一定关系。根据多年试验发现扦插苗成活率的规律是:同一条分枝不同节位的瓜蔓,基部切段的成活率大于中部切段,中部切段的成活率大于顶部切段。不同分枝相同节位的瓜蔓,母蔓切段的成活率大于子蔓,子蔓切段的成活率大于孙蔓。同一条瓜蔓上,顶部切段以具有5片叶、中部切段以具有2片叶、基部切段以具有1片叶时其扦插成活率最高。

生根液对提高无籽西瓜蔓扦插成活率具有显著作用,比对照一般可提高成活率1.9～2.7倍。同时,生根液对幼龄分枝或同一分枝较高节位的作用更大。

除生根液外,无籽西瓜茎、蔓中的营养物质及内源生长激素可能对瓜蔓切段的成活率也有一定影响。为了提高西瓜扦插苗的成活率,除了尽量选择基部蔓切段外,还应注意下列几项管理要点。

(一)遮荫 插后3天以内要在塑料拱棚上加盖草苫遮荫,防止阳光直射。第四至第六天,只在中午前后进行遮荫。7天以后则无须再遮荫。

(二)保温调温 插蔓后畦内表土下2厘米处白天地温最好保持在28℃～32℃、夜间保持在20℃～22℃,以利于生根。当畦内表土下2厘米地温在14℃以下时,不能插蔓,插后也不会生根。保温调温可通过塑料薄膜和草苫揭盖时间的长短进行调节。

(三)湿度的调节 插蔓后1～3天,畦内空气相对湿度应保持在95%～99%,4～6天后降为90%～95%,7～10天内降为85%～90%,而后10天以内降为80%～85%,直至移栽定植。

(四)叶面喷肥 插蔓后3天内,在叶面上每天上午和下午各喷1次0.3%尿素及磷酸二氢钾,以供给叶面光合作用所需的水分及矿物质。

(五)浇生根液 插蔓后1～7天内,每隔1～2天在插蔓基部喷洒1次生根液,每次每株浇10毫升左右。如果株数较少可用滴管滴,每天上午和下午各滴1次,每次3～4滴。

(六)移栽定植 插蔓后15～20天,插条基部就能发生许多不定根,这时即可进行大田的移栽定植。大田的移栽定植及栽培管理措施与普通栽培相同。栽培中一般均采用三蔓式整枝,选留主蔓坐瓜,每株只留1个瓜。

第五节　西瓜无土栽培技术

一、无土栽培的类型和基质

无土栽培一般可分为基质栽培和无基质栽培两大类。基质栽培又因基质种类的不同分为许多不同栽培方法。用草炭、锯末、刨花、稻草、菇渣、蔗渣、棉籽壳等作基质的总称为有机基质栽培法。以岩棉、煤渣、珍珠岩、蛭石、沙砾等为基质的总称为无机基质栽培法。基质可以单独使用,也可混合使用。将有机基质和无机基质混合,可以增强使用效果。

二、无土栽培的方法与形式

无土栽培最初是从水栽法开始的。水栽法又称水培,这种方法是将根系与营养液直接接触。近年来我国常用的水培法已发展为营养液膜法、深液流法和浮板毛管水培法等多种。

喷雾法又称雾培,它是将营养液以雾的形态直接喷到根系上。这种方法通常是将植株根茎部固定在聚丙烯泡沫塑料板上,根系悬空在该塑料板下,根系下方安装自动定时喷雾装置,营养液循环利用。在我国无土栽培发展过程中,基质栽培主要采用岩棉栽培、袋培、盆栽、槽培等栽培方法。目前生产中应用最多的是槽培。

(一)沙砾栽培法 此法是在一定栽培容器中,用沙或砾石作西瓜的栽培基质,定时定量地供应营养液而进行的栽培。根据其栽培容器不同,又可分为盆栽法和槽栽法。

1. 盆栽 以直径40厘米左右、深50～60厘米的釉瓷钵、瓷瓦钵等作栽培容器,在容器内装入沙砾及石块等作为栽培基质。即先在盆底部装卵石块一层,厚约10厘米,其上再铺砾石(直径大于3毫米)厚5厘米,最上层铺粗沙(直径2毫米左右)25厘米厚。在盆的上部植株附近安装供液管,定时定量均匀地使营养液湿润沙石。或用勺浇供液。在盆下部安装排液管,集中回收废液,以便循环使用。

2. 槽栽 其原理与盆栽相同,其装置由栽培床、贮液池、电泵和输液管道等部分组成。栽培床多为铁制或硬质塑料做成的三角槽,槽内装入沙砾,营养液由电泵从贮液池中泵出,经供液管输入栽培槽,在栽培槽末端底部设有营养液流出口,经栽培床后的营养液从出口流入贮液池,再由电泵送入注入口,循环使用。

(二)营养膜栽培法 此法是在水栽的基础上发展起来的一种栽培形式,这种方法不需要沙砾等物质作栽培基质。其原理是使一层很薄的营养液,在栽培沟槽中循环流经根系,而进行西瓜栽培。栽培沟槽一般用硬质塑料或其他防水材料制成,可以用塑料布折叠在一起形成一个口袋的样子,边缘用扣子或夹子连在一起,使营养液在袋中循环流动。或者在平底长槽中放上一个微孔的厚塑料覆盖板,其上按一定株行距开种植孔种植西瓜,由于覆盖板差不多是停放在槽中的,随着根系的生长,覆盖板也可以上升,用水泵使营养液在槽中流动。小规模的也可以用手工操作使之流动,以供植株吸收。

(三)雾栽法 又称气培。就是使作物根系悬挂于栽培槽的空气中,用喷雾的方法供应根系营养液,使根系连续或不连续地浸在营养液细滴(雾或气溶胶)的饱和环境中。此法对根系供氧效果较好,便于控制根系发育,节约用水。但对喷雾温度受气温影响波动较大,不易控制。日本已将喷雾法进一步改进,形成多种形式的喷雾水栽装置,已大面积应用于生产,取得了良好效果。

三、营养液的配制

(一)原料准备 作物需要的营养元素,主要包括两部分:一是常量元素,如氮、磷、钾、钙、镁、硫等;二是微量元素,如铁、铜、锰、锌、硼等。营养元素通常呈化合物形态存在,配制营养液时,应选择适宜的化合物。在西瓜无土栽培中,一般可供选择的氮源有硝酸钙、硝酸钾、硝酸铵、硫酸铵等,常用的钾素化合物有磷酸二氢钾、硫酸钾、硝酸钾等,可供选用的磷化合物有磷酸二氢钾、过磷酸钙等,可选用的镁化合物多为硫酸镁,铁素可选用硫酸铁或柠檬酸铁等有机铁化合物。微量元素中,可选用的化合物有硫酸锌、硫酸铜、硼砂(或硼酸)、硫酸锰等。

(二)营养液配方 配制西瓜无土栽培所用的营养液是根据西瓜生长最适宜的土壤溶液的浓度所组成。西瓜植株中各种营养元素的含量范围、西瓜健壮生长所吸收的营养成分等方面的材料,通过大量的测定分析,并在此基础上确定营养液的配方,使其满足西瓜正常生长发育对各种营养成分的需要。下边列出两例适于西瓜无土栽培的配方,供参考。

配方1 此配方为斯泰耐配制的适合一般作物的营养液,在国际上使用较为广泛。其营养液组成见表5-1。

配方2 此配方为山东农业大学园艺系研究出的温室西瓜无土栽培的营养液配方。按每升水计算:硝酸钙[$Ca(NO_3)_2$]1克,磷酸二氢钾(KH_2PO_4)0.25克,硫酸镁($MgSO_4 \cdot 7H_2O$)0.25克,硫酸钾(K_2SO_4)0.12克,硝酸钾(KNO_3)0.25克,三氯化铁($FeCl_3$)0.025克。配方中除常量元素之外,还包括微量元素,如铁、硼、锰、锌、铜等,其化合物为硼砂、硫酸锰、硫酸锌、硫酸铜等。每升营养液中加入硼砂0.25毫克,硫酸锌、硫酸铜、硫酸锰各0.1毫克即可。

表5-1 斯泰耐的营养液配方

化合物	符 号	每1000升水中的加入量(克)
磷酸二氢钾	KH_2PO_4	135
硫酸钾	K_2SO_4	251
硫酸镁	$MgSO_4 \cdot 7H_2O$	497
硝酸钙	$Ca(NO_3)_2 \cdot 4H_2O$	1059
硝酸钾	KNO_3	292
氢氧化钾	KOH	22.9
硫 酸	H_2SO_4	根据所需pH酌情加入几滴

续表 5-1

化合物	符 号	每 1000 升水中的加入量(克)
EDTA 铁钠钾	FeNaKEDTA(5mgFe/ml)	400 毫升
硫酸锰	$MnSO_4 \cdot H_2O$	2
硼 酸	H_3BO_3	2.7
硫酸锌	$ZnSO_4 \cdot 7H_2O$	0.5
硫酸铜	$CuSO_4 \cdot 4H_2O$	0.08
钼酸钠	$NaMoO_4 \cdot 2H_2O$	0.13

(三)配制母液 由于营养液经常使用,但是每次所用的肥料和微量元素却很少。如果每次现用现配,则需多次称量各种肥料,费工费时。所以,使用中一般是先按照配方要求,分别配成 100 倍或 1 000 倍的浓缩液,在每次使用时再按照原来的浓缩比例进行稀释。用于制备营养液的盐类,应存放在玻璃或陶瓷容器内,而不得存放在金属容器中,以免金属容器与盐类发生作用,改变盐类的化学组成和腐蚀容器。配制母液应使用蒸馏水或凉开水,忌用井水配制,但稀释母液配制培养液时可用井水。

制备母液时,应先按照所选用配方的配比及浓缩的倍数,计算出各种肥料的用量,然后准确称量。称取常量元素肥料时,可用粗天平或小盘秤;称取微量元素肥料时,应用分析天平或粗天平,而不得使用小盘秤。对于难以溶解的化学肥料,应先单独用热水溶化,待全部溶解后再配制。营养液一次不可配制过多,应根据栽培面积的用量及不同生育期的实际需要随配随用,以便及时调整营养液的成分。

取用母液时,应充分搅拌均匀后再吸取,以免上下的浓度不同。稀释后的营养液在使用前应将溶液的 pH 调整到 5.5～6.5 的范围内。pH 过高,可用稀硫酸或盐酸校正;pH 过低,可用氢氧化钠校正。在校正 pH 时,酸碱的一次用量不可过多,应分次逐渐加入。

四、栽培管理要点

目前,西瓜无土栽培主要是在温室或塑料大棚等保护设施中进行。所以,其优质丰产栽培技术除应分别与温室、塑料大棚栽培基本相同外,还应抓好以下几点。

(一)调整营养液 营养液配方在使用过程中,要根据西瓜的不同生育期、季节、因营养不当而发生的异常表现等,酌情进行配方成分的调整。西瓜苗期以营养生长为中心,对氮素的需要量较大,而且比较严格。因此,应适当增加营养液中的氮量(氮∶磷∶钾=3.8∶1∶2.76)。结果期以生殖生长为中心,氮量应适当减少,磷、钾成分应适当增加(氮∶磷∶钾=3.48∶1∶4.6)。冬季日照较短,太阳光也较弱,温室无土栽培西瓜易发生徒长,营养液中应适当增加钾素用量;在氮素使用方面,应以硝态氮为主,少用或不用铵态氮。而在日照较长的春季栽培中,可适当增加铵态氮用量。西瓜缺氮、缺铁等元素,都会发生叶色失绿变黄现象。缺氮时往往是叶黄而形小,全株发育不良;如果缺铁,则表现叶脉间失绿比较明显。在西瓜无土栽培中,由于缺铁而造成叶片变黄等较为多见。其原因往往由于营养液的 pH 较高,而使铁化合物发生沉淀,不能为植株吸收而发生铁素缺乏。可通过加入硫酸等使 pH 降低,并适量补铁。

(二)提高供液温度 无土栽培中无论哪一种形式,营养液温度都直接影响西瓜根系的生长和对水分、矿质营养的吸收。西瓜根系的生长适温为 18℃~23℃,如果营养液温度长期高于 28℃或低于 13℃,均对根系生长不利。温室西瓜无土栽培极易发生温度过低的问题,可采取营养液加温措施(如用电热水器加温等)使液温符合根系要求。如果为沙砾盆栽或槽栽方法,可尽量把栽培容器设置在地面之上，温室内保持适宜的温度，以提高根系的温度。

（三）补充二氧化碳 二氧化碳是西瓜进行光合作用以制造营养物质的重要原料，也是决定产量及品质的重要因素。温室内进行西瓜无土栽培，西瓜吸收二氧化碳速度很快。由于不施用有机肥料，因而二氧化碳含量较少。因此，二氧化碳不足是西瓜生产的重要限制因子。据试验，施用二氧化碳可以促进西瓜坐果和果实膨大，具有明显的增产作用。现在，国外二氧化碳追肥已成为无土栽培中必不可缺少的一项措施。温室内补充二氧化碳的具体方法如下：①开窗通气。上午 10 时以后，在不影响室温的前提下，开窗通气，以大气中的二氧化碳补充温室内的不足。②碳酸氢铵加硫酸产生二氧化碳。具体方法详见本书第四章第二节中的“五、大棚西瓜的管理”。③施用干冰或压缩二氧化碳。国外一般用二氧化碳发生器和燃烧白煤油以产生二氧化碳。

（四）其他管理 西瓜无土栽培如采用沙砾盆栽法，一般每天供液 2～3 次，上午和下午各 1 次，晴朗、高温的中午增加 1 次，每次单株用液量 0.5～1 升，苗期量小一些、后期量大一些。营养膜法和雾栽法两次供液间隔时间一般不超过 30 分钟。

西瓜伸蔓后，及时上架或吊蔓。采用双蔓整枝，即只保留主蔓和 1 条健壮侧蔓，余者随时打去。选择发育良好的第三或第四雌花留果，开花后及时进行人工授粉。

第六章　无籽西瓜栽培技术

第一节　无籽西瓜的分类和特性

一、无籽西瓜的分类和栽培价值

无籽西瓜是指果实内没有正常发育种子的西瓜。根据无籽西瓜形成方法的不同,可分为三倍体无籽西瓜、激素无籽西瓜、三倍体×四倍体无籽西瓜、染色体易位无籽西瓜四类。

无籽西瓜之所以越来越受到消费者和生产者的普遍欢迎,其原因主要有以下 4 点。

(一)品质优良,风味独特　三倍体无籽西瓜比相应的二倍体有籽西瓜含糖量高 1%~2%,而且果糖在总含糖量中所占的比例高 5%~10%;糖分在整个果实内分布均匀,糖含量梯度小;瓜瓤质脆多汁,并具有特殊风味。品质优良,无种子,食用方便。

(二)生长势旺,抗性强　无籽西瓜抽蔓后,生长势旺盛,分枝力也强,对各种病害有较强的抵抗力。据田间调查,无籽西瓜植株枯萎病和疫病的发病率比有籽西瓜分别低 12.5%和 23.8%。此外,对蔓枯病、炭疽病、叶枯病及白粉病等,无籽西瓜均比普通有籽西瓜具有较强的抵抗力。

(三)丰产、稳产性好　无籽西瓜由于不形成种子,减少了营养物质和能量的消耗,且在坐瓜期果实营养中心不突出,因而能够一株多瓜、多次结瓜和结大瓜。由于无籽西瓜生长势旺,不早衰,有后劲,一般可结两茬瓜,如栽培管理得当可结三茬瓜,增产效益十分明显。

(四)抗热、耐湿能力强　当棚内气温达到 38℃~40℃时,有籽西瓜叶片上的气孔即行关闭,细胞内许多生理活动基本停止,呈所谓“高温休眠”状态,此时无籽西瓜植株尚能维持一定的物质代谢和生长能力。有籽西瓜对土壤含水量十分敏感,在浇水后接着下雨和连续降雨造成土壤湿度过大时,植株容易萎蔫,轻者延缓生长或推迟结瓜,重者造成减产减收。但无籽西瓜因耐湿能力强,在上述同样情况下(浇水后连续降雨)也能获得较好收成。这也是南方诸省无籽西瓜发展快于北方各省的原因之一。

(五)耐贮运能力强 由于无籽西瓜不含种子,大大减少了果实贮藏期间种子后熟及呼吸作用所需消耗的营养物质,贮运性远优于有籽西瓜。由于无籽西瓜的适熟期比有籽西瓜长,所以采收后贮藏时间也较后者长。在一定的贮藏期内,因后熟作用,果实中的多糖类物质继续转化为甜度较高的单糖和双糖,品质和风味进一步提高。同时,瓜皮变薄,可食率增加。

二、三倍体无籽西瓜的特征特性

(一)种子的特征特性 三倍体西瓜的种子比二倍体西瓜种子大,种皮较厚,但种胚发育不完全。三倍体西瓜种子的种皮厚度约为二倍体西瓜的1.5倍,其中外层和中层种皮的增厚尤为显著。较厚的种皮对胚的水分代谢、呼吸作用和温度感应等影响较大。种脐越厚,对胚根发芽时的阻力越大,亦即发芽越困难。三倍体西瓜的种脐厚度约为同类型品种二倍体的2倍以上。此外,三倍体西瓜种子的形态和结构与二倍体西瓜及四倍体西瓜均有较大差异(表6-1)。

表6-1 不同倍体西瓜种子的结构 (单位:毫米、克)

项目	二倍体	三倍体	四倍体	说明
种子重量	0.5	0.65	0.83	10粒总重
种子厚度	1.81	2.18	2.76	10粒平均

续表 6-1

项　目		二倍体	三倍体	四倍体	说　明
种皮厚	胴　部	0.23	0.34	0.38	10 粒平均
	脐　部	0.34	0.66	0.68	10 粒平均
种皮重量		0.22	0.43	0.44	10 粒总重
胚鞘厚度		0.33	0.056	0.045	10 粒平均
种胚情况	重　量	0.28	0.22	0.39	10 粒总重
	厚　度	1.28	1.01	1.41	10 粒平均
	胚芽与胚轴大小	2.13×1.06	1.97×1.12	2.35×1.15	(胚芽＋胚轴的纵径)×横径,10 粒平均
	胚叶情况与纵径×横径	充满种壳 6.18×4.7	不充实 纵折胚 5.81×5.02	较充实 5.88×5.06	以胚肩为界,胚肩以上为胚芽、胚轴;胚肩以下为胚叶,10 粒平均
	胚重/种重	56%	34%	47%	10 粒总重之比值

三倍体西瓜的种胚发育不完全,具体表现是缺损胚、折叠胚和无胚(仅有种皮和胚鞘),胚重仅占种子重量的 34%～38%;而发育正常的二倍体普通西瓜种子,胚重占种子重量的 56%以上(表 6-2)。

表 6-2　不同倍体西瓜种胚调查及对发芽率的影响

项　目	调查数(粒)	正常胚(粒)	缺损胚(粒)	折叠胚(粒)	空　壳	胚重/种子(%)	发芽率(%)
二倍体	50	50	0	0	0	55.97	98
三倍体	50	21	5	18	6	35.94	76
四倍体	50	45	1	4	0	47.21	92

注:每份样品 100 粒种子,调查胚 50 粒,检验发芽率 50 粒。浸种 8 小时,25℃室温催芽,40 小时后记录发芽率

(二)幼苗的特征特性 三倍体西瓜的幼苗胚轴较粗。子叶肥厚,真叶较宽,缺刻较浅,裂片较宽,叶尖圆钝,叶色深绿。幼苗生长缓慢,对温度要求高于二倍体西瓜,而且适应的温度范围较窄。真叶的展出相当慢,在相同的生长环境(温、光、气、土、肥、水等)条件下,三倍体西瓜从第一片真叶展出至团棵第五片真叶展出所需时间,比二倍体西瓜多 5～6 天。至幼苗期结束,植株共展出 5～6 片真叶,它们顺次排列成盘状,每片真叶的面积顺次增大,但其叶面积不大,仅为结果期最大叶面积的 2.3%左右。茎轴的生长极为缓慢,至幼苗期结束时仅为 2.5 厘米左右,整个植株呈直立状态。

(三)抽蔓期的特征特性 团棵后节间开始伸长,植株地上部由直立状态变为匍匐状态。从此,地上部茎叶等营养器官进入一个新的快速生长阶段。这一时期是奠定无籽西瓜营养体系的主要阶段。无籽西瓜最大功能叶片的出现节位较普通二倍体西瓜高,出现的时间也晚。据试验观察,普通西瓜主蔓上最大功能叶出现在第二十节前后,侧蔓上最大功能叶出现在第十五节前后;而无籽西瓜主蔓上最大功能叶出现在第三十节前后,侧蔓上最大功能叶出现在第二十五节前后。生产实践证明,无籽西瓜生长势较强,生育期较长,结果时间也较二倍体西瓜晚。

苗期生长缓慢,抽蔓期以后生长量和生长速度明显加大,这是无籽西瓜生长规律的一大特点。瓜农常说"无籽西瓜生长有后劲"就是指这一特点而言。无籽西瓜主蔓和侧蔓的长度较普通西瓜为长,功能叶片较多,单叶面积较大,下胚轴较粗,这种生长优势一直维持到结果期。无籽西瓜最大功能叶片单叶面积为 230～240 平方厘米,较二倍体普通西瓜大 24%左右。由于无籽西瓜具有数量较多、面积较大的功能叶片,加之叶片气孔较大,气体交换量增加,其同化功能也相应地增强,所制造的光合产物也相应增加。

(四)结果期的特征特性 从雌花开放至果实成熟为结果期。单株结果期,则是从留瓜节位的雌花开放至该果实成熟。在

25℃～30℃的气温条件下，各品种无籽西瓜需历时35～45天。坐果率低是无籽西瓜生产中存在的一个问题。在相同的栽培条件下，无籽西瓜的自然坐果率仅为33.5%，而普通西瓜为69.7%。如果说自然坐果率低是由于无籽西瓜生理特点的内因所决定的，那么本阶段的环境条件和栽培措施则是影响坐果率的外部因素。

坐果阶段不仅是西瓜果实能否坐住的关键时刻，而且也是正确选留坐瓜节位、关系无籽西瓜产量及品质的关键阶段。坐果节位低，则果实小、皮厚、空心、着色秕籽较多，含糖量低，产量不高；但坐瓜节位过高，如在主蔓上超过30节，果型又显著变小，产量和品质下降。以主蔓上第十五至第二十五节坐果最为理想（表6-3）。

表6-3　坐果节位对无籽西瓜商品性及单瓜重的影响

坐果节位	瓜皮厚度（毫米）	剖面情况	着色秕籽（粒）	中心含糖量（%）	单瓜重（千克）	
					最　大	平　均
8～10	18.5	空　心	5.3	10.86	4.85	3.76
15～20	16.2	良　好	2.1	11.88	6.92	5.25
21～25	15.9	良　好	0	12.37	7.28	5.33
26～30	14.7	有黄块	0	10.54	5.13	4.11

果实膨大阶段肥水施用不当，不仅影响产量，而且对果形和品质影响也很大。一些畸形果中的扁平瓜、偏头瓜、“葫芦”瓜（大头瓜）及部分空心和裂果等与浇水不当有很大关系；氮肥过多则可使西瓜皮厚、瓤色变淡、含糖量降低、纤维加粗，甚至使瓜瓤中产生黄色硬块。所以，这一阶段要满足植株对肥水的最大需要，特别要满足对钾肥的需要。

到果实成熟时果实体积停止膨大，内部则以水解过程占优势，以物质的转化为主，随之发生瓜皮硬度、果实比重、含糖量、色素、糖酸比及瓜瓤硬度等一系列物理生物化学变化。无籽西瓜变瓤期的各种物理与生物化学变化速度及变量均比普通西瓜大。这一阶段蔓、叶中有部分营养转入果实中去。随着养分向果实中大量的转移和累积,叶片的光合、呼吸、蒸腾三大作用也都大为降低,而果实内部的生物化学变化成为植株生长代谢中心,故该阶段成为果实迅速发生变化的时期。

栽培上首先应积极地使叶面积及其同化能力始终保持在较高的水平上,避免损伤叶片,防止蔓、叶早衰。为了增加甜度,提高品质,此阶段应停止浇水,并注意及时排水,还应采取垫瓜、翻瓜等措施,以提高无籽西瓜果实的商品性。

第二节　无籽西瓜的栽培

一、无籽西瓜育苗技术

(一)播种前的种子处理

1. 种子挑选　播种前种子最好要经过粒选,将混入的二倍体、四倍体西瓜种子及其他杂质全部挑出,然后进行晒种、消毒、浸种和催芽。

2. 消毒灭菌　同有籽西瓜。详见本书第三章第一节中的“二、播种前的准备”。

3. 浸种　由于三倍体西瓜种子的种皮硬而厚,吸水量很大,吸水速度相对较慢。为了加快种子的吸水速度,缩短发芽和出苗时间,一般均应进行浸种。

据中国农业科学院郑州果树研究所试验,无籽西瓜种子的吸水率比普通西瓜种子的吸水率高约 1 倍,其中种皮的吸水率为110%,而普通西瓜种皮吸水率为 72.7%;种胚的吸水率为33.3%,为普通西瓜种胚吸水率的 3 倍(表 6-4)。浸种时间因水温、种子大小、种皮厚度而异。水温较高、种子小或种皮薄时,浸种时间较短；反之，则浸种时间较长。一般在室温下用清水浸泡6～8小时。

表6-4　不同倍数染色体西瓜种子吸水特性的比较

（中国农业科学院郑州果树研究所）

品种名称	种子干重（毫克）			浸种后重量（毫克）			吸水率（%）			除去种皮后种胚吸水（%）
	种胚	种皮	总重	种胚	种皮	总重	种胚	种皮	总重	
四倍体1号	32.0	40.0	72.0	34.0	80.0	114.0	6.3	100.0	58.3	16.4
蜜　宝	27.3	43.6	70.9	36.0	92.0	128.0	33.3	110.0	80.5	50.0
蜜宝无籽	24.0	22.0	46.0	26.0	38.0	64.0	8.3	72.7	39.1	11.1

无籽西瓜浸种时应注意以下几点：①在浸种前已进行破壳处理的种子，其浸种时间应适当缩短。对先浸种后破壳处理的种子，在浸种后将种子用清水冲洗并反复揉搓，以洗去种皮上的黏附物，以利于嗑籽破壳。②浸种时间要适当。如浸种时间过短，种子吸水不足，发芽迟缓；浸种时间过长，吸水过多，易造成种子开口或酱种。③利用不同消毒灭菌方法处理的种子，浸种时间应有所区别。经高温烫种的，种皮软化得较快，吸水速度也快，浸种时间可大大缩短，一般4～6小时即可；用25℃～30℃恒温浸种的，所需时间则更短，一般经3～4小时即可。药剂处理种子时间较长者，其浸种时间也应适当缩短。④催芽。西瓜种子吸足水分后，只要环境条件适宜就会萌动发芽。但由于三倍体无籽西瓜种胚的发育不完全，种皮较厚，发芽困难，所以要采取破壳处理，解除种子“嘴”上的发芽孔对胚根的束缚，以利于种子发芽，提高种子的发芽率。

无籽西瓜种子的发芽适温为32℃左右，较普通西瓜催芽温度略高。但为了避免下胚轴过长，可采用变温催芽法、即在催芽前期10～12小时使温度升至36℃～40℃，以促进种子加快萌发，此后使温度降至30℃、直至胚芽露出。

无籽西瓜种子催芽的方法参阅第三章第一节中的“三、育苗技术”部分。

催芽时应注意的事项：①催芽的温度应尽量稳定，空气相对湿度和空气要充足，并避免强光直接照射。②催芽长度以刚露白芽为宜，最长不应超过5毫米。若出芽不整齐时，可先将出好芽的挑出来播种，或用湿布包好放在低温（10℃～15℃）处，待其余种子基本出齐后一起播种。③在催芽过程中，最好经常翻动种子，使种子各部位受温均匀、发芽一致。此外，每天还要用温水将种子冲洗1～2次，冲去种皮上的高温酸化物质，以利于种子发芽。

4. 提高种子发芽率的几项措施

（1）破壳处理　由于三倍体无籽西瓜种子皮厚而坚硬，不仅吸水缓慢，而且胚根突出种壳时会受到很大阻力，既影响发芽速度又消耗了大量能量；加之种胚发育不完全，生活力较弱，若任其自然发芽十分困难。因此，必须采用破壳的方法进行处理。试验和实践均证明，破壳可以有效地提高三倍体无籽西瓜种子的发芽势和发芽率。尤其在较低的温度条件下催芽，更应进行破壳处理（表6-5）。破壳处理既可在浸种前进行，也可在浸种后进行。但若在浸种前破壳，浸种时间应适当缩短2～3小时。先浸种后破壳时，在破壳前要先用干毛巾或干净布将种子擦干，以免破壳时种子打滑不便操作。

表6-5　破壳对不同倍体西瓜种子发芽率的影响

品　种	25℃条件下的发芽率(%)		32℃条件下的发芽率(%)	
	嗑籽破壳	不破壳	嗑籽破壳	不破壳
蜜宝四倍体	78	69	91	82
78366无籽	69	22	84	38
乐蜜1号	72	93	96	94

破壳的方法有口嗑破壳法和机械破壳法两种：①口嗑破壳法。就是用牙齿将种子喙部(俗称种子嘴)嗑开一个小口,像平时嗑瓜籽一样,手拿1粒种子将其喙部放在上下两牙齿之间,轻轻一咬,听到响声为止,不要咬破种胚。②机械破壳法。用钳子将种子喙部沿窄面两边轻轻夹一下即可。为了确保安全,可在钳子后部垫上一块小塑料或小木块,以防用力大时损伤种胚。

(2)药剂处理　为了加快种子发芽速度,提高发芽率,可用药物处理种子,对种胚进行刺激,促进其生理活动。山东省莱州市园艺研究所(1997)试验表明,用20毫克/千克生根粉6号(ABT6)浸种2小时或用0.1%阿司匹林和维生素C溶液(简称“AV”液)浸种6小时,可提高无籽西瓜种子的发芽势和发芽率(表6-6)。

表6-6　药剂浸种对无籽西瓜种子发芽的影响　(莱州,1997)

处　理	种子数(粒)	16小时后		32小时后		48小时后	
		发　芽(粒)	占对照(%)	发　芽(粒)	占对照(%)	发　芽(粒)	占对照(%)
20毫克/千克ABT6	300	188	218.6	215	199.1	231	114.4
0.1%“AV”液	300	179	208.1	203	188.0	227	112.4
0.1%VC液	300	153	177.9	186	172.2	214	105.9
25毫克/千克赤霉素	300	137	159.3	174	161.1	210	104.0
清水(CK)	300	86	100.0	108	100.0	202	100.0

注:品种为78366无籽西瓜,计算累计发芽粒数

从表6-6中可知,以20毫克/千克的ABT6为最好,不但提高了西瓜种子的发芽势,而且比对照提高发芽率14.4%。其次为0.1%“AV”液,提高发芽势1倍以上,提高发芽率12.4%。0.1%

维生素 C 和 25 毫克/千克赤霉素能提高西瓜种子的发芽势,但对发芽率几乎不起作用。

(3)种子充分成熟　无籽西瓜制种种子的成熟度对种子发芽率和发芽势都有影响。充分成熟的种子发芽率和发芽势均高于不充分成熟的种子。试验表明,从开花受精后 38 天采收的果实,即使未经后熟的种瓜内采的种子,其发芽率和发芽势也是高于早采收并经后熟的种子(表 6-7)。由此可见,种瓜必须充分成熟才能采收取种,采收后再放到通风良好的室内后熟 3～5 天更好。这样的种子生活力强,发芽率高。

表 6-7　无籽西瓜种瓜成熟度对种子发芽的影响

处理		发芽势(%)	发芽率(%)
种瓜发育天数	后熟天数		
32	0	35.7	46.3
32	3	56.5	70.5
32	5	64.8	72.9
38	0	71.2	78.7

(二)无籽西瓜的育苗　育苗方法与二倍体普通西瓜相同。但要求床温较高,所以采用温床育苗较好。在瓜田附近选择排水良好、管理方便的背风、向阳地作苗床。温床规格及建造方法与冷床基本相同,只不过床底需增加酿热物。酿热物多采用马粪,厚度与当地气温有关。气温高的可薄些,气温低的应厚些。山东省一般为 30～35 厘米。近年来多采用电热温床育苗。

苗床有斜面式和拱形式两种。斜面式以东西走向、南北排列为宜,拱形式以南北走向、东西排列为宜。挖床坑时,最好先按长 5～10 米、宽 1～1.2 米的长方形规格画好线,然后开挖 50～60 厘米深床坑。坑底挖成中部高、四周低的龟背形,铺放马粪等酿热物时应中部薄四周厚,以利于床内各处温度均匀。酿热物除马粪外,还可以利用杂草、麦秸、厩肥、谷糠、树叶、垃圾等。无论何种酿热物,以新鲜者为佳。填入苗床时,以湿润状态较好,如果干燥时可喷少量温水,但喷水不宜过多,以免影响发酵。同一苗床内使用不同的酿热物时,最好分层填入,每层都要铺平、踩实。然后在酿热物上面再摆入营养纸袋或铺一层12厘米厚的育苗土。如果使用马粪作酿热物,3月上旬填入苗床,经4～5天后床温即可达到28℃～30℃。播种前一天苗床充分灌水并覆盖薄膜保温,届时即可播种。播种时最好选晴天上午进行。种子平卧点播,每穴或每个营养纸袋播1～2粒,随播随覆细土,覆土厚度约1厘米。无籽西瓜种子的胚不充实,幼苗顶土能力弱,覆土不要过厚,否则不易出苗。但如覆土过薄,表土含水量低,种壳不易脱落,幼根易裸露,都不利于幼苗生长。每播完一个苗床,马上覆盖好塑料薄膜,并用泥土密封好。夜里覆盖草苫保温。

苗床管理工作主要是温度、湿度、空气的调节和幼苗病虫害的防治。幼苗出土前要求较高的床温,白天30℃～32℃,夜间18℃～20℃。子叶出土后,如有的种壳未脱落,应用水湿润后及早剥掉。但剥种壳一定要先湿透,并且动作要轻缓,防止损伤子叶。子叶出土后,适当降温,白天为20℃～24℃,夜间为16℃～18℃。这时要在畦面上撒一层0.5厘米厚的细沙土,以加固根颈,防止喷水时倒苗,还可保持床面下土壤湿度。真叶展出后,再提高床温,白天25℃～28℃,夜间17℃～19℃。出苗前一般不浇水,出苗后可根据床土湿度、幼苗生长势适当喷水。浇水最好在晴天上午进行,因早晚及阴雨天浇水幼苗易徒长。子叶出土后应开始通风,通风过晚易发生高脚苗。通风时间要由短而长,通风量要由小而大。不要突然大通风,尤其不要在苗床内外温差很大时突然通风,以免幼苗"感冒"而倒折。通风量的大小,可通过开放通风口的大小和数目来调节。

幼苗锻炼一般在定植前 7 天开始,锻炼方法是第一天在早晨 8～9 时即揭去苗床上覆盖的塑料薄膜,夜间再盖上并开放 4～5 处通风口。以后每天逐渐提早揭去苗床覆盖物,夜间推迟覆盖并增多及加大通风口。直到定植前 3～4 天,可以昼夜不覆盖(风雨或霜冻天气除外)。幼苗锻炼期间一般不追肥、不浇水。

(三)移栽定植 无籽西瓜幼苗生长发育要求较高的温度,不耐低温和寒流侵袭,尤其不抗霜冻。因此,露地栽培必须在终霜后定植。

无籽西瓜是一代杂交种,具有杂种优势,植株生长旺盛,结瓜节位偏远,成熟较晚,故栽植密度一般应较其父母本偏低。如昌乐无籽等品种一般行距为 1.8 米、株距为 0.6 米,每 667 平方米定植 600 多株;植株生长势特别旺盛的,行距可为 1.8 米,株距为 0.7 米,每 667 平方米定植 500 株左右。

定植前 5～7 天,根据瓜苗生长势和天气情况适当锻炼秧苗,以备定植。定植时选晴天上午按株行距开深 12 厘米、直径 12 厘米的定植穴,然后将育成的西瓜苗连同营养纸袋或营养土块栽植于穴内(塑料钵需脱去),封土按实,并随栽随浇透水。如果有条件,可在植株根部铺一层厚 2 厘米左右的沙子或铺放地膜。定植无籽西瓜时,还必须间植一部分二倍体普通西瓜。因为无籽西瓜无单性结实能力,如果单纯种植无籽西瓜,由于缺乏正常发育花粉的刺激作用,不能使无籽西瓜子房膨大形成果实,因而坐不住瓜,故必须借助二倍体普通西瓜花粉的刺激作用,才能长成无籽西瓜。无籽西瓜田间配植二倍体普通西瓜的比例一般为 1/4～1/3,可每隔 2～3 行无籽西瓜种 1 行二倍体普通西瓜。所种二倍体普通西瓜的瓜皮颜色或花纹应与无籽西瓜有明显的区别,以防止采收时混淆不清。二倍体普通西瓜的具体配植比例与无籽西瓜种植面积的大小及蜜蜂多少有关系。如无籽西瓜种植面积大、蜜蜂较多时,可适当减少二倍体普通西瓜比例。

定植时应注意轻拿轻放,勿使破钵散坨。定植深度以营养纸袋或营养土块的土面与瓜沟地面相平为宜。如果采用地膜覆盖栽培时,可随定植随铺地膜。

一般来说,浇水后定植能充分保证土壤湿度。栽苗速度较快,定植后可以马上整平整细畦面,这对于覆盖地膜是非常有利的。因此,地膜覆盖栽培和双膜覆盖栽培的西瓜常用这种栽法。定植以后浇水,能使土壤与营养土块或营养纸袋密切接触,利于根系的恢复生长,同时为了提高地温,不能一次浇水过多。栽后 2 天要再浇 1 次水,这对防止早春的晚霜危害有一定的作用。一般露地栽培常用这种栽培方法。

二、无籽西瓜栽培管理特点

(一)种子"破壳"　无籽西瓜的浸种催芽方法与二倍体普通西瓜基本相同。但由于无籽西瓜种子的种壳较厚,尤其种脐部分更厚,再加上种胚(即种仁)又不饱满,所以出芽很困难,必须"破壳"才能顺利发芽。种子消毒后,经 8～10 小时浸泡,用清水冲洗净种子表面黏液,擦干种皮表面水分,然后人工用牙齿轻轻嗑一下种脐,嗑时将种面垂直,立着嗑种子嘴,使其略开一个小口即可。嗑时一定要轻,种皮开口要小,不要伤及种胚。

(二)催芽和育苗温度要高　无籽西瓜的催芽温度比二倍体普通西瓜要高,平均高 2℃～3℃,即以 30℃～32℃为宜。育苗温度也要高于二倍体普通西瓜 3℃～4℃,因此无籽西瓜苗床的防寒保温设备应该比二倍体普通西瓜增加一些,如架设风障、加厚草苫等。此外,在苗床管理中应适当减少通风量,以防止苗床降温太大。

(三)提早育苗　无籽西瓜幼苗期生长缓慢,应比普通西瓜早播种早育苗。由于无籽西瓜耐热性比普通西瓜强,所以多采用温室或阳畦育苗。山东省无籽西瓜露地栽培一般在 3 月上旬开始育苗。苗床要选在温暖向阳的地方。

(四)加强肥水管理 无籽西瓜生长势较强,根系发达,蔓、叶粗壮,因而需肥数量比二倍体普通西瓜多。一般每667平方米应施圈肥5 000～6 000千克、过磷酸钙40～50千克作基肥。追肥分3次;第一次用大粪干1 000千克,或饼肥60～75千克,或磷酸二铵25千克,硫酸钾10千克;第二次用磷酸二铵15千克、硫酸钾7.5千克;第三次用磷酸二铵10千克,硫酸钾7.5千克。

无籽西瓜幼苗期生长缓慢,伸蔓以后生长加快,到开花前后生长势更加旺盛,这时如果肥水供应不当,很容易疯长跑蔓、坐不住瓜。因此,从伸蔓后到选留的果实开花前应适应控制肥水,开始浇中水和浇大水的时间都应比普通西瓜晚4～5天。

(五)间种二倍体普通西瓜 由于无籽西瓜的花粉没有生殖能力,不能起授粉作用,单独种植坐不住瓜,所以无籽西瓜田间必须间种二倍体普通西瓜。应每隔2～3行种植1行二倍体普通西瓜作为授粉株(这不是杂交,仅是借助授粉株花粉的刺激作用使无籽西瓜的子房膨大)。授粉株所用品种的果皮应与无籽西瓜果皮有明显的不同特征,以便在采收时与无籽西瓜区别开来。

(六)高节位留瓜 坐瓜节位对于无籽西瓜产量和品质的影响比二倍体普通西瓜更明显。无籽西瓜坐瓜节位低时,不仅果实小,果形不正,瓜皮厚,而且种壳多,并有着色的硬种壳(无籽西瓜的种壳很软、白色),易空心,易裂果。坐瓜节位高的果实则个头较大,形状美观,瓜皮较薄,秕籽少,不空心,不易裂果。一般生产中多选留主蔓上第三个雌花(在第二十节左右)坐瓜。

(七)适当早采收 无籽西瓜的收获适期比二倍体普通西瓜更为重要,故生产中一般比二倍体普通西瓜适当早采收。如果采收较晚,则瓜的品质明显下降,主要表现是:瓜易空心或倒瓤,瓜瓤易发绵变软,汁液减少,风味降低。一般以九成半熟采收品质最好。

三、无籽西瓜的追肥与浇水

无籽西瓜在定植后可追3次肥:第一次追肥在开始伸蔓时施,称为催蔓肥。每667平方米700～1 000千克粪干或60～75千克饼肥。施用化肥时,把氮、磷、钾配合好,在已施用过磷酸钙作基肥的情况下,可每667平方米追施磷酸二铵25千克、硫酸钾10千克。追施方法是在株间开6～8厘米深、20厘米长的追肥沟,将肥料撒入沟中,与土掺匀后封沟。第二次追肥在植株开始坐瓜时施,称为坐瓜肥。每667平方米施磷酸二铵15千克、硫酸钾7.5千克。施用方法与第一次相同。第三次追肥应当在西瓜迅速膨大时(约坐瓜后12天)施,称为膨瓜肥。每667平方米施入磷酸二铵10千克、硫酸钾7.5千克。施用方法是离西瓜根部30厘米左右沿瓜沟方向开6～8厘米深、20厘米长的追肥沟,将肥料均匀撒入沟内,与土混匀后封沟。

无籽西瓜从定植到成熟,一般需浇水5～8次。根据浇水时期和作用,分别称为定植水、抽蔓水、坐瓜水和膨瓜水(3～4次)等。定植水不可过大,以免降低地温。浇水时以湿透营养纸袋或营养土块及定植穴土壤即可。在每次追肥后应适当浇水,以便充分发挥肥效。当主蔓伸展长度达20～25厘米时浇水1次,每株浇3升左右;当选留瓜胎褪毛前浇1次水,以利于坐瓜,每株4～5升。以上每次浇水,最好按株浇,即每2株做一小畦界,每畦内浇水7.5～10升。当西瓜褪毛后,迅速膨大,可将畦界打开,放大水流,沿瓜沟浇灌,每隔2～3天浇1次。浇水量要逐次增大,直到西瓜采收前3～5天停止浇水。

四、解决无籽西瓜“三低”的措施

为了解决无籽西瓜采种量低、发芽率低、成苗率低的问题,近几年各地都做了深入的研究。根据各地试验,可采取以下有效措施。

（一）人工辅助授粉　利用父本的混合花粉（同一品种不同单株的花粉）与母本进行人工授粉，使更多更理想的花粉落到柱头上，增加花粉的发芽率，促进花粉管的迅速伸长，顺利完成受精作用，从而提高种子产量。

（二）增施磷肥　许多单位的试验证明，增施磷肥，可以提高无籽西瓜制种种子的产量。山东省昌乐县果品公司1974年试验，配制无籽西瓜种子（即三倍体西瓜种子），每667平方米施过磷酸钙80千克，比不施磷肥的增加种子产量31.3％。

（三）合理密植　这是提高种子产量的重要途径。种瓜大小与单瓜种子数之间，关系不很密切。据1976年调查（昌乐县，杂交组合为蜜宝四倍体×乐选5号）：2.5～4千克的种瓜平均单瓜种子为81.5粒；1.75～2.25千克的种瓜平均单瓜种子为70.3粒；每0.5千克大种瓜平均产种子12.4粒，而每0.5千克小种瓜平均产种子20.1粒。可见密植时虽种瓜变小，但种子总产量仍然增加。

（四）人工破壳　用牙（或小钳子）将种脐部轻轻嗑开（或夹开），但不可用力过大，以免损伤种仁。破壳法可提高无籽西瓜种子发芽率3～4倍。可以先浸种后破壳，也可以先破壳后浸种。如果先破壳后浸种时浸种时间应缩短，以不超过5小时为宜。否则，由于水分直接进入种皮，致使种仁长时间积水，反而会降低种子发芽率。

（五）改善栽培条件　无籽西瓜的生长发育需要充足的营养物质和良好的环境条件。播种前一定要浸种催芽，如果直接播种干籽，90％以上不出苗。因此，要精细播种和管理，如浅播，分期覆土，营养纸袋育苗，适宜的苗床温度，浇灌化肥水溶液等，都能促进无籽西瓜种子发育和幼苗的生长。二倍体普通西瓜一般播种深度为1.5厘米，无籽西瓜播种深度约1厘米。为防止根系过浅，可在出苗后撒一层0.5厘米厚的细土。营养纸袋阳畦育苗方法与二倍体普通西瓜相同,但在苗床管理中应掌握比二倍体普通西瓜温度高些。发芽期最适宜的温度为30℃～32℃,幼苗期为25℃～28℃。无籽西瓜在苗床内浇化肥溶液,对幼苗生长具有明显的促进作用。化肥水溶液是0.1%尿素加0.2%硫酸钾,再加上0.15%过磷酸钙组成。也可用0.3%磷酸二氢钾溶液,在出苗后20天左右时,用喷壶洒于西瓜苗床内。经8～10天,再用同样浓度的化肥水溶液喷洒1次即可定植。

第三节　无籽西瓜生产新途径

一、用天然激素生产无籽西瓜

天然激素无籽西瓜是利用植物"单性结实"的特性,用四倍体西瓜花粉中的天然激素,刺激二倍体有籽西瓜子房,不发生受精过程,而通过内在的生理作用,促使二倍体西瓜坐瓜并长大成熟为无籽西瓜。具体方法是:将四倍体植株的雄花和选作二倍体植株的雌花在开花前一天进行套袋或束花,防止昆虫传粉,翌日早晨花开时摘下雄花,除去花瓣,以雄花的花药和雌花的柱头轻轻摩擦授粉,再将雌花花瓣束住或套袋,即可生成没有种仁的无籽西瓜。这种瓜无老化空壳,只有和三倍体无籽西瓜相似的白嫩可食的白色秕籽、无空心,可溶性固形物为9%～10%,果皮厚,风味与二倍体西瓜相同。据几种西瓜的试验结果,以兴城红的白秕籽较少而小,蜜宝、都3号白秕籽较大而多。多年来的试验证明,以兴城红激素无籽西瓜品种较好,皮薄,瓤质脆沙,含糖量高,风味好,白秕籽少而小。

为了提高天然激素无籽西瓜的产量和品质,栽培中应做好以下几项工作。

(一)选好父本　父本四倍体西瓜要选种子多、花粉质量和数量都较高的品种；母本二倍体西瓜要选种子少而小、皮薄、品质优良的品种。二者都要选用生长势强健的父本和母本植株。

（二）要严格保纯 开花前后要采取严格保纯措施，防止二倍体西瓜花粉落到柱头上，否则会出现有籽西瓜。

（三）授粉要适时 要适时授粉，同时授粉时不可损伤柱头。花粉要均匀地撒在柱头表面，授给的花粉尽可能多些。

（四）及时除掉同株异型瓜 应及时摘除未经人工授粉的雌花，防止产生异型瓜（即有籽西瓜）。否则，由于激素无籽西瓜竞争力弱，瓜很难长大，甚至会夭折。

（五）加强肥水管理及整蔓工作 由于天然激素无籽西瓜没有受精的胚，因此它的生长发育基质是脆弱的，必须加强肥水管理和整蔓工作，促使无籽西瓜的正常生长发育。

（六）及时采收 采收过早，则糖分不高；采收过晚，白秕籽增大。早熟品种一般以开花后30天左右为采收适期。采收后不宜久贮，否则白秕籽变硬而影响品质。

二、用合成激素生产无籽西瓜

（一）选用品质优良、无籽成瓜率高的品种 试验证明，早花曾是当年生产激素无籽西瓜的优良品种，在其他措施得当时，成瓜率可达90%左右，与该品种人工授粉产生的有籽西瓜的成瓜率基本相同。

（二）正确配制和施用激素 用蒸馏水分别配成100毫克/千克萘乙酸钠、25毫克/千克赤霉素和25毫克/千克2,4-D 3种溶液。处理雌花时，使用这3种溶液的混合液，混合比例为等量（即上述3种溶液的比例为1∶1∶1）。混合液要现用现混合，混合后当日用完。具体处理方法是：在雌花开放前，先用人工授粉用的铁卡夹住花冠，严防花粉落入柱头（如为两性花时应严格去雄）。药液配好后，逐朵打开铁卡，用新毛笔蘸混合液涂在雌花柱头和子房基部上，每朵花一次用药量约1毫升，涂药后仍将花冠夹住。涂药后第四天再涂混合液1次，或涂用20毫克/千克细胞激动素6-苄基氨基嘌呤溶液，对提高成瓜率都有明显效果。试验证明：以对主蔓（双蔓整枝）第二雌花进行处理最为理想。涂药应选择晴天进行，如涂药后遇雨，雨后应重涂1次。

（三）精细的田间管理 开花前要求达到植株健壮。涂药处理后，要随即掐去主蔓各叶腋处的侧蔓和生长点，并压好瓜蔓，促使营养物质向瓜内输送。涂第一次药后，如发现幼瓜皮色发暗，要补涂1次，可有效地防止化瓜。第一次涂药处理后10天左右，可掐去第二条瓜蔓的生长点。同一株的两条瓜蔓上不要保留未经药液处理的幼瓜，因为有籽瓜与无籽瓜同时在一株上，营养物质易被有籽瓜夺去，而引起无籽瓜化瓜。要及时摘除其他雌花，防止坐有籽瓜。第一次涂药处理后12天左右，达到安全期，应进行浇水和追肥。但浇水量不可过大，以小水勤浇为宜，每隔2～3天浇1次。追肥一般在植株一侧开沟追施，每667平方米施复合肥30～40千克。

三、用组织培养技术生产无籽西瓜

组织培养就是利用植物的一部分组织或器官，在无菌条件下培养成完整植株的一种新的无性繁殖方法。此法也是无籽西瓜实现优良品种快速繁殖的一条有效途径。尤其结合嫁接栽培，借用砧木的较强适应能力和发达的根系，可比常规的试管苗直接生根移栽效果好。这样，既提高了瓜秧质量，保证有较高的成活率和抗病性，又解决了西瓜的连作障碍问题。

其具体操作方法如下。

（一）培养材料和培养基 无籽西瓜的种胚、茎尖、根尖、花粉及子房等均可用于组织培养，目前应用最多的是种胚和茎尖组织培养。无籽西瓜组织培养的培养基因所选用的材料及培养阶段的不同而有差异。一般分为种胚培养基、芽团分化培养基和生根培养基3种。

1. 培养基的成分　包括矿物质(常量元素和微量元素)、有机化合物(蔗糖、维生素类、氨基酸、其他水解物等)、螯合剂(二乙胺四乙酸)和植物生长调节剂等。常量元素除氮、磷、钾外,还有碳、氢、氧、钙、镁、硫等。常用的氮素有硝态氮和铵态氮,多数培养基都用硝态氮。微量元素主要需加入0.1～10毫摩的铁、硼、铜、钼、锌、锰、钴、钠等。一定浓度的矿物质有利于保证培养组织生长发育所需的矿质营养,使其生长加快。

有机化合物中的糖类是组织培养不可缺少的碳源,并能使培养基保持一定的渗透压。维生素类主要需加维生素 B_1、维生素 B_6、维生素 B_{12}、维生素 PP 和生物素等。此外,还需加入肌醇(环己六醇)、甘氨酸等。

植物生长调节剂对于组织培养中器官形成起着主要的调节作用,其中影响最显著的是生长素和细胞分裂素。使用生长调节剂要注意其种类、浓度以及生长素和细胞分裂素之间的比例。一般认为生长素与细胞分裂素之比值大时,有利于根的形成;比值小时,则可促进芽的形成。常用的生长素主要有吲哚乙酸(IAA)、萘乙酸(NAA)、吲哚丁酸(IBA)和2,4-D(2,4-二氯苯氧乙酸)等。常用的细胞分裂素主要是激动素(KT)、6-苄基氨基嘌呤和玉米素(Z)等。

琼脂是常用的凝固剂,系培养基质,用以固定、着生培养物。通常用量为0.6%～1%。

2. 培养基的配方及其配制　3种培养基中常量元素、微量元素、维生素类及有机物等完全相同,只是生长调节剂类有所不同。无籽西瓜芽团培养基的配方见表6-8。

表 6-8　无籽西瓜芽团培养基配方

成　分	含　量（毫克/升）	成　分	含　量（毫克/升）
硝酸铵(NH_4NO_3)	1650	维生素 B_6	0.5
硝酸钾(KNO_3)	1900	肌　醇	100.0
氯化钙($CaCl_2 \cdot 2H_2O$)	440	二乙胺四乙酸铁盐(EDTA-Fe_2)	74.5
硫酸镁($MgSO_4 \cdot 7H_2O$)	370	甘氨酸	2.0
磷酸二氢钾(KH_2PO_4)	170	烟　酸	0.5
硫酸锰($MnSO_4 \cdot 4H_2O$)	22.3	维生素 B_1	0.4
硫酸锌($ZnSO_4 \cdot 7H_2O$)	8.6	硫酸亚铁($FeSO_4 \cdot 7H_2O$)	55.7
硼酸(H_3BO_3)	6.2	吲哚乙酸(IAA)	1.0
碘化钾(KI)	0.83	6-苄基氨基嘌呤	0.5
钼酸钠($NaMoO_4 \cdot 2H_2O$)	0.25	琼　脂	7000.0
硫酸铜($CuSO_4 \cdot 5H_2O$)	0.025	蔗糖（或白糖）	30000(50000)
氯化钴($CoCl_2 \cdot 6H_2O$)	0.025	pH	5.5～6.4

无籽西瓜种胚培养基的配方中的常量元素、微量元素、维生素及有机物等全部与芽团培养基相同，但生长调节剂去掉吲哚乙酸(IAA)和6-苄基氨基嘌呤，蔗糖改为每升20克（食用白糖33.3克），pH 6～6.4。

无籽西瓜生根培养基的配方是将芽团培养基中的吲哚乙酸和6-苄基氨基嘌呤去掉，换用吲哚丁酸每升1毫克(1毫克/升)，其余各类元素不变。

配制培养基时，首先依次按需要量吸取各种成分混合在一起。将蔗糖或食用白糖加入溶化的琼脂中，再将混合液倒入，加蒸馏水定容至所需体积。随即用氢氧化钠或盐酸将 pH 调至要求值，然后分装于培养容器内。

(二)培养方法

1. 消毒灭菌　将无籽西瓜种子先用 70%酒精浸泡 5 分钟，再用饱和的漂白粉溶液浸泡 3 小时，用无菌水冲洗 3 次，然后在无菌条件下剥取种胚，接种到种胚培养基上进行培养。

2. 接种及转瓶　接种一般在超净工作台或接种箱内进行，应严格按无菌操作规程认真进行。每接种一批要及时放入培养室，随接种随培养。可形成工厂化连续生产。在适宜的条件下，胚根首先萌发，2 周后两片子叶展开转绿时，将带子叶的胚芽切下，进行转移培养。以后每隔 3～4 周切割 1 次，将顶芽和侧芽分离，植于芽团培养基中进行继代培养。

如果从田间无籽西瓜苗上直接取茎尖或侧芽，应先将取来的材料用自来水冲洗干净，再用 70%酒精消毒 10 秒钟，然后用 0.1%升汞消毒 2 分钟，最后用无菌水冲洗 4～5 次，接种于芽团培养基上进行培养。

3. 转瓶的适宜时间　无论种胚培养基还是芽团培养基所培养的无菌苗，当其增殖到 3 个芽时，应立即转瓶(分别转移到另一个三角瓶中)，特别是在芽团培养基上，时间愈晚分化形成的幼芽愈多，不仅芽细弱，而且不便于将每个芽完整地分离。

(三)培养条件　在无籽西瓜组织培养过程中，受温度、光照、培养基、pH 和渗透压等各种环境因素的影响，需要严格控制培养条件。

1. 温度　无籽西瓜种胚培养最适宜的温度为 28℃～30℃，芽(茎尖)培养最适宜的温度为 25℃～28℃。低于 16℃，高于 36℃，均对生长不利。温度不仅影响细胞增殖，而且影响器官的形成。

2. 光照 光照强度、光照时间及光照的成分，对无籽西瓜组织培养中细胞的增殖和器官的分化都有很大的影响。在生产中，培养室内每100厘米×50厘米的面积安装40瓦日光灯1盏，每天光照10小时，瓜苗生长快而健壮。

3. pH 由于培养基的成分不同，要求的pH也有差异。例如，虽然无籽西瓜种胚培养基适宜的pH为6～6.4，但如果培养基中无机铁源是$FeCl_2$，当pH超过6.2时即表现缺铁症。如果培养基中改用EDTA-Fe_2时，即使pH为7时也不会表现出缺铁症。芽团分化培养基适宜的pH为5.5～6.4。

4. 渗透压 培养基的渗透压对器官的分化有较大影响。例如，适当提高培养基中蔗糖或食用白糖的浓度，对提高无籽西瓜愈伤组织的诱导频率和质量起着重要作用。

5. 气体 愈伤组织的生长需要充足的氧气。在实践中，为了保证供给培养物以足够的氧气，通常用疏松透气的棉花做瓶塞，而且将培养瓶放置在通风良好的环境中。

(四)嫁接与管理 当芽团培养基中经分离培养的无根瓜苗长到3～4厘米时，可从基部剪断，作为接穗嫁接在葫芦或南瓜的砧木上。当砧木子叶充分展开并出现1片小真叶时，切除真叶，用插接法或半劈接法进行嫁接。嫁接后的管理，主要是保湿、保温。空气相对湿度保持在99%～100%，温度保持在26℃～30℃的范围内。经过15天左右，当接穗长出3～5片较大叶片时，即可定植于田间。在定植前5～7天，应将嫁接苗放到培养室外进行炼苗。炼苗前1～2天，应将培养室温度降至20℃～24℃，空气相对湿度降至75%～85%。

(五)加快无籽西瓜组织培养繁殖幼苗的措施

1. 及时调整培养基中生长调节剂的种类和浓度 在无籽西瓜组织培养过程中，芽的分化数量与培养基中所加入的细胞分裂素的种类和数量有关。例如，培养基中加入2毫克/升6-苄基氨基嘌呤，培养 3～4 周后，能形成 10～15 个芽团；如加入 2 毫克/升激动素，只能形成 2～3 个芽团。但是从芽的伸长生长来看，激动素的作用优于 6-苄基氨基嘌呤。附加激动素培养 3～4 周后，芽长可达 4 厘米左右，可以剪取芽作继代分株培养，也可直接作接穗用于嫁接栽培。而附加 6-苄基氨基嘌呤的培养苗，则一直处于丛生芽的芽团状态。因此，为了尽快增加芽的数量，可加入 6-苄基氨基嘌呤，以加速芽的增殖。而为了尽快取得足够的嫁接接穗或剪取一定长度的幼芽作继代培养时，可加入激动素。

此外，北京市农林科学院林果研究所高新一等研究证明，用高浓度的激动素（3～8 毫克/千克）加低浓度的吲哚乙酸（1 毫克/千克），并附加赤霉素（3.2 毫克/千克），能促进幼苗生长。将幼苗转瓶后 2 周，即能长到 3～4 厘米高，带有 4～5 片小叶，且生长健壮，可供嫁接用。

2. **加强管理，保持适宜的培养条件**　在培养过程中，要尽量满足无籽西瓜细胞分化和器官形成对环境条件的要求。如果发现培养苗黄化并逐渐萎缩甚至死亡时，可将培养基中的铵盐适当降低，并把铁盐增加 1 倍，将 pH 调到 6.4。

3. **改生根培养为嫁接培养**　按照植物组织培养常规程序，无论利用种胚还是茎尖培养，要形成独立生长的植株，最后均需移植于生根培养基中，待形成一定的根系后才能定植到田间。但培养材料在生根培养基中生根不仅需一定的时间，而且操作较复杂，期间还有污染感病的危险，根系亦不甚发达。如果将分化形成的无籽西瓜小苗或 2～4 厘米长的无根丛生苗从基部剪取作为接穗，残留部分仍可继续培养利用。由于接穗幼嫩，嫁接培养除应熟练掌握嫁接技术外，还要注意嫁接的技术要求，选择适宜的砧木，以提高嫁接成活率。长度不足 1.5 厘米的细弱接穗，嫁接成活率很低、一般只有 20％～25％。封顶的芽嫁接成活率更低，即使嫁接成活后也长期不能伸长生长，无法在田间定植应用。这是在嫁接时应避免的。用插接法或劈接法嫁接时，砧木应粗壮或达到一定粗度时再嫁接。嫁接后要保持95%以上的空气相对湿度和26℃～30℃的温度，并注意遮成花荫。嫁接后7～10天愈合成活，15～20天当接穗长出4～5片叶片时即可定植于田间。

第七章　西瓜的间种套作

第一节　西瓜间种套作的主要方式

一、早春间作春菜类蔬菜

春白菜、菠菜、油菜、红萝卜或甘蓝、莴苣、春菜花等耐寒性较强，生长期又短，适宜早春种植，可充分利用瓜田休闲期多收一茬。西瓜还可以与春马铃薯、芋头等间作。瓜田一般作东西向整畦，在坐瓜畦远离西瓜植株基部的一侧种植以上蔬菜。这些蔬菜对不耐寒冷和易受风害的西瓜幼苗具有一定的保护作用，能为西瓜苗挡风御寒，促进西瓜早发棵、早伸蔓。另外，在西瓜田内适当种植这些蔬菜，还有利于调节市场余缺，增加经济收入，并为西瓜生产提供资金。

二、初夏套种夏菜类蔬菜

当春菜收获以后，可紧接着在坐瓜畦内点种豆角或定植甜椒、茄子等夏菜。这些蔬菜苗期生长较慢，植株较小，到西瓜收获后才能进入旺盛生长阶段，一般不会影响西瓜生长，可作为西瓜的接茬作物，使地面始终在作物的覆盖下，充分利用农时季节和土地、阳光等自然条件，而且豆角、甜椒、茄子等蔬菜在 7 月下旬才进入采收盛期，可调节市场供应。

三、粮、棉、油料作物间种套作西瓜

西瓜可以与夏玉米、夏高粱、冬小麦、棉花及花生等农作物间

种套作。西瓜与冬小麦套种，在种小麦时，如人工畦播，应先计算好西瓜的行距，然后根据西瓜行距确定小麦的畦宽和播种行；如果采用机播，可在播幅留好西瓜行，以免挖瓜沟时损伤麦苗。西瓜与夏玉米、夏高粱、棉花和花生等作物套种时，关键要掌握好套种时间、品种和方法。

第二节　西瓜与蔬菜间种套作

一、播种春白菜

在坐瓜畦内整 20～25 厘米宽的畦面，于 3 月中旬浇水灌畦，撒播春白菜。白菜于 3 叶期间苗，5 叶期定棵，株距 7～9 厘米。4 月下旬（即终霜后）移栽或直播西瓜，5 月中旬西瓜伸蔓后收获春白菜。也可以在坐瓜畦内直播春菠菜、油菜和红萝卜等。

二、移栽春甘蓝

1 月中旬用棚室阳畦育春甘蓝苗，当苗龄达 60 天时，于 3 月中旬在坐瓜畦内按 20 厘米的行距开沟移栽 1 行春甘蓝，每 667 平方米 800 株。西瓜于 3 月下旬育苗，4 月下旬定植在春甘蓝行间，5 月中旬西瓜伸蔓后可收获甘蓝。此外，也可以在坐瓜畦内移栽定植 1～2 行春莴苣、春油菜或春菜花等。

三、点播矮生豆角

西瓜于 3 月下旬阳畦育苗，4 月底移栽定植大田。当西瓜开花坐瓜前后，于 5 月中下旬按株行距为 35 厘米×40 厘米的规格在西瓜行间点播矮生豆角，每墩种 2～3 株，每 667 平方米栽 2 000 墩，不需支架，短蔓丛生半直立生长。当西瓜采收后，豆角即进入结荚盛期，7 月下旬可大量采摘上市。

四、套作甜椒或茄子

西瓜比甜椒、茄子提前15天左右育苗。由于甜椒、茄子苗龄较长,所以使西瓜与甜椒或茄子的共生期更加缩短。西瓜于3月中旬育苗,4月中旬移栽定植。甜椒或茄子于3月下旬育苗,苗龄60～70天(即显蕾期),于5月下旬或6月上旬(当西瓜开花坐瓜后)在坐瓜畦内移栽定植2行甜椒或茄子,株行距为20厘米×30厘米,每667平方米栽3 700株。6月下旬至7月上旬,地膜西瓜头茬瓜采收后,紧接着采收甜椒或茄子。7月下旬西瓜拉蔓后,甜椒或茄子即进入采收盛期。

五、间种套作马铃薯

(一)选种催芽 马铃薯品种最好选用克新3号、东农303和脱毒品种。栽前20天切种催芽,方法是先把整薯和切好的种薯块用沙培在阳畦或暖炕上,畦(炕)温保持在20℃～25℃。当幼芽刚萌动时(如米粒大)即可播种。用整薯催芽后,小的种薯可直接播种。大的种薯每千克应切成50～60块,每块保持有1～2个健壮芽,切后马上播种。西瓜品种应选用早佳、京欣1号等。

(二)马铃薯播种和管理 土地应在立冬前后耕地,耕前每667平方米施优质圈肥5 000千克、过磷酸钙75千克、钾肥25～35千克或草木灰250～300千克。翌年3月上中旬播种马铃薯,可采用大垄双行种植,垄宽90厘米,每垄栽2行马铃薯,行距33厘米,株距30厘米,对角栽植,每667平方米栽4 500株。栽后覆盖地膜。每隔两个垄(4行马铃薯)留出1米宽的大垄,为西瓜种植行。马铃薯幼苗出土后,及时破膜放苗,以免灼伤幼苗;其他水肥等的管理与不套作的相同。

(三)西瓜套种和管理 西瓜苗移栽于4月下旬留出的大垄上,按40～50厘米的株距栽植1行西瓜。西瓜应在移栽定植前

30天以营养钵育苗；栽后浇水，以促使早缓苗。西瓜栽植后最好用拱棚覆盖，以促进其生长。到西瓜甩蔓时(6月下旬)收获马铃薯。马铃薯收获后立即推垄平地，对西瓜加强肥水管理和整枝。8月上旬采收西瓜结束，倒茬整地播种小麦。

六、西瓜与蔬菜间种套作应注意的问题

(一)应以西瓜为主栽作物　在瓜田内实行间种套作种植，应以西瓜为主栽作物、蔬菜为搭配作物，搭配作物不应与主栽作物争水争肥。

(二)选适宜品种　西瓜与蔬菜作物都要选用早、中熟品种，并尽量缩短其共生期。

(三)茬口安排要紧凑　西瓜应注意生育期和生长势。蔬菜除要注意生育期、生长势外，还须注意种类和品种特性，尽量减少共生期的各种矛盾。搭配要合理。在茬口安排上，除了要考虑到西瓜与蔬菜(尤其是黄瓜等瓜类蔬菜)、蔬菜与蔬菜之间的轮作换茬问题外，还要最大限度地发挥田间套作的优势性和最佳经济效益。

(四)田间管理要精细　西瓜与蔬菜作物间种套作后，在共生期间必然存在着程度不同的争水、争肥、争光、争气等矛盾。解决这些矛盾，除了通过选择适宜的品种和调整播期外，加强田间管理也可以使其缓和到最低限度。对间种套作的蔬菜主要管理工作是中耕除草、间苗、追肥、浇水及病虫害防治等。对西瓜要特别注意加强整枝、摘心和病虫害防治等。

第三节　西瓜与粮、棉、油作物间种套作

一、夏玉米、夏高粱间种套作西瓜

西瓜与夏玉米、夏高粱间种套作，是瓜粮间种套作的主要方

式。瓜粮间种套作的关键是选择适宜的品种，及时间种套作和管理好间种套作物等。

(一)选择适宜的品种 间种套作品种的选择必须尽力避免种间竞争，而利用互补关系使其均能生长良好，方可获得瓜粮双丰收。因此，应尽量选择生长期短、适宜于密植的品种。西瓜可选用特早红、早佳、美抗 9 号、丰乐 8 号、京秀、京欣等，玉米可选用鲁玉 4 号、金海 5 号及烟单 15 等紧凑型品种。由于这些玉米品种叶片上冲，叶型紧凑占空间面积小、遮光少，对西瓜的光照影响较轻。高粱一般选用遗杂 10 号。

(二)间种套作时间 间种套作时间是直接影响瓜粮产量的重要因素之一。玉米、高粱播种过早，对西瓜的生长发育不利；玉米、高粱播种过晚，则其适宜的生长期缩短，玉米或高粱的产量将大大降低。根据各地经验，在西瓜成熟前 20 天播种玉米或高粱，对瓜粮生长发育及产量互不影响，并可及时倒茬播种小麦。

(三)种植密度和间种套作方法 试验证明，西瓜间作套种夏玉米，西瓜行距为 1.8 米、株距 0.6 米。夏玉米每 667 平方米种 4 000 株时，西瓜产量接近最高水平，夏玉米产量也较高。

间种套作方法是：在西瓜的行间距西瓜根部 0.3 米和 0.5 米处分别各播 1 行夏玉米或夏高粱，其行距为 0.2 米，株距为 0.3 米。瓜畦中间为 0.8 米宽的行间距。这样拔掉瓜蔓时，夏玉米或夏高粱成为宽窄行相间的大小垄，不但可以充分发挥“边行优势”作用，还可以在夏玉米的宽行中再套种短蔓绿豆。夏玉米可于播种前浸种催芽，夏高粱通常干播。套种时，均可采用点播法，使植株呈菱形分布。

(四)田间管理 西瓜应照常管理。夏玉米或夏高粱播后 20 天内要防止踩伤、倒伏。西瓜收获后，要抓紧对夏玉米或夏高粱进行管理。

1. 中耕 拔掉西瓜蔓后要进行深中耕，除掉杂草，疏松土壤，增强通气、蓄水能力。

2. 疏苗　夏玉米每穴定苗1株，夏高粱每穴定苗2株。缺苗应移栽补苗。

3. 追肥　通常应追施2次速效肥：第一次是提苗肥；第二次是孕穗肥。提苗肥应于西瓜拉蔓后及时追肥，以加速幼苗生长，可结合第一次中耕于疏苗后每667平方米追施尿素15千克。孕穗肥可于玉米抽穗前（点种后约35天）、高粱“伸喇叭口”时追施，以加速抽穗和促进籽粒成熟，一般每667平方米追尿素18～20千克。

（五）病虫害防治　夏玉米和夏高粱的主要病虫害有黑穗病、黑粉病和黏虫、钻心虫及蚜虫等，其防治方法同大田作物。

二、冬小麦套种西瓜

在冬小麦的麦田套种西瓜是一种成功的套种方式，北方地区推广后均获得了粮瓜双丰收。麦田套种西瓜，秋种前就应选择好地块，并将麦田畦面做成宽1.5～1.7米、畦埂宽0.5米、畦长25～30米的规格。畦面平整，流水畅通。畦面规格与此相一致的麦田，也可以在畦埂上套种西瓜。为施好西瓜基肥，小麦比较稀的地块，于小麦拔节期可在畦埂上开沟预施部分优质圈肥，每667平方米施2 500千克即可。地下虫害较重的地块，每667平方米可在基肥内对入3～5千克辛硫磷颗粒剂或1～2千克乐果粉剂，以便防治地下害虫。

麦田套种西瓜，西瓜幼苗处在温度较高、空气不够流畅的套种行内，瓜苗生长瘦弱，伸蔓早，无明显的团棵期。因此，瓜苗与小麦的共生期不宜过长，一般在麦收前15～20天播种西瓜为宜。北方地区夏播西瓜在5月中旬播种即可。西瓜要选用生育期为100～120天的中熟品种，种子要精选，并用烫种方法消毒后播种。为保证西瓜适墒下种，出苗齐全，可于雨后抢墒播种或结合浇小麦灌浆水播种。播种时，先在畦埂上按 40 厘米的穴距开 7～10 厘米长、3～4 厘米深的穴。每穴撒播 2～3 粒西瓜种子。覆 2 厘米厚的细土盖种，6～8 天后即可出齐苗。为防止鼠害，可顺垄撒施毒饵诱杀。

西瓜苗期管理要以促为主，在雨季到来之前就能坐好瓜。西瓜第一片真叶展开后间苗，伸蔓后先将瓜蔓引向顺垄方向伸展。为了早倒茬便于西瓜幼苗生长，在小麦蜡熟期就应抓紧时间收割。收割小麦时要防止踩伤瓜苗或扯断瓜蔓。小麦收后及时灭茬。小麦的根茬要留在坐瓜畦内，将原来畦埂两边的土向外翻，使畦埂形成 50 厘米宽的垄，垄两边为深、宽各 15 厘米的排灌水沟；原来的畦面也要整成两边低、中间高的坐瓜畦。没有施基肥的，每 667 平方米可在排灌水沟内侧撒施优质圈肥 2 000～2 500 千克，施后浇水。对瓜苗瘦弱、生长明显缓慢的植株，每株追施 15 克速效肥提苗。浇水后要划锄保墒，除去瓜垄上的杂草。这时可将瓜苗间成单株，去弱留强，多余的苗和近株杂草最好从基部剪除，避免拔苗(草)时损伤保留瓜苗的根系。其他管理与夏播西瓜相同。

三、种好“麦—瓜—麦”西瓜的几项措施

(一)选用夏栽良种 西瓜选用中、早熟，品质好，产量高，耐高温高湿，抗病性能强的品种。早熟品种有红冠龙、开杂 12 号、庆农 5 号、丰乐 8 号及聚宝 3 号等，这些品种在多雨季节不出现裂瓜，有一定的抗逆性。

(二)合理安排播期 早熟品种应在 6 月下旬至 7 月上旬播种，即收完小麦立即整地、及时播种。

(三)防涝排涝 西瓜不耐涝，如田间积水，易烂根死蔓。为防止西瓜受涝，在整地时应挖好排水沟，以便雨季排水防涝。最好选择地势高，透水性能好，能浇能排的沙质土壤播种西瓜；应起垄栽培，垄高一般为 15～20 厘米、上宽 50 厘米、底宽 100 厘米、株距

40厘米。起垄栽培不仅能防涝,使土壤保持良好的通透性能,并且吸热散热面大,升降温较快,田间昼夜温差大,有利于西瓜生长。

(四)覆盖地膜 7～8月份正值汛期,阴雨天气多,有时雨后骤晴、强光暴晒,往往造成土壤表层板结,不利于西瓜生长发育。利用银灰色地膜覆盖,既能提高温度和保墒,且可防止阳光暴晒,又能减轻蚜虫为害,增加秋后光照强度,提高西瓜产量。

(五)防治毒素病 6～7月份播种西瓜,瓜苗易于感染毒素病,故严格控制病害,这是成败的关键。育苗时,苗畦选择通风透光的地块,整成南高北低的东西畦。浇水不宜过大,以保证出苗为宜。出苗后应控制浇水,进行蹲苗;畦顶搭棚架;每天上午10时至下午3时盖帘遮光,防止暴晒;降雨时盖薄膜防雨,这样20天左右即可起苗栽植。移栽时,严格选用无病壮苗。

(六)整枝、授粉和病虫害防治 夏西瓜最好实行三蔓整枝,这样可使茎、叶迅速覆盖地面,以充分利用光能。要及时摘掉腋生小蔓。坐瓜后如果瓜蔓生长过旺,可将一条蔓在坐瓜前面的4～5片叶处把顶心打去或埋入土里。如仍有旺长现象,可把另一条蔓的顶心也打去。通过整枝,使田间始终保持良好的透光条件。

夏西瓜雌花节位较高,不易坐瓜。遇到不良天气坐瓜率更差,因此必须进行人工授粉。

夏西瓜病虫害较多,常见的有炭疽病、霜霉病、白粉病以及蚜虫等,防治方法请参阅“第九章 西瓜病虫草害防治”。

四、西瓜与花生间种套作

西瓜与花生间种套作是西瓜和油料作物间种套作中经济效益较高的方式,只要管理得当,品种适宜,一般每667平方米可产西瓜2 500千克以上,花生150千克以上。

西瓜与花生间种套作的方法是:早春整地时每667平方米施圈肥5 000千克、过磷酸钙100千克和复合肥料20千克作基肥。

为使花生早熟高产，要选用莱农10、花11和321等早熟品种，于4月上中旬催芽播种，一般行距为33厘米，墩距为17～20厘米，每墩播种2粒，每667平方米7000墩左右。花生最好起垄播种，每垄种植2行。花生播种后，接着喷除草剂、盖地膜。每播6行花生，留出130厘米宽的套种带，套种2行西瓜。种西瓜前，在套种带中间开50厘米深的沟，每667平方米集中施优质圈肥3000～4000千克和三元复合肥15～20千克，于4月下旬前后定植(提前1个月用营养钵育苗)。西瓜行距为33厘米，株距66厘米，每667平方米套种600株左右。采用双蔓整枝，单向理蔓，坐瓜后留5～7叶摘心，每株只留1个瓜。为使西瓜早熟、高产、早收，减少对花生的影响，要选用生育期短的极早熟品种或早熟品种，栽植后用拱棚覆盖保温。西瓜和花生的管理技术与单作栽培相同。

西瓜自6月下旬陆续采收上市，到7月上中旬结束。花生在8月20日前后收获，收后整地种早茬小麦；也可在西瓜、花生收获后栽种一季花椰菜(花椰菜提前1个月育苗)，花椰菜收后播种小麦，这样每667平方米可增产1500千克花椰菜。

五、西瓜与棉花间种套作

广大棉区通过多年的实践，已形成新的一套棉花套种西瓜栽培体系。西瓜棉花套种，西瓜产量接近单作，棉花产量略低于单作，但西瓜棉花套种能够充分利用光热资源、空间和有限的生长季节；高矮搭配，可充分利用边行优势，在棉花密度与单作变化不大的情况下，可充分利用肥力，提高肥料的利用率。同时，做到一膜两用，节省人工和成本，投入产出比高。

(一)选用适宜的品种 西瓜宜选择极早熟蜜龙、早佳、特早红、世纪春蜜、美抗9号、华西7号、聚宝3号等早中熟品种，棉花则宜选择株型高大、松散、单株产量高的中棉10、中棉13等品种。

(二)掌握适宜播种期 为促进棉花的生长，缩短共生期，根据山东省的气候条件和栽培经验，育苗移植的早熟西瓜，播种期以2月20日至3月初为宜。小棚双膜覆盖直播，西瓜可于3月中下旬催芽播种，棉花播种期以4月15～20日为宜。

（三）西瓜、棉花植株配置　常用的西瓜行距1.4～1.5米，株距0.4～0.5米，每667平方米种植1000株左右。在距西瓜20厘米处种1行棉花，单行双株的穴距为0.3米，每穴留2株；单行单株的，穴距为0.18米，每667平方米留苗3000株左右为宜。

（四）西瓜提早育苗　用电热温床育苗，当西瓜苗龄为35～40天、具有4叶1心时，提前定植于双膜覆盖小拱棚，这是缩短瓜苗共生期的关键措施，以利于提早采收，减少对棉花生长的影响。

（五）加强田间管理　前期西瓜生长迅速，匍匐于地面无序生长。而棉苗小，应对西瓜采取整枝、理蔓、压蔓等措施，以保证棉苗生长的空间。对西瓜可采用人工辅助授粉，促进坐果，避免徒长。其他管理同单作西瓜。

（六）防止农药污染　在防治棉花病虫害时必须坚持做到四点：一是做好预测预报，掌握防治适期，减少用药次数；二是选用高效低毒农药；三是采取涂茎用药技术；四是用药时对西瓜采取覆盖措施，即在坐瓜后用药时将西瓜用塑料薄膜盖好，以确保安全。

（七）其他措施　要针对西瓜和棉花不同的生育特点，采取必要的管理措施。如对棉花及时整枝、抹芽和打老叶，以减轻对西瓜的遮荫。西瓜与棉花相比，根系细弱，抗旱能力较差，若土壤含水量下降到18％时，应及时浇水；同时要防止过早坐瓜，一般以12～18节结的瓜产量较高、质量较好。

六、麦—瓜—稻的间种套作

（一）麦—瓜—稻间种套作的好处

1. 提高了温光条件　利用麦株为西瓜防风御寒，有利于促进西瓜的前期生长，而西瓜则为麦类作物改善光照条件，促进了后期生长，这样就充分利用了不同层次的光温条件与土壤肥力。麦类作物收获灭茬后，气温高、日照强，有利于西瓜的生长和结果。

畦向和预留行的宽度与麦（油菜）、瓜套种的温光条件有密切关系。据河南农业大学的测定结果表明，东西带向不同预留行带的宽度、日照时数明显大于南北带向。而南北带向即使预留行宽达100厘米，带内的日照时数仍不能满足西瓜生长的基本要求。因此，麦瓜套种适宜的带向是东西向。预留行较宽，西瓜行内的光照、温度条件优越，有利于前期生长，但小麦的播幅小，产量低。因此，确定适宜的预留行宽度，对小麦的产量和西瓜前期生长有重要的意义。

2. **改良了土壤**　麦、瓜、稻实行水旱轮作，由于耕作和施肥的关系，耕作层质地疏松，有利于土壤熟化、根据湖南省衡阳地区农科所试验，西瓜后作耕作层疏松，有利于土壤熟化、增加团粒结构。据在水稻孕穗期测定，0.25～0.5毫米土壤团聚体总量占82.3%，比双季稻土壤团聚体总量72.2%增加10.1%，地下水位降低。在晚稻收割后测定土壤的物理性状，西瓜轮作后土壤容重较双季稻低0.27克/厘米^3，孔隙度、渗漏量、沉降系数、氧化还原电位值分别较双季稻区增加8.89%、0.45毫米、0.26毫米、80毫米。可见栽培西瓜以后水稻地耕作层疏松，耕性好，通气透水性得到改善，有利于微生物的活动和养分的转化。在早稻、西瓜收获后测定土壤的养分，有机质较早稻增加3.6%，全氮增加13.6%，全磷增加117.5%，速效磷增加59.1%，速效钾增加41.9%。因此，西瓜后作晚稻较双季晚稻的分蘖力增强，有效穗增加3.5%，千粒重增加6.6%。平均每667平方米产量达515.5千克，较双季稻增产11.2%。

（二）麦—瓜—稻间种套作的方法　前一年栽培的水稻收割后，按4～5米距离开沟，在沟两侧各留0.6～0.7米作为栽植西瓜的预留行。畦中间播种大（小）麦，长江中下游地区的播种期为10

月下旬至11月上旬。预留行冬季深翻晒垡熟化土壤，翌年早春施肥起垄。4月中下旬栽植西瓜大苗。大麦5月底收割，小麦6月上中旬收割。大(小)麦收割后加强西瓜管理，西瓜7月上旬开始采收，7月底收完及时栽插晚熟稻。

麦—瓜—稻的间种套作技术要点如下：①加强农田排水。选土质疏松的田块，以利于排水。开好三沟，以便及时排除积水。②选用适宜良种。麦种选用早熟品种，西瓜选用耐湿抗病品种，水稻选用晚熟高产品种。为了尽量缩短共生期，西瓜采用育大苗移栽方式。如前作为大麦时，西瓜可采用拱棚覆盖早熟栽培；前作为小麦时，西瓜则应露地栽培。③强化共生期的管理措施。共生期间加强西瓜的土壤管理，麦收后对西瓜及时追肥浇水，并进行整枝、理蔓等植株调整工作，必要时进行人工授粉。④及时采收西瓜。根据坐瓜早晚分批及时采收、及时清理瓜畦，确保及时栽插晚稻。

第四节　瓜与粮间种套作应注意的问题

一、连片种植，实行规模化生产

大面积连片种植西瓜，有利于农田水利建设，便于农田区划轮作，实行机械化作业，提高劳动生产力。瓜粮、瓜棉间种套作应统一规划和部署，采用不同的间种套作模式进行轮作，改善农业生态环境。

二、简化西瓜栽培技术

西瓜是一种娇柔的作物，栽培技术环节多，要求高，时间性强，特别在南方多雨地区用工多、成本高。露地栽培应采用抗病、高产、优质品种，栽培技术则应抓住要点，尽量简化栽培技术。

三、选择适宜茬口，优化品种组合

可根据当地条件因地制宜地选择适宜的茬口，在此基础上确定前后茬的品种，实行优化组合。如西瓜早熟栽培应选用耐低温弱光、易结果的早熟品种，前茬则以生育期较短、耐肥、抗倒伏的作物为宜。

四、合理安排季节

采用提前播种、育苗移栽、推迟播种等措施，尽量利用主作物和副作物的时间差，以缩短共生期；缓解作物生育之间的争光、争肥等矛盾。

五、合理配置两种作物的种植方式，充分利用空间

如麦行套种西瓜，从西瓜光照条件考虑，以东西向为宜，预留瓜行以50厘米以上为宜。

六、科学施肥，调节生长

麦瓜套种一般按各自的要求在播种、定植时施肥，在大、小麦生长中后期适当控制追肥，防止其倒伏而影响西瓜生长。

第五节　幼龄果园种植西瓜应注意的问题

幼龄果园地里种西瓜，可以充分利用土地和光能资源。如果种植方法得当，不仅能增加经济收入，而且能够促进幼树生长。

一、合理做畦

目前，乔砧、普通型品种的苹果及山楂等果园，一般株行距为4米×4米。在这样的幼龄果园种植西瓜时，可在2行幼树之间种

植2行西瓜。即在幼树的两侧距树1米处各挖一条宽、深均为50厘米的西瓜沟(图7-1),施足基肥,浇足底水,做成瓜畦。生产实践证明,按照这种方式做畦,不但可使幼树和西瓜获得充足的光照,同时对幼树能起到开穴施肥的作用。因此,能在取得西瓜高产的同时,促进幼树的生长。

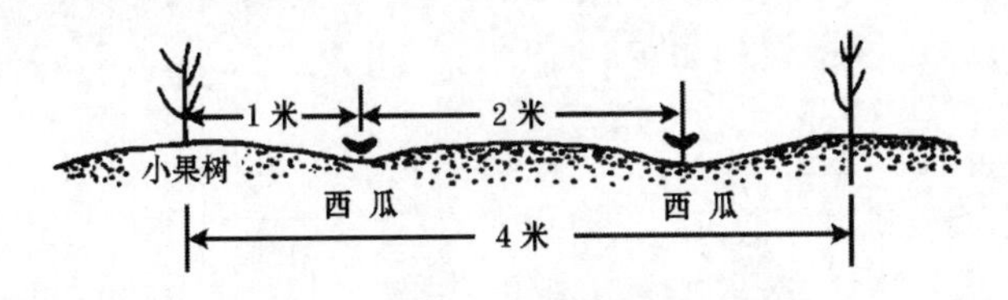

图7-1 幼龄果园地种植西瓜畦式示意

二、合理引蔓

西瓜伸蔓后要及时引蔓,避免瓜蔓纵横交叉缠绕幼树。一般可将西瓜侧蔓引向幼树一侧,将西瓜主蔓引向另一侧。这样2行西瓜可坐瓜于一垄,而幼树所在的垄不坐瓜。这对追肥、浇水及树上、树下的管理十分方便。

三、合理施用农药

幼龄果园地种植西瓜后,应当注意合理施用农药。进入5月中旬以后,气温逐渐上升达20℃,如果此期间空气相对湿度较大,特别是连续数天阴雨时,西瓜常易发生炭疽病、疫病等,而果树则常发生褐斑病、灰斑病等引起叶片早落、树势衰退的病害。在此期间,合理而及时地在田间喷施波尔多液200～240倍液(硫酸铜1份、生石灰2份、水200～240份),或喷施50%多菌灵800～1 000倍液等农药,可以兼治西瓜和果树的病害。此外,对果树卷叶蛾、蚜虫等可与为害西瓜的蚜虫、黄守瓜等害虫同时防治。值得特别注意的是：西瓜生育期较短，而且食用部分又是地上部的瓜，所以对农药的应用要有选择性。例如，在防治西瓜病虫害时，严禁使用剧毒性、内吸作用强的农药（包括对硫磷、内吸磷、六六六、滴滴涕、氧化乐果等国家农业部明文规定禁止使用的各种农药）。

第八章 西瓜种植专家经验介绍

第一节 西瓜形态异常诊断技术

一、幼苗期的形态诊断

(一)西瓜幼苗自封顶现象 西瓜育苗或直播出苗后,有时幼苗会出现生长点(俗称顶心)不长,只有2片子叶或1～2片真叶而没有顶心的幼苗,俗称自封顶苗。出现这种现象的原因如下:①种胚发育不良。胚芽发育不健全或退化。三倍体和四倍体西瓜幼苗出现自封顶苗的频率和比例远远大于普通二倍体西瓜。②种子陈旧。种子为多年的陈种且贮藏条件较差,致使部分种胚芽生活力降低甚至丧失生活力。③低温冻伤。育苗期间,苗床温度过低,或部分幼苗的生长点(2片子叶之间)凝结过冷水珠,造成生长点冻害。④嫁接苗亲和力差。嫁接苗砧木与西瓜接穗之间的亲和力较差,特别是共生亲和力较差时,则接穗西瓜生长不良,迟迟不长新叶。例如,有些南瓜砧木易出现自封顶的西瓜嫁接苗。此外,接穗过小时(特别是顶插接)也易出现自封顶苗。⑤西瓜幼苗出土后遭受烟蓟马(葱蓟马、棉蓟马)等害虫为害,可造成自封顶苗。如烟蓟马成虫和若虫在早春即能锉吸西瓜心叶、嫩芽的汁液,造成生长点停止生长。

(二)西瓜蔓、叶生长异常的诊断 西瓜在生长发育期间,有时会出现矮化缩叶、瓜蔓萎蔫、龙头(瓜蔓顶端)变色等异常现象。根据多年调查研究,造成异常的原因如下。

1. 矮化缩叶 苗期出现矮化缩叶现象大多为红蜘蛛为害所

致。土壤中含铁盐较多，或钙、镁元素缺少时，亦可造成西瓜植株矮化缩叶。土壤较长时间过湿或排水不良，使根系发育受阻，也会造成地上部植株矮化缩叶，甚至枯萎而死。嫁接苗出现矮化缩叶现象时，往往因接穗与砧木亲和力差或不完全愈合的缘故。西瓜感染病毒病特别是感染皱缩型病毒病时，植株出现典型矮化缩叶症状。

2. 瓜蔓萎蔫　西瓜植株有时突然出现叶片萎蔫、瓜蔓发软的现象，其原因如下：①夜间低温高湿，白天高温干燥。昼夜温、湿度差异过大对任何植物的适应能力（应变力）都是一个极大的考验。当夜间低温高湿时，叶面几乎没有蒸腾作用，瓜蔓和叶片含水量很高，根系的吸水力也变得很小。当白天突然变成高温干燥环境，叶面蒸腾作用强盛，瓜蔓和叶片急剧大量失水，而此时根系的吸水能力尚未达到高压状态，使水分代谢“入不敷出”，造成瓜蔓萎蔫。②暴雨暴晒。当短时大暴雨过后，再经强光暴晒，也易出现瓜蔓萎蔫现象。③枯萎病、蔓枯病、细菌性凋萎病等均可造成瓜蔓萎蔫。但这3种病害在瓜蔓与叶片上出现的症状有明显区别。枯萎病除造成叶片萎蔫外，瓜蔓基部导管变色（黄褐）是其典型症状。有时在瓜蔓基部或分枝基部还会流出红色胶状物。蔓枯病瓜蔓萎蔫较轻，发病较慢，发病后期瓜蔓和叶片上出现许多黑色病斑。细菌性凋萎病发病迅速，突然全株叶片萎蔫、瓜蔓发软。瓜蔓基部和分枝处导管不变色，不出现红色胶液；叶片和瓜蔓上也无黑色病斑。此外，青枯病、线虫及嫁接不亲和等也可造成瓜苗萎蔫。

3.“龙头”变色　在西瓜植株生长期间，有时出现“龙头”变黄或变黑，停止生长而成为“瞎顶”。据田间调查，凡瓜蔓顶端变黄者，多为铜绿金龟子为害的结果。凡瓜蔓顶端变黑者，多为冻害或肥害（烧心）。

二、抽蔓期的形态诊断

西瓜抽蔓期正常生长的形态特征：叶片按2/5的叶序渐次展出(即每5片叶片在瓜蔓上排列成2周)，单叶面积渐次增大。水瓜生态型的西瓜品种生长正常的成龄叶，一般为叶长18～22厘米，叶宽19～23厘米，叶柄长8～12厘米，叶柄粗0.4～0.5厘米。旱瓜生态型的西瓜品种生长正常的成龄叶，一般的叶长20～28厘米，叶宽22～30厘米，叶柄长10～15厘米，叶柄粗0.5～0.8厘米。植株根系发育不良或肥水不足时，叶片变小，叶柄变短变细。这样的植株虽然坐瓜容易，但往往瓜的发育不正常而形成畸形瓜或瓜较小，而且进入结瓜期后，植株多发生病害，以至于严重减产。因此，对这样的植株，应当加强前期的中耕松土，促使根系发达。同时要加强肥水管理，适当增加施肥量和浇水次数，促进植株的健壮生长。植株徒长或肥水过多时，叶片和叶柄均变长，蔓顶端变粗、密生茸毛、向上生长、长势旺盛。这样的植株不易坐瓜，同时进入结瓜期后蔓叶丛生，相互遮荫和缠绕，易发生病虫危害；由于坐瓜率低也将引起减产。因此，一旦发现植株有徒长现象，首先应当减少浇水、追肥，特别不能过多地施用速效氮肥。另外，还要及时进行植株调整，从而协调营养生长与生殖生长的关系，促进植株的正常生长。

三、结瓜期的形态诊断

(一)西瓜结瓜期形态诊断的主要依据(标准) 西瓜进入结瓜期后，植株衰弱的现象较少见，特别是高产栽培的瓜田，要十分注意防止植株徒长。西瓜结瓜期生长健壮的植株形态指标：成龄叶片大而宽，长与宽之比为0.92～0.95；叶柄较短，叶片长与叶柄长之比为1.6～2，蔓粗0.5～0.8厘米，节间长度小于或等于叶片长度。雌花开花节位距该瓜蔓生长点的距离为30～60厘米。如果实际数据大于或小于上述指标的植株，多为徒长或衰弱的植株。对于徒长的植株应及早减少追肥、控制浇水，并及时进行植株调整。如果这时不能及时采取上述技术措施，可在开花前压蔓的顶端或在雌花花蕾前第五或第六片叶处掐去生长点，使养分集中供雌花发育，抑制植株生长势。

西瓜进入结瓜期后，所选择的瓜胎能否坐瓜，除决定于植株生长状态外，还可以根据雌花的发育情况来判断。一般来说，花柄和子房较粗而长、密生茸毛，花瓣和子房大的雌花容易坐瓜，而且这样的瓜胎能够长成很好的瓜。反之，花柄和花瓣小，子房呈现圆形而且较小、茸毛少的雌花，一般不能坐瓜，即使能够坐瓜也长不成很好的瓜。另外，雌花授粉后经过 60 个小时后，果柄伸展，子房出现鲜艳色泽，这是已经确实坐瓜的表现。如果开花后 2～3 天果柄仍无明显伸展，子房色泽暗淡，这样的幼瓜多数不能坐住，应及时另选适宜的瓜胎坐瓜。

(二)西瓜开花、坐瓜期间出现蔓、叶衰弱或死秧现象的原因

1. 植株营养不良　当植株遇到低温、弱光或过早结瓜，使体内养分消耗过多，造成“入不敷出”，植株内部便可发生不同器官、不同部位之间的养分争夺，最终导致全株生长衰弱。

2. 根系生理障碍　由于水、气等条件失常，使土壤中有害物质积累过多，引起植株根系发生生理性障碍(如有害物质的毒害作用，直接损害根毛或导管等)。危害严重时，可使整个根系变褐、腐烂，完全丧失吸收能力，从而造成整株死亡。

3. 肥水严重不足　西瓜开花坐瓜时，正是需要大量营养物质和水分的时候，这时如果遇到天旱、脱肥等情况，植株多表现瘦弱，叶片萎蔫而单薄，花冠形小而色淡；子房呈圆球形，瘦小不堪；瓜蔓顶端变为细小的蛇头状，下垂而不伸展；基部叶片开始变黄，新生叶迟迟不出，整个植株未老先衰。

4. 某些病菌危害　当西瓜根系或茎蔓感染某些病菌后，也会出现蔓、叶衰弱甚至死亡现象。例如，瓜蔓基部发生枯萎病后，由于镰刀菌侵染输导管系统，造成输导组织坏死、堵塞，水分和矿物质无法由根部运往地上部的蔓、叶处，使地上部分发生萎蔫以致干枯死亡。此外，蔓枯病、急性细菌性凋萎病、病毒病等，也能造成植株急剧衰弱甚至死亡。

防止蔓、叶衰弱和死亡，必须分别采用相应的措施加以防治。如在早期栽培中加强温度、光照等管理，勿使其过早结瓜；加强肥水管理，及时防治病虫害；改善土壤条件等措施，均能防止蔓、叶衰弱和死亡。

（三）西瓜发生“空秧”的原因

1. 肥水管理不当　西瓜生长期间如果肥水管理不当，会使植株营养失调，茎、叶发生徒长，造成落花或化瓜，降低坐瓜率。这样的瓜田，在肥水管理上，要控制氮素化肥使用量，增加磷、钾肥，减少浇水次数，以协调营养生长和生殖生长，提高坐瓜率。对这样的植株，可采用强整枝、深埋蔓的办法，控制营养生长。也可在应选留的雌花出现后，隔1～2节捏尖或留5～7节打顶。截留养分向子房集中，提高子房素质，达到按要求坐瓜的目的。

2. 植株生长衰弱　因植株生长瘦弱，子房瘦小或发育不全而降低了坐瓜率。这样的西瓜植株，可以在应选留的雌花出现时，即雌花在顶叶（龙头）下能被识别出时，即适量追施部分氮素肥料，促使弱苗转为壮苗、提高坐瓜率。一般每株西瓜追施25克尿素或50克硫酸铵，或用1∶10的发酵饼肥水或腐熟尿液进行单株穴施，施后浇水覆土。施肥穴应距植株20～30厘米。

3. 花期低温或喷药　西瓜开花期间，如果气温较低或瓜田追肥浇水和喷洒农药，引起田间小气候变化，影响了昆虫传粉，也会降低坐瓜率。这样的瓜田可进行人工辅助授粉，即在早上6～10时当西瓜花开放时，选择健壮植株上的雄花连同花柄一起摘下，剥去花冠，用左手轻拿已开放的雌花子房基部的花柄，右手拿雄花，把花粉轻轻涂抹在雌花的柱头上。

4. *花期阴雨天* 西瓜开花期间遇阴雨,影响正常授粉;或雨水溅起泥滴,将子房包被,茸毛受到沾污而造成落花或化瓜。遇到这种情况,可提前采取防护措施。如雨前在雌花和一部分雄花上套小塑料袋,雨后立即摘下人工授粉;或者在地面上铺草、盖沙等,防止雨水溅起泥滴,对保护西瓜植株正常坐瓜具有一定的作用。

5. *风害和日灼* 这是影响坐瓜率的因素之一。为了防止风害,可把近瓜前后的茎节用10厘米长的鲜树枝条对折卡紧插于地面上,或用泥条压牢幼瓜的前后两个茎节,防止茎、叶被风吹动。为了防止阳光灼伤幼瓜,可用整枝时采下的茎蔓或杂草遮盖幼瓜,对保护幼瓜、防止畸形和化瓜都有一定的作用。

(四)西瓜出现畸形瓜的原因

1. *扁平瓜* 瓜的横径水平方向大于垂直方向,使瓜面呈现扁平状。据观察,多数扁平瓜的瓜梗部和花痕(瓜脐)部凹陷较深,瓜皮厚,瓜瓤色淡,有空心,种子不饱满,品质差。产生扁平瓜的原因,主要是瓜发育前期遇到不良的环境条件,如低温、干燥、光照不足、叶片数过少或由于营养生长过旺造成植株徒长而影响瓜的发育,后来因上述有关条件得到改善,西瓜又继续发育,结果就形成了扁平瓜。同时,留瓜节位过低时易出现扁平瓜;主蔓与侧蔓相比,主蔓上易出现扁平瓜。此外,不同品种之间,出现扁平瓜的比例不同。杂种一代比固定品种出现扁平瓜少,有籽西瓜比无籽西瓜出现扁平瓜少。

2. *偏头瓜* 就是瓜顶偏向一侧膨大的西瓜。产生偏头瓜的主要原因如下:①授粉不良。种子的发育对瓜瓤(果实)的发育有促进作用。凡是授粉不良或花粉量少、花粉在柱头上分布不均匀等都会影响果实内种子的发育。如果授粉不充分、花粉在柱头上分布不均匀,种子在果实内的形成也就不平衡。因此,在1个瓜中,凡种子多的一侧,瓜面膨大、瓤质松脆,甜度也较高;凡种子少的一侧,瓜面不膨大、瓜瓤坚实,甜度也较低。②浇水不及时。当果实进入生长中期以后,需水量显著增加,体积和重量的增加很迅速。这时如果浇水不及时,直接影响果实的膨大。即使以后加倍增大浇水量,已逐渐变硬的瓜皮限制了果面的迅速膨大,于是瓜瓤的膨大生长就自然偏向发育稍晚些的瓜皮部分。无论什么形状的西瓜,一般都是前部(近果顶)生长发育稍快于后部(近果梗),阳面(向阳面)生长发育稍快于阴面(着地面)。因此,当西瓜膨大阶段,前期缺水(浇水过晚)则形成瓜顶扁平的偏头瓜(小头瓜);后期缺水(过早断水)则形成瓜顶膨大果肩狭小的"葫芦"瓜(大头瓜)。③西瓜发育条件不良。西瓜发育的主要条件除水、肥、光照外,与温度(包括气温和地温)、空气相对湿度及空气成分等环境条件都有很大关系。当西瓜生长前期遇到低温、干燥,后来条件变好,则可形成瓜顶扁平的偏头瓜。当西瓜生长后期遇到低温(如寒流)、干燥时,则往往形成瓜肩狭小的"葫芦瓜"。④果面局部温差较大。在西瓜膨大期间,由于每个西瓜所处的小环境不尽相同,特别是当受光面积和受光强度在同一个西瓜的不同部位形成较大差异时,果面局部的温度也将出现较大差异。不适宜(过高或过低)的温度影响了那部分果面的发育,影响的时间越长,后果越严重(瓜面不周正越严重)。例如,当瓜下不铺地膜或其他衬垫物又不整瓜翻瓜时,瓜面与土壤直接接触,接触地面的部分发育较差。因此,当西瓜继续膨大时,横向生长受到较大影响,便形成了偏头瓜。为了防止这种畸形瓜的发生,应及时进行翻瓜整瓜,将瓜放置端正,最好在瓜的底面(着地面)铺上一层麦秸或垫上废纸等衬垫物。⑤瓜面局部伤害。在西瓜生长发育过程中,由于日灼、冰雹、虫咬或严重外伤、磨伤等,使受伤局部瓜面停止发育,而未受伤部分瓜面发育正常,则形成不同程度的畸形果。在通常情况下,由日灼、冰雹等造成的伤害,多形成阳面扁平瓜;由虫咬、磨伤等造成的伤害,多形成底面或侧面凹陷畸形瓜。

3. 宽肩厚皮瓜　在西瓜栽培中还可出现花痕部深而广，果肩宽，瓜皮厚，瓜面出现棱线的西瓜。因品种不同，宽肩厚皮瓜出现的比例也不同。大瓜型的品种和果形指数小的品种容易产生宽肩厚皮瓜。这些品种，在土层浅、地面向南倾斜的地形条件下更易产生宽肩厚皮瓜。这可能是土壤水分或地温变化大的缘故，但尚须进一步研究。就目前的观察结果证明：越是单株结瓜数多的瓜，越是圆形或近圆形瓜；越是较大的瓜；越是低节位的瓜，也越易出现宽肩厚皮瓜。

(五)西瓜出现空心和裂瓜的原因

1. 西瓜空心的原因　西瓜的膨大主要依靠瓜皮和瓜瓤各部分细胞的充实和不断增大。特别是瓜瓤部分，除了种子和相连的维管束之外，均由薄壁细胞构成。在正常情况下，薄壁细胞的膨大程度比其他组织中的细胞大，但细胞壁膨大后，由于肥水特别是水分供应不足，细胞得不到充实，细胞壁很快就会破裂。相邻的许多薄壁细胞破裂后，便形成了空洞；而许多小空洞相连就形成了较大的空洞或裂缝。此外，当西瓜发育前期遇到低温或干旱、光照不足等不良环境条件时，瓜也会发生空心。这是由于西瓜的发育前期是以纵向生长为主，发育后期则以横向生长为主。在低温或干旱、光照不足时，瓜的纵向生长就会被削弱，使其过早地停止；西瓜发育后期，如温度较高、雨水增多、光照强烈，瓜的横向发育非常迅速。如果西瓜内部生长不均衡，也会发生空心。此外，过早使用催熟剂、采收过晚、西瓜上部节位叶片数过多或基部叶片数过少等，都易造成空心。

2. 裂瓜的原因　裂瓜多发生在瓜瓤开始变色的所谓“泛瓤”阶段。这时由于瓜皮的发育缓慢逐渐变硬，而瓜瓤的发育却仍在旺盛阶段。如果再加上久旱遇雨或灌水量忽多忽少，或者在瓜的发育前期肥水不足、瓜的发育后期肥水供应又过多时，都可能发生裂瓜。此外，圆形西瓜比椭圆形西瓜易裂瓜。

同一品种，在同样的栽培条件下，发育良好的较大瓜比同一成熟度但瓜较小的易倒瓤（表 8-1）。

表 8-1　西瓜大小与倒瓤的关系

品　种	单瓜重（千克）	瓜　数（个）	成熟度（成）			倒瓤瓜	
			八　成	九　成	十　成	个　数	占调查（%）
绿　宝	6～7	20	2	11	7	13	65
绿　宝	4～5	20	2	11	7	8	40

（六）西瓜出现瓤色异常的原因

1. 瓜瓤中形成黄块（带）的原因　无论在红瓤、黄瓤、白瓤品种的果实内，都可能出现瓜瓤中局部产生紧密硬块或条带状瓜瓤的现象，尤以红瓤品种出现的频率较大。据多年观察，其成因主要有以下几点：①瓜瓤局部水分代谢失调。植物细胞在膨大期间需大量水分，由于根系或瓜蔓输导组织的某一部分在其结构或功能方面发生异常，致使瓜瓤中水分供应不平衡，缺水部分细胞得不到充分膨大，细胞壁变厚、细胞紧密，形成硬块或硬条带。嫁接栽培的西瓜尤易发生这种现象。②氮肥过多。西瓜的正常生长发育需要氮、磷、钾、钙及其他中、微量元素的相互配合。当氮素过多时，使某些离子产生了拮抗作用，影响了对其他一些营养元素的吸收，造成局部代谢失调。当这种失调发生在果实膨大过程时，则可使瓜瓤的某一部分形成硬块或硬条带。③高温干燥。当瓜瓤迅速膨大阶段遇高温干燥时，由于瓜瓤不同部位发育上的差异，造成某一部分瓜瓤细胞失水而形成硬块或硬条带，这种现象在晚播西瓜或高节位二茬瓜中出现较多。④雌花结构异常。在西瓜生产中还发现，雌花特大（俗称鬼花）或柱头特大，或雌性两性花以及瓜梗粗短而垂直、瓜顶（花蒂）部有大的凹陷或龟裂等均易在瓜瓤中形成黄块或硬条带。

2. *瓜瓤肉质变色的原因* 有的红瓤西瓜变成死猪肉色，俗称血印瓜；黄瓤西瓜变成土黄色，俗称水印瓜。其发生原因有两个：①生理障碍。当西瓜发育期间遇到高温干燥、土壤积水、蔓叶过少、氮素过多、光照不足或因施肥不当引起 pH 波动较大时，均易造成代谢失调，发生生理障碍，使代谢过程的中间产物得不到及时、有效地转化，积累在西瓜中成为有害物质而使瓜瓤变质。②病害引起。当西瓜发育中后期发生绿斑病毒病时，可使瓜瓤软化，甚至产生异味。此外，绵腐病、疫病、日灼病等均可致使瓜瓤变色变质，甚至失去食用价值。

(七)西瓜早衰及其防止措施 西瓜蔓叶的生长发育，一方面和根系的生长及瓜的发育相关联，另一方面又直接与环境条件密切相关。在正常的情况下，西瓜是生长周期明显的作物，这是因为西瓜的结瓜周期明显的缘故。因此，在西瓜膨大盛期，植株的营养生长变弱，表现出瓜蔓顶端生长缓慢，新生叶较小，基部叶生长衰弱等，这是正常现象。但如果当西瓜尚未达到膨大盛期，而植株就过早地表现出生长缓慢，茎节变短，瓜蔓变细，叶片变小，基部叶显著衰弱等特征时，则不是正常现象，一般称为“早衰”。西瓜发生早衰时，严重影响产量和品质，是高产栽培中应特别注意的问题之一。防止西瓜早衰的措施如下。

1. *加强肥水管理* 肥水供应不足或不及时，往往是造成植株早衰的主要原因之一。如果立即追肥浇水，就可以使早衰症状得到缓解。肥料应以速效氮肥为主，施用方法采用地下根部追肥和地上叶面喷洒肥料溶液相配合进行。但肥料用量要慎重，防止发生肥害。每株根部追施尿素 25～30 克，每 667 平方米叶面喷洒 0.3%尿素或磷酸二氢钾水溶液 70～80 升，折合施用尿素或磷酸二氢钾 0.21～0.24 千克。

2. *提高根系的吸收功能* 根系发达，吸收功能良好，地上部分就生长茂盛；根系发育不良或遭受某些病虫害时，也往往造成植株早衰。这必须经过检查根系以后找到病因,才能对症下药。例如发现根部土壤中有线虫或金针虫,根系又有被害症状,那么就应立即用50%辛硫磷乳油2 500～3 000倍液灌根,每株灌200～250毫升。如果发现根系发育不良,细根由白变黄、根毛稀少,甚至整个根系变褐、细根腐烂等,是由于根部土壤中水、气、温等条件失常(例如地温过低,土壤积水),引起根系发生生理性病害,则要加强中耕松土,使根部土壤疏松、通气良好,根系的吸收功能也就很快得到改善。

3. 合理整枝　整枝过重或单株留瓜较多,也是造成植株早衰的原因之一。西瓜的营养生长和生殖生长是相辅相成的,蔓、叶良好生长是花和瓜生长的基础。要达到高产,就要有一定的叶面积。同一品种在同样的栽培条件下,单株叶面积不同,西瓜产量也不同。如果整枝过重或单株留瓜较多,就会大大地削弱西瓜的营养生长。因此,合理地整枝、留瓜,保持较大的营养面积,是防止植株早衰、获得西瓜高产的关键。

第二节　气候异常对西瓜生长和结瓜的影响

一、气候异常对西瓜生长发育的影响

西瓜生长发育需要良好的气候条件。西瓜的适温一般为16℃～35℃,但不同时期和不同器官的生长适温也不同。当夜温降至15℃以下时,细胞停止分化,伸长生长显著滞缓(根系生长量仅为适温条件下的1/50),瓜蔓生长迟缓,叶片黄化,净光合作用出现负值。西瓜是需光最强的蔬菜作物,其光合作用的饱和点为80 000勒克斯,补偿点为4 000勒克斯。如出现低温下的光照不足情况时,将会严重影响植株所需光合产物的生成与供给,造成器官发育不良。如4～5月份期间阴雨偏多,使西瓜植株出现枝、蔓

节间及叶柄伸长，叶片变薄变小，叶色暗淡的现象，表明植株的光合作用能力已大大减弱，从而使植株用于雌花器发育的营养明显不足，造成保护地栽培的西瓜雌花形成密度和雌花质量均较差，发育不良的黄瘪瓜胎也较多，从西瓜形成基础上降低了西瓜雌花的授粉结实力，在我国主要瓜区，4～5 月份正是露地栽培的苗期、伸蔓期和开花坐瓜前期，如遇异常气候，容易形成弱苗，使雌花推迟、坐瓜节位过远，影响着西瓜的品质和产量。

二、气候异常影响西瓜坐果

西瓜开花坐果的适温为 25℃～35℃，同时需要充足光照。4～5 月份如降雨偏多、湿度过大、温度偏低，西瓜花期时如温度低于 15℃，即会出现花药开裂受阻、开花延迟、花粉产生变劣等授粉障碍，降低雌花的受精率。花期温度低于 20℃时，会造成花粉萌发不良或雄配子异常等问题，形成雌花虽已授粉但未能受精的情况。花期遇阴雨低温产生的这些生理异常，造成了西瓜雌花受精过程障碍，就会降低雌花的授粉受精率，直接影响坐瓜率。4～5 月份降雨偏多时，正遇大棚瓜的开花中后期和小棚瓜的整个开花期，西瓜雌花授粉受精问题成为坐瓜率极低的主要原因，此时西瓜营养生长与生殖生长很不协调，因而出现了空秧及徒长现象。

三、气候异常影响西瓜果实发育

由于开花坐果初期西瓜的植株营养分配中心仍在瓜蔓顶端生长点部位，这一阶段的低温寡日照使西瓜植株的光合产物产出率低而不敷分配。因此，许多雌花虽然能受精坐瓜，但很快又会因营养不足而脱落，在西瓜的坐瓜和幼果生长期，需要每天有 10～12 个小时的充足日照和 20 000～45 000 勒克斯以上的光照强度，才能较好满足西瓜对生殖生长和营养生长两方面的光合产物的需要。如缺少光照，果实生长期营养严重不足，不但坐瓜率大大降低，即使已坐住的西瓜也出现明显发育不良和畸形现象，致使果实成熟时个头小、果形变扁、许多果实有皮厚空心等现象，品质低劣。

四、防止气候异常影响西瓜生长和结果的措施

（一）培育壮苗　西瓜播种后，从破土出苗到子叶展平时，如遇25℃以上高温，就容易形成高脚弱苗，会影响正常的雌花花芽分化。如果温度低于10℃会完全停止生长，此期13℃～15℃的低温炼苗能促使雌花花芽的正常分化。苗期（第一片叶到4叶1心）时需15℃～20℃，伸蔓期需要20℃～25℃。如果各生育期达不到适宜的温度时，雌花将不能正常形成，即使形成也不易授粉、受精，若长期低温，生殖生长与营养生长失调，将不利于雌花形成。盖膜起垄栽培，能防旱排涝、通透性好，促根发苗，育成壮苗。

（二）合理施用肥水　伸蔓至开花坐瓜期应控制肥水用量，使瓜蔓节间短而壮，不徒长。此期，如果氮肥施用不当、浇水过多，最容易造成疯秧、营养生长与生殖生长不协调而影响坐瓜率。合理使用氮、磷、钾多元素肥料，是提高坐瓜率的必备条件。在气候不正常的情况下，如果湿度偏大、氮肥施用过多而造成徒长时（营养生长与生殖生长不协调时）同样难以坐瓜，特别对少籽二倍体西瓜品种的影响尤为突出，对生长健壮而旺盛的品种的影响更为明显。因为这类品种的习性属耐旱型，对肥水比较敏感。因此，在坐瓜前，适度施用肥水才能提高坐瓜率；伸蔓至膨瓜期则重施磷、钾肥，少施氮肥，可适当喷施多元素微肥，加强田间管理，及时防治病虫害，以保证有足够的功能叶片数（不低于60～90片健壮真叶）。在膨瓜前期，应适当加大肥水，以满足水分临界期的需要；否则，果实膨大受阻，将导致个头小、皮厚、空心。

（三）人工授粉　必须人工授粉，特别是花期遇雨、雌花需套袋以保证正常授粉时，更需要人工授粉。如果因低温或其他原因致使雄花花粉不成熟时，可借助于其他耐低温的早熟品种，进行人工

辅助授粉及配施坐瓜灵。

（四）科学整枝留瓜 改进整枝技术，多留侧枝（两枝以上），保持较多的雌花，有选择授粉坐瓜的余地；加强整枝、压蔓、控制徒长。留瓜节位要合理，主侧蔓第二雌花留瓜均可，留瓜离根过远或过近都会影响瓜的商品质量和产量。

（五）加强病虫害防治 在气候异常的条件下，西瓜生长发育会受到很大影响，其对病虫害的抵抗力将大大下降。因此，对病虫害防治要突出以防为主，防患于未然。每当不良天气出现前后要立即施用保护药剂，尤其要配合施用“丰产素”、“增产灵”之类的植物生长调节剂。

第三节 西瓜栽培常用数据与基本技能

一、西瓜栽培常用数据

（一）对环境条件要求的极限值与标准值

1. 对温度要求的极限值与标准值

（1）极限值 西瓜正常生长发育的最低温度为10℃，最高温度为40℃。

（2）标准值 最适温度为25℃～30℃。其中发芽期温度为28℃～30℃，幼苗期温度为22℃～25℃，抽蔓期温度为25℃～28℃，结果期温度为30℃～35℃。全生育期积温为2 500℃～3 000℃，其中果实发育期积温为800℃～1 000℃。

2. 对光照的要求 每天日照时数应为10～12小时，这样西瓜生长健壮、产量高、品质好。西瓜幼苗的光饱和点为8万勒克斯，结果期为10万勒克斯以上。西瓜的光补偿点为4 000勒克斯。

3. 对水分的要求 西瓜是需水量较多的作物，其蒸腾强度为700克。1株西瓜一生中约消耗1立方米水量。但西瓜根系不耐积水，特别是苗期。果实生长中后期要求空气干燥，空气相对湿度为50％～60％时最为适宜。

4. *对土壤的要求*　西瓜根系具有明显的好气性，它生长的最适宜氧分压为18％。西瓜最适宜在中性土壤中生长，但在pH 5～7范围内均能正常生长。西瓜根系不耐盐碱，当土壤中的含盐量超过0.2％时生长不良。

5. *对营养元素的要求*　西瓜整个生育期对氮磷钾三要素的吸收比例大约为氮(N)∶磷(P_2O_5)∶钾(K_2O)＝3.28∶1∶4.33。但不同生育期对三要素的吸收量和吸收比例不同。幼苗期吸收量仅占一生总吸收量的0.54％，其吸收比例为氮(N)∶磷(P_2O_5)∶钾(K_2O)＝3.28∶1∶2.75。果实生长盛期吸肥量约占一生总吸收量的77.5％，其吸收比例为氮(N)∶磷(P_2O_5)∶钾(K_2O)＝3.48∶1∶4.6。

6. *对气体成分的要求*　二氧化碳是植物光合作用的重要原料，要想维持西瓜较高的光合作用，应使二氧化碳浓度保持在500毫升/米^{3}以上。

(二)株行距与密度的计算

1. *株行距的计算*　西瓜与粮食作物相比，株行距较大，同时又因整枝方式和栽培品种的不同，即使每667平方米株数相同，而株行距可有几种不同组合方式。例如，行距1.8米、株距0.5米，每667平方米714株，而行距1.5米、株距0.6米，每667平方米也是714株；行距2米、株距0.4米，每667平方米833株，而行距1.6米、株距0.5米，每667平方米也是833株。再如，每667平方米同为1 111株，可有以下几种行距和株距：2米×0.3米、1.5米×0.4米、1.2米×0.5米和1米×0.6米等。

在西瓜生产中，如果每667平方米栽植株数已经确定，那么在确定株行距时，就要考虑到采用什么品种、哪种整枝方式。一般来说，凡是晚熟大瓜型品种或单蔓及双蔓式整枝或普通栽培者，应适当加大行距、缩小株距;凡是早熟小瓜型品种或三蔓及多蔓式整枝或双行栽培者,应适当缩小行距、加大株距。此外,在整理瓜蔓时,如果使主蔓和侧蔓同向延伸,应适当缩小行距、加大株距。在整理瓜蔓时,如果使主蔓和侧蔓背向延伸,则应适当加大行距、缩小株距。坐瓜后,采用摘心或闷尖(将坐瓜蔓顶端埋入土内)措施者,行距也可适当缩小,株距适当加大。株距加大后,还可在健壮侧蔓上选留瓜胎坐瓜,在不提高密度情况下,增加单位面积的瓜数及总产量。

在生产实践中,由于西瓜沟需要在封冻前深翻,而深翻瓜沟亦即确定了行距。因此,往往是尚未购买种子也未确定栽培方式和整枝方式的情况下,先确定了行距。那么,翌年春就应根据已定行距和栽培方式选择适宜的品种;行距、栽培方式和品种都确定后,当确定株距时,可根据每 667 平方米要求达到的株数或整枝方式、留蔓方向等来决定。当每 667 平方米栽植株数和行距已定,在确定株距时,可采用下列公式计算。

$$\text{株距(米)}=\frac{10\,000\text{ 平方米}}{\text{每公顷株数}\times\text{行距(米)}}$$

2. 种植密度的计算 种植密度就是单位面积土地上的种植株数,通常是指 1 公顷土地上的种植株数。计算种植密度对合理密植、丰产栽培及田间试验等都是十分必要的。计算种植密度时,应首先测量好行距和株距,然后就可以根据株行距相乘的面积计算每 667 平方米地上的株数了。其计算公式如下:

$$\text{每公顷株数}=\frac{10\,000\text{ 平方米}}{\text{行距(米)}\times\text{株距(米)}}\text{XK(实种系数)}$$

为了得到准确有效数值,应注意以下几点。

(1)株行距要测量准确 西瓜株行距较大,有时种植并不均匀,如果只测量 1～2 行,3～4 株,往往不能代表整个地块的平均密度。根据各地经验,一般要测量 5 行以上,求其平均行距,测量

6株以上求其平均株距。然后以平均株行距计算密度。只有这样才比较准确。

(2)取点要有代表性　测量时，取点是否有代表性，也是计算密度是否准确的关键。所以，在取点测量株行距时，应随机取点，并应重复1～2次。取点越多或重复次数越多，测量的数据越准确。特别是密度试验、肥料试验、高产试验等，更应注意这个问题。

(3)关于实种系数的确定　西瓜和其他粮食作物不同，在计算密度时，应扣除瓜棚、水池(或水道)、档子(为了浇水和管理方便，每隔20米左右在株间留0.5米左右的人行道或操作行，其方向与瓜沟垂直，一般在挖瓜沟或做瓜畦时即已留好空地，瓜农称为档子，有的地区也叫"段空")等所占面积，由于各地瓜棚大小、水池多少及档子宽窄等不尽相同，所以无法统一规定扣除的比例数，最好在计算株行距时，同时测算实种系数(即实际种植面积占耕地面积的百分比)。据调查，我国北方各省(直辖市)西瓜实种系数为75%～85%。

为了快速计算种植密度，也可以不进行实地测量而根据播种或栽植时所确定的株行距查表求出理论数值，然后再根据实种系数计算出种植密度。但这样所计算出的种植密度，只能是近似密度，往往与实际密度有出入，只能作为参考数据(表8-2)。

表8-2　西瓜密度查对表

行　距(米)	株距(米)			
	0.3	0.4	0.5	0.6
	每公顷株数			
1.0	33330	25005	9995	16665
1.1	30300	22725	18180	15150
1.2	27780	20835	16665	13890
1.3	25635	19230	15390	12825

续表 8-2

行距(米)	株距(米)			
	0.3	0.4	0.5	0.6
	每公顷株数			
1.4	23805	17850	14280	11910
1.5	22215	16665	13335	11115
1.6	20835	15630	12495	10410
1.7	19605	14700	11760	9810
1.8	18525	13890	11115	9255
1.9	17550	13155	10530	8775
2.0	16665	12495	10005	8340
2.1	15870	11910	9525	7935
2.2	15150	11370	9090	7575
2.3	14490	10875	8700	7245
2.4	13890	10410	8340	6945
2.5	13335	10005	7995	6660

(三)用种量的计算 了解西瓜的每 667 平方米用种量,可以有计划地购买种子,避免播种时数量不足或造成浪费。但由于西瓜种子的发芽率、种粒大小、种皮厚薄及种子的饱满程度不同,用种量也有较大的出入。例如,同样采用阳畦育苗栽培方式,早花每 667 平方米用种量为 125 克,蜜宝需用 85 克,而新红宝则只需要 60 克(这 3 个品种的发芽率均为 95%以上)。这主要是因为不同品种种子的千粒重不同。早花种子千粒重为 62.5 克,在每 667 平

方米保苗700～800株的情况下，育苗移栽的需种子200～2 200粒，露地直播的需种子3 000粒左右。因此，只要知道某品种种子的千粒重，就可以通过千粒重与种子每千克粒数，换算出每667平方米用种量。换算公式如下：

$$每公顷用种量(克)=\frac{每千克种粒数\times 发芽率(\%)}{每公顷保苗数\times 每穴粒数}$$

式中，发芽率一般种子经营单位或种子说明书上均有介绍。每667平方米保苗数因品种、整枝方式和肥水条件而定。每穴粒数，育苗移栽为2粒，直播为3～4粒。

（四）根据幼瓜提前预测西瓜产量的方法 通过对大量西瓜的调查，认为西瓜成熟时，瓜的横径为开花后5天时幼瓜横径的8～10倍；开花后12天时，瓜的横径约为成熟时横径的60.5%；开花后20天时，瓜的横径约为成熟时横径的83.5%。因此，可以在上述3个时间中的任何一个时间里测量瓜的横径，来推算成熟时的重量。但是比较精确的是通过开花后20天时瓜的纵径和横径，来推算成熟时瓜的重量。具体推算可按以下经验公式进行计算：

$$W=0.497(d+d_1)^3 \qquad (1)$$

$$W=0.746(d+d_1)^2\times(I+I_1) \qquad (2)$$

式中，W为预计西瓜成熟时的瓜重（克），d为开花后20天时瓜的横径（厘米），I为开花后20天时瓜的纵径（厘米），d_1和I_1均为经验常数，系西瓜从开花后20天到该瓜成熟时横、纵径的增长量（厘米），其具体数值受品种、肥水条件等所支配。一般情况下，圆形瓜早、中熟品种d_1为3～5厘米，晚熟品种d_1为5～7厘米；长形瓜（椭圆形）早、中熟品种d_1为3～4厘米，I_1为5～6厘米；晚熟品种d_1为4～5厘米，I_1为6～7厘米。

(1)式适用于圆形西瓜，(2)式适用于椭圆形、长形等西瓜。

如测得京欣4号西瓜坐瓜20天时瓜直径为20厘米。因京欣4号西瓜是圆形瓜,可用(1)式计算成熟时的重量。又因其是中熟品种瓜中生长后期膨大较慢的品种,20天后的直径增长为3厘米(经验常数)。具体计算如下:

京欣4号瓜成熟时 $W=0.497\times(20+3)^3=6\,047$(克),即这个西瓜成熟时的重量约为6 047克或6千克。

又如测得西农8号西瓜坐瓜后20天时瓜的横径为15厘米,纵径为25厘米,因西瓜是长椭圆形瓜,可用(2)式计算成熟时瓜的重量。又因为它是中熟品种,20天后的横径增长为3厘米,纵径增长为5厘米(经验常数)。具体计算如下:

西农8号西瓜成熟时 $W=0.746\times(15+3)^2\times(25+5)=0.746\times324\times30=7\,251.1$(克)

即这个西瓜成熟时的重量约为7 251.1克或7.25千克。

二、西瓜栽培基本技能

(一)施肥技能

1. 肥料混合规则　两种以上肥料适当掺和施用,有助于提高肥效和节省劳力,但不是所有肥料都可以混合的。如混合不当,会出现营养物质逸失(如氨的挥发)、有效性降低和混合后的肥料物理性状变劣等不良后果。我们知道,碱性肥料与铵态氮肥或过磷酸钙不可混合。碳酸氢铵由于自身易挥发,不提倡与其他肥料混合后久存。在北方有的地区采用碳酸氢铵与过磷酸钙随混随用作基肥施。尿素肥分高,适宜作混合肥用。

图8-1列出常用化肥品种可混用、随混随用或不可混用的图解,供参考。

图 8-1　常用化肥品种的可混、随混随用或不可混用的图解

化肥品种	尿素	碳酸氢铵	硫酸铵	硝酸铵	硝酸盐(钠、钾、钙)	石灰氮	过磷酸钙	钙镁磷肥	磷矿粉	氯化钾、硫酸钾	石灰、草木灰
尿　素	○	△	○	△	△	△	△	△	△	△	△
碳酸氢铵	△	○	△	△	△	×	△	×	△	△	×
硫酸铵	○	△	○	○	△	×	△	×	△	○	×
硝酸铵	△	△	○	○	○	×	△	×	△	△	×
硝酸盐(钠、钾、钙)	△	△	△	○	○	○	△	△	△	△	△
石灰氮	△	×	×	×	○	○	×	○	△	△	○
过磷酸钙	△	△	△	△	△	×	○	×	△	△	×
钙镁磷肥	△	×	×	×	△	○	×	○	△	△	○
磷矿粉	△	△	△	△	△	△	△	△	○	△	×
氯化钾、硫酸钾	△	△	○	△	△	△	△	△	△	○	△
石灰、草木灰	△	×	×	×	△	○	×	○	×	△	○

注：○表示可混用；△表示随混随用；×表示不可混用

2. *配方施肥与专用肥施用*　所谓配方施肥，就是根据西瓜的需肥特点以及土壤的营养水平，将各种营养元素按一定数量和比例混合搭配施用的一种施肥方法。根据这一原理，目前已研究生产出西瓜专用肥。如北京市农林科学院研制的 A 型和 B 型西瓜专用肥，石家庄市曙光化肥厂生产的西瓜专用肥，河北省农业科学院研制的西瓜专用肥等。由于这种肥是专门根据西瓜的需肥特点而生产的，所以对促进植株茎叶粗壮，增强抗病能力，提高产量，增加含糖量，改善瓜的品质，提早成熟等均有明显的作用。

西瓜专用肥可作基肥，也可用作追肥。追肥以沟施或穴施为佳。专用肥依肥料养分含量的不同而不同。例如，北京市农林科学院生产的专用肥，每 667 平方米土地可施用 75 千克，曙光化肥厂生产的可施用 40～50 千克，河北省农业科学院生产的可施用 50～60 千克。

施用专用肥时，仍应适量配合施用有机肥，以改善土壤结构。此外，还应根据当地土壤营养状况来选择专用肥的类型。在这种土壤上某一类型的专用肥效果明显，但在另一种土壤上就不一定明显。因此，应事先做好比较试验，然后根据试验结果来选择应用专用肥。

3. 二氧化碳施肥　严格地说，二氧化碳并不是肥料，它是植物进行光合作用合成碳水化合物的主要原料。事实证明，在一定范围内二氧化碳浓度增加，植株的光合速率也会增加。空气中二氧化碳正常含量不能满足植株达到最大光合速率时的要求。在早春塑料大棚生产中，白天棚内二氧化碳浓度较低，大大限制了植株的光合作用，因而有必要人工补充二氧化碳。

(1)二氧化碳的来源　化学反应法是目前生产中应用比较多的方法。其原理是利用碳酸氢铵与稀硫酸反应，生成二氧化碳和硫酸铵。其中二氧化碳就扩散到棚内被植株叶片吸收，硫酸铵则可施入土中作为肥料。具体操作步骤是：将 1 份（体积）浓硫酸缓缓倒入 3 份（体积）水中搅匀，冷却至常温备用。然后采用适当容器如塑料桶、瓷缸等，装入 1/3 深的稀硫酸，再加进适量的碳酸氢铵后，将桶离地面 1～1.2 米处吊起来即可。一般每 3 排立柱间放置 1 个塑料桶。碳酸氢铵的使用量依植株生长时期而定：苗期每平方米大棚面积每次用 6～8 克，甩蔓及坐果期用 12～16 克，果实膨大期用 10～13 克。如果稀硫酸桶内加碳酸氢铵后无气泡生成，则应及时更换桶内硫酸。

此外，还可利用钢瓶二氧化碳液化气（这是酒厂的副产品），可定时定量地向大棚内施放。

(2)二氧化碳施用时间　大棚内定植缓苗后就可施放二氧化碳。每天于早晨8～9时开始施用，施后至少2个小时内不要通风。如果棚内温、湿度不太高，闷棚时间还可长一些，可隔天施放，在生长旺盛期则可连续施放。一般每10～15天为一个施肥阶段，隔10天后再施一个阶段，整个生长期中施用2～3个阶段。

(二)农药的配制

1. 常用药剂配制浓度计算方法

(1)按有效成分计算

①求稀释剂(水等)用量

稀释100倍以下：

$$\text{稀释剂用量}=\frac{\text{原药剂重量}\times(\text{原药剂浓度}-\text{所配药剂浓度})}{\text{所配药剂浓度}}$$

稀释100倍以上：

$$\text{稀释剂用量}=\frac{\text{原药剂重量}\times\text{原药剂浓度}}{\text{所配药剂浓度}}$$

②求用药量

$$\text{原药剂用量}=\frac{\text{所配药剂重量}\times\text{所配药剂浓度}}{\text{原药剂浓度}}$$

(2)按倍数计算(不考虑有效成分含量)

①求稀释剂(水等)用量

稀释100倍以下：

$$\text{稀释剂用量}=\text{原药剂重量}\times\text{稀释倍数}-\text{原药剂重量}$$

稀释100倍以上：

$$\text{稀释剂用量}=\text{原药剂重量}\times\text{稀释倍数}$$

②求用药量

$$\text{原药剂用量}=\frac{\text{所配药剂重量}}{\text{稀释倍数}}$$

③求稀释倍数

$$由浓度比求稀释倍数:稀释倍数=\frac{原药剂浓度}{所配药剂浓度}$$

$$由重量比求稀释倍数:稀释倍数=\frac{所配药剂重量}{原药剂重量}$$

(3)石硫合剂计算公式(按重量计算)

①需要加水稀释的数量=

$$\frac{原波美浓度-需要配制的波美浓度}{需要配制的波美浓度}$$

$$②需要原液量=\frac{需要稀释药液量}{单位重量加水稀释的液量+1}$$

2. 配制不同浓度、数量的农药所需原药量速查表　见表8-3。

表 8-3　配制不同浓度、数量的农药所需原药量速查表

稀释倍数	配药量									
	5	10	15	20	25	30	35	40	45	50
50	100	200	300	400	500	600	700	800	900	1000
100	50	100	150	200	250	300	350	400	450	500
150	33.3	66.6	100	133	166	200	233	266.6	300	333
200	25	50	75	100	125	150	175	200	225	250
250	20	40	60	80	100	120	140	160	180	200
300	16.6	33.3	50	66.6	83.3	102	116.6	133.3	150	166.6
350	14.2	28.5	42.8	57	71.4	85.7	100	114	128	142.3
400	12.5	25	37.5	50	62.5	75	87.5	100	112.5	125
500	10	20	30	40	50	60	70	80	90	100

续表 8-3

稀释倍数	配药量									
	5	10	15	20	25	30	35	40	45	50
600	8.3	16.6	25	33.3	41.6	50	58.3	66.6	75	83.3
700	7.1	14.2	21.4	28.5	35.7	42.8	50	57.1	64.2	71.4
800	6.3	12.5	18.7	25	31.2	37.5	43.7	50	56.2	62.5
900	5.6	11.1	16.7	22.2	27.7	33.3	38.8	44.4	50	55.5
1000	5.0	10	15	20	25	30	35	40	45	50
1500	3.3	6.6	10	13.3	16.6	20	23.3	26.6	30	33.3
2000	2.5	5.0	7.5	10	12.5	15	17.5	20	22.5	25
2500	2.0	4.0	6.0	8.0	10	12	14	16	18	20
3000	1.7	3.3	5.0	6.7	8.3	10	11.6	13.3	15	16.6
3500	1.4	2.8	4.2	5.7	7.1	8.5	10	11.4	12.8	14.2
4000	1.25	2.5	3.75	5.0	6.25	7.5	8.75	10	11.25	12.5
4500	1.11	2.22	3.33	4.44	5.55	6.66	7.77	8.88	9.99	4.1
5000	1.0	2.0	3.0	4.0	5.0	6.0	7.0	8.0	9.0	10
5500	0.91	1.82	2.73	3.64	4.55	5.46	6.37	7.28	8.19	9.1
6000	0.83	1.66	2.5	3.33	4.16	5.0	5.83	6.66	17.5	8.33

注：配药量：千克；所需原药量：粉剂（克）、液剂（毫升）

表 8-4 查用方法：例如要配制 50%多菌灵 1 000 倍液 30 千克，问需原药多少？先在“稀释倍数”栏找到 1 000 这一行，再在“配药量”栏内找到 30，然后向下查到与 1 000 那一行的交叉点上“30”，即是所需的原药量。

3. 药剂稀释后有效成分(%)查对表　见表 8-4。

表 8-4　药剂稀释后有效成分(%)查对表

稀释倍数	原有浓度(%)									
	5	10	20	25	30	40	50	70	80	90
10	0.500	1.000	2.000	2.500	3.000	4.000	5.000	7.000	8.000	9.000
20	0.250	0.500	1.000	1.250	1.500	2.000	2.500	3.500	4.000	4.500
25	0.200	0.400	0.800	1.000	1.200	1.600	2.000	2.800	3.200	3.600
50	0.100	0.200	0.400	0.500	0.600	0.800	1.000	1.400	1.600	1.800
60	0.083	0.167	0.330	0.420	0.500	0.670	0.830	1.167	1.340	1.500
100	0.050	0.100	0.200	0.250	0.300	0.400	0.500	0.700	0.800	0.900
150	0.033	0.067	0.130	0.170	0.200	0.270	0.330	0.467	0.530	0.600
200	0.025	0.05	0.100	0.125	0.150	0.200	0.250	0.350	0.400	0.450
250	0.020	0.040	0.080	0.100	0.120	0.160	0.200	0.280	0.320	0.360
300	0.017	0.033	0.070	0.080	0.100	0.130	0.170	0.230	0.270	0.300
400	0.013	0.025	0.050	0.063	0.075	0.100	0.125	0.175	0.200	0.225
500	0.010	0.020	0.040	0.050	0.060	0.080	0.100	0.140	0.160	0.180
800	0.063	0.013	0.025	0.031	0.038	0.050	0.063	0.088	0.100	0.113
1000	0.005	0.010	0.020	0.025	0.030	0.040	0.050	0.070	0.080	0.090
2000	0.003	0.005	0.010	0.013	0.015	0.020	0.025	0.035	0.040	0.045
3000	0.002	0.003	0.007	0.008	0.010	0.013	0.017	0.023	0.027	0.030
4000	0.001	0.003	0.005	0.006	0.008	0.010	0.013	0.018	0.020	0.023
5000	0.001	0.002	0.004	0.005	0.006	0.008	0.010	0.014	0.016	0.018

4. 常用农药可否混用查对表　见表 8-5。

表 8-5　常用农药可否混用查对表

农药名称	溴氰菊酯	氰戊菊酯	敌百虫	敌敌畏	乐果	马拉硫磷	西维因	亚胺硫磷	鱼藤精	微生物杀虫剂	波尔多液	石硫合剂	铜皂液	石灰	肥皂	代森锌	代森铵	福美双	多菌灵	克菌丹	硫菌灵	胂·锌·福美双
溴氰菊酯		+	+	+	+	+	+	+	+	+	×	×	×	×	×	+	+	+	+	+	+	+
氰戊菊酯	+	+	+	+	+	+	+	+	+	+	×	×	×	×	×	+	+	+	+	+	+	+
敌百虫	+	+		+	+	+	+	+	+	+	⊕	⊕	⊕	⊕	⊕	⊕	⊕	+	+	+	+	+
敌敌畏	+	+	+		+	+	+	+	+	+	×	×	×	×	×	+	+	+	+	+	+	+
乐　果	+	+	+	+	+	+	+	+	+	+	×	×	×	×	×	+	+	+	+	+	+	+
马拉硫磷	+	+	+	+	+	+	+	+	+	+	×	×	×	×	×	+	+	+	+	+	+	+
西维因	+	+	+	+	+	+	+	+	+	+	×	×	×	×	×	+	+	+	+	+	+	+
亚胺硫磷	+	+	+	+	+	+	+	+	+	+	×	×	×	×	×	×	+	+	+	+	+	+
鱼藤精	+	+	+	+	+	+	+	+	+	+	⊕	⊕	⊕	⊕	⊕	+	+	+	+	+	+	+
微生物杀虫剂	+	+	+	+	+	+	+	+	+	+	×	×	×	×	⊕	×	×	×	×	×	×	×
波尔多液	×	×	⊕	×	×	×	×	×	⊕	×		×	×	+	×	×	×	×	×	×	×	×
石硫合剂	×	×	⊕	×	×	×	×	×	⊕	×	×		×	+	×	×	×	×	×	×	×	×
铜皂液	×	×	⊕	×	×	×	×	×	⊕	×	×	×		×	+	×	×	×	×	×	×	×
石　灰	×	×	⊕	×	×	×	×	×	⊕	×	+	+	×		×	×	×	×	×	×	×	×
肥　皂	×	×	⊕	×	×	×	×	×	⊕	⊕	×	×	+	×		×	×	×	×	×	×	×
代森锌	+	+	+	+	+	+	+	+	+	×	×	×	×	×	×		+	+	+	+	+	+
代森铵	+	+	+	+	+	+	+	+	+	×	×	×	×	×	×	+		+	+	+	+	+

续表 8-5

农药名称	溴氰菊酯	氰戊菊酯	敌百虫	敌敌畏	乐果	马拉硫磷	西维因	亚胺硫磷	鱼藤精	微生物杀虫剂	波尔多液	石硫合剂	铜皂液	石灰	肥皂	代森锌	代森铵	福美双	多菌灵	克菌丹	硫菌灵	胂·锌·福美双
福美双	+	+	+	+	+	+	+	+	+	×	×	×	×	×	×	+	+	+	+	+	+	+
多菌灵	+	+	+	+	+	+	+	+	+	×	×	×	×	×	×	+	+	+	+	+	+	+
克菌丹	+	+	+	+	+	+	+	+	+	×	×	×	×	×	×	+	+	+	+	+	+	+
硫菌灵	+	+	+	+	+	+	+	+	+	×	×	×	×	×	×	+	+	+	+	+	+	+
胂·锌·福美双	+	+	+	+	+	+	+	+	+	×	×	×	×	×	×	+	+	+	+	+	+	+

注：+可混用；×不可混用；⊕随混随用；微生物制剂指青虫菌、杀螟杆菌等

第九章 西瓜病虫草害防治

西瓜病虫草等灾害的种类很多,不同生育期和不同气候条件下(或不同季节)有不同的病虫草害发生与蔓延。苗期病害主要有猝倒病、立枯病、锈根病等。在生长中、后期病害最多,主要有蔓枯病、炭疽病、枯萎病、疫病、霜霉病、白粉病、叶枯病、病毒病等。西瓜害虫主要有瓜地蛆、地老虎、蛴螬、瓜蚜、黄守瓜和蓟马等。田间或棚室西瓜发生病虫害后,首先要进行正确诊断。根据不同的病虫危害症状或形态及发生规律,采用不同的防治方法。防治西瓜病虫草害,应特别注意以预防为主,采用综合农业栽培措施加强防治。

第一节 主要真菌病害防治

一、叶 枯 病

叶枯病多在西瓜生长中后期发生,一旦发生,如不及时防治,常造成叶片大量枯死,严重影响西瓜产量和品质。近几年有蔓延发展的趋势,在全国各西瓜产区均有发生。

(一)危害症状 初期叶片上出现褐色小斑点,周围有黄色晕圈,开始多在叶脉之间或叶缘发生。病斑近圆形,直径 0.1～0.5 厘米,略呈轮纹状,很快形成大片病斑,叶片枯死。瓜蔓无病斑,不枯萎。

(二)发病规律 病菌以菌丝体和分生孢子在土壤中或病株残体上、种子上越冬,成为翌年(季)初侵染来源。分生孢子借气流传播,形成再侵染,病害会很快进行传染。病菌在 10℃～35℃条件下均能生长发育。一般多发生在西瓜生长中期。西瓜果实膨大期,若遇到连阴天最易发病。

(三)防治方法 清理瓜田,减少病源;种子消毒(详见本书有关部分);药剂防治:用75%百菌清可湿性粉剂500～600倍液喷雾,或70%代森锰锌可湿性粉剂500倍液喷雾,5～6天喷1次,连续喷2～3次。最新农药有25%腈菌唑乳油、10%苯醚甲甲环唑乳剂、20%丙环唑乳剂或10%苯醚环唑乳剂等。施用剂量因不同厂家、不同规格与含量而有所不同,请参阅该药包装上的使用说明进行施用。

二、蔓枯病

蔓枯病又叫黑腐病、斑点病。西瓜的蔓、叶和果实都能受其危害,而以蔓、叶受害最重。

(一)危害症状 叶片受害时,最初出现黑褐色小斑点,以后成为直径1～2厘米的病斑。病斑圆形或不正圆形,黑褐色或有同心轮纹。发生在叶缘上的病斑,一般呈弧形。老病斑出现小黑点。病叶干枯时病斑呈星状破裂。遇连续阴雨天气,病斑迅速发展可遍及全叶,叶片变黑而枯死。蔓受害时,最初产生水浸状病斑,中央变为褐色枯死,以后褐色部分呈星状干裂,内部呈木栓状干腐。蔓枯病与炭疽病在症状上的主要区别是,蔓枯病病斑上不产生粉红色黏稠物质,而生有黑色小点状物。

(二)发病规律 西瓜蔓枯病是由一种子囊菌侵染而成的。病菌以分生孢子器及子囊壳附着于被害部混入土中越冬。翌年温、湿度适合时,散出孢子,经风吹、雨溅传播危害。种子表面也可以带菌。病菌主要经伤口侵入西瓜植株内部引起发病。病菌在5℃～35℃条件下都可侵染危害,20℃～30℃为发育适宜温度,在55℃条件下10分钟即死亡。高温多湿、通风透光不良、施肥不足而植株生长衰弱时,容易发病。

(三)防治方法

1. 选用无病种子和种子消毒　要从远离病株的健康无病植株上采种。对可能带菌的种子，要进行种子消毒。

2. 加强栽培管理　创造比较干燥、通风良好的环境条件，并注意合理施肥，使西瓜植株生长健壮，提高抗病能力。要选地势较高、排水良好、肥沃的沙质壤土地种植。防止大水漫灌，雨后要注意排水防涝。及时进行植株调整，使之通风透光良好。施足基肥，增施有机肥料，注意氮、磷、钾肥的配合施用，防止偏施氮肥。发现病株要立即拔掉烧毁，并喷药防治，防止继续蔓延危害。

3. 药剂防治　已经发生过蔓枯病的西瓜地，要在蔓长到30厘米时开始喷药。初发现病株的地，要立即喷药，可用75%百菌清可湿性粉剂600倍液，每隔5～7天喷1次，连喷2～3次。还可试用最新农药5%索菌、10%苯醚甲环唑乳剂，施用剂量详见该药的使用说明。

三、炭疽病

炭疽病俗称黑斑病"洒墨水"。炭疽病是瓜类作物的常见病，主要危害西瓜和甜瓜，也危害黄瓜、冬瓜等。此病除在生长季节发生外，在贮藏运输中也可发病，使西瓜大量腐烂。

(一)危害症状　炭疽病主要危害西瓜叶片及果实，也危害幼苗及瓜蔓。主要在西瓜生长的中、后期发生。

幼苗期发病，茎基部病斑黑褐色、缢缩，导致幼苗突然倒伏死亡。子叶受害时，多在边缘出现圆形或半圆形病斑，呈褐色，上边长出黑色小点及淡红色黏稠物。这是病菌的分生孢子盘及黏孢子团。叶片发病，最初呈水浸状圆形淡黄色斑点，很快变为黑色或紫黑色的圆斑，外围有一紫黑色晕圈，有的出现同心轮纹。病斑干燥时容易破碎。严重时病斑汇合成大斑，叶片干枯死亡。

蔓和叶柄发病，病斑圆形或纺锤形，黑色，稍凹陷。病斑上着生许多小黑点，呈环状排列。潮湿时，病斑上生出粉红色的黏稠物。果实受害后，初生圆形黑褐色小斑，后发展成同心轮纹状凹形大斑，潮湿时从黑褐点内溢出粉红色黏稠物。

（二）发病规律　西瓜炭疽病是由半知菌侵害引起的。病菌在土壤中的病残体上或在种子上越冬。种子带菌可侵入子叶。病菌的分生孢子，主要靠风吹、雨溅、水冲及整枝压蔓等农事活动传播。湿度大是诱发此病的主要因素，在温度适宜、空气相对湿度为87%～95%时，病菌的潜育期只有3天。空气相对湿度低于54%时，此病不能发生。在10℃～30℃条件下都可以发病，最适温度为20℃～24℃。湿度越大，发病越重；高温低湿发病轻或不发病。另外，酸性土壤（pH 5～6），偏施氮肥、排水不良、通风不佳西瓜植株生长衰弱，以及重茬地发病均严重。

西瓜在贮藏运输中亦可发病，并随西瓜的成熟度而发展，瓜越老熟越易感染发病，瓜皮上的病菌是从田间带来的。雨后或浇水后马上收获，再放在潮湿的地方发病更重。

（三）防治方法

1. 选用无病种子或实行种子消毒　要从无病植株、健康瓜内采种。如种子可能带有病菌，应进行浸种消毒。

2. 加强栽培管理　曾发生过西瓜炭疽病的地要隔3～4年再种西瓜，也不要种其他瓜类作物。西瓜要适当密植和及时进行植株调整，使之通风透光良好。不要用瓜类蔓、叶沤肥，要施用不带菌的净肥，注意增施磷、钾肥，使西瓜生长健壮。不要大水漫灌，雨后注意排水防涝。西瓜下部要铺草垫高。随时清除病株、病叶，并烧毁。

3. 药剂防治　根据常年发病期，提前3～5天开始喷药防治。施用的药剂有50%甲基硫菌灵可湿性粉剂800倍液加75%百菌清可湿性粉剂800倍混合液，每隔7天喷1次，连喷3～4次。或用最新农药40%息炭可湿性粉剂或10%苯醚甲环唑乳剂，喷施剂量见该药的使用说明。

连续阴雨时,可喷硫菌灵+石灰粉。药剂配法:50%硫菌灵可湿性粉剂1份、细石灰粉10份,混合均匀后使用喷粉器喷施。

4. 防止运输和贮藏中发病 西瓜要适时采摘,严格挑选,剔除病、伤瓜,用福尔马林100倍液喷布瓜面实行消毒。贮运中要保持阴凉,并注意通风除湿。

四、枯萎病

枯萎病俗称蔓割病、萎蔫病,是瓜类作物的主要病害之一。全国各地都有发生,以黄瓜、西瓜受害最重,冬瓜、甜瓜次之,南瓜、瓠瓜、葫芦等抗病。

(一)危害症状 西瓜整个生长期都能发病,但以抽蔓期到结瓜期发病最重。苗期发病,幼茎基部变薄缢缩,子叶、幼叶萎蔫下垂,突然倒伏。成株发病,病株生长缓慢,下部叶片发黄,并逐渐向上发展。发病初期,白天萎蔫,早、晚恢复,数天后全株萎蔫枯死。枯萎植株的茎基部的表皮粗糙,根茎部纵裂。潮湿时,茎部呈水浸状腐烂,出现白色至粉红色霉物,即病菌的分生孢子座和分生孢子。病部常流出胶质物,茎部维管束变成褐色。病株的根部分或全部变成暗褐色、腐烂,很容易拔起来。

(二)发病规律 西瓜枯萎病菌为尖孢镰刀菌西瓜专化型。病菌在土或粪肥中的病残体上越冬,也可附着在种子表面越冬。病菌的生活能力很强,可在土中存活5~6年,通过牲畜的消化道后依然可以存活。种子、粪肥和水流等都能带菌传播。病菌从根部伤口侵入,也可直接从根毛顶端侵入。病菌在导管内发育,分泌毒素,堵塞导管,影响水分运输,引起植株萎蔫死亡。病菌在8℃~34℃均能繁殖。在pH为4.6~6的土壤中,发病较重。另外,地势低洼、排水不良、施肥不足、氮肥过量、大水漫灌和连作地,均会引起或加重枯萎病的发生。

(三)防治方法

1. 实行轮作,及时拔除病株　病菌在土壤中存活时间长,连作地发病重,在生茬地发病轻或不发病。因此,发生过西瓜枯萎病的地,最好隔5～6年再种西瓜。发现病株应立即拔掉烧毁,并在病株穴中灌入20%新鲜石灰乳,每平方米灌药液3～5升。

2. 选用和培育无病种苗　注意选用品种。也可用葫芦等作砧木嫁接西瓜苗。苗床应选用未种过瓜类作物的无菌土作为床土。如床土可能带有病菌,可用50%代森铵水剂400倍液浇灌消毒,每平方米床土用配好的上述药液3～5升喷洒。也可每平方米用50%多菌灵可湿性粉剂或70%甲基硫菌灵可湿性粉剂、70%敌磺钠原粉10克,与床土充分混匀后播种。要从健康无病的植株上选种,用无病种子播种。如种子可能带有病菌,应浸种消毒。

3. 加强栽培管理　瓜地要选地势较高、排水良好、肥沃的沙质壤土地。雨后要注意排水,防止积水成涝。浇水最好沟浇,要防止大水漫灌。施足基肥,注意氮、磷、钾肥配合施用。防止偏施氮肥,特别是结瓜期更要控制氮肥的用量,以免引起蔓、叶徒长,诱发枯萎病。不要用瓜类作物的蔓、叶沤肥,避免施用带菌的堆肥和厩肥。新鲜的有机肥,必须充分发酵腐熟后才可施用。酸性土壤应施入适量石灰进行改良后才可种西瓜。

4. 药剂防治

(1)土壤消毒　播种或栽植前,用"除毒养地散"或"清根再生素"1份加细干土200份拌匀,结合施用沟肥或穴肥时施入沟、穴内,然后播种或栽植西瓜。每667平方米用药量1.05～1.37千克。

(2)零星植株灌根　发病初期对首先发病的零星植株用10%双效灵水剂200倍液,或50%苯菌灵可湿性粉剂800～1 000倍液,或36%甲基硫菌灵悬浮剂400～500倍液,或50%多菌灵可湿性粉剂1 000倍液加15%三唑酮可湿性粉剂4 000倍液,每667平方米喷洒对好的药液 60 升,每隔 7～10 天喷 1 次,共喷 2～3 次。每天喷药应在晴天下午。

5. 嫁接换根　利用葫芦、瓠瓜等作砧木,西瓜作接穗进行嫁接,可有效地防止枯萎病的发生。

五、疫　病

疫病又叫疫霉病。除危害西瓜外,甜瓜、南瓜、西葫芦、冬瓜等也能感病。

(一)危害症状　疫病主要侵害西瓜茎叶及果实。苗期发病,子叶上出现圆形水浸状暗绿色病斑,然后中部变成红褐色,近地面缢缩倒伏枯死。叶片被侵害时,初期生暗绿色水浸状圆形或不正形病斑。湿度大时,软腐似水煮状,干时易破碎。茎基部被侵害产生纺锤形凹陷暗绿色水浸状病斑,瓜蔓病部以上易枯死。果实发病呈圆形凹陷暗绿色水浸状病斑,瓜蔓病部以上易基死。果实发病后呈圆形凹陷暗绿色水浸状病班,扩展到全果软腐,表面密生棉毛状白色菌丝。

(二)发病规律　西瓜疫病的病原菌是藻状菌。病菌以卵孢子等在土中的病残组织内越冬。翌年条件适宜时,病菌借风吹、雨溅、水冲等由西瓜植株伤口侵入引起发病。发病适宜温度为 28℃～32℃。排水不良或通风不良的过湿地块发病重。降雨时,病菌随飞溅的水滴附于果实上蔓延危害。

(三)防治方法

1. 种子消毒　详见第三章第一节“二、播种前的准备”中的“(四)播种前对西瓜种子的处理”。

2. 注意雨后及时排水　勿使瓜田积水,可防止或减轻此病。

3. 药剂防治　发病初期喷洒 50%甲霜·铜可湿性粉剂 700～800 倍液,或 35%甲霜·唑铜可湿性粉剂 800 倍液,或 70%乙磷·锰锌可湿性粉剂 500 倍液,或 64%噁霜·锰锌可湿性粉剂

500倍液，或58%甲霜·锰锌可湿性粉剂500倍液。每隔7～10天喷1次，连续喷2～3次。上述药剂交替使用效果更好。此外，还可用72%霜霉疫净可湿性粉剂或10%中保霜克乳剂或50%谱克水分散粒剂。用法及用量详见包装上的使用说明。

六、霜霉病

霜霉病俗称烘叶、火烘、跑马干。除危害西瓜外，也危害黄瓜。

(一)危害症状 西瓜霜霉病仅危害西瓜叶片，一般是先从基部叶片开始发病，逐步向前端叶片上发展。发病初期，叶片上呈现水浸状淡黄绿色小斑点，随着病斑的扩大，逐渐变为黄绿色至褐色。因叶脉的限制，病斑扩大后呈多角形，而且变为淡褐色。空气潮湿时，叶背面长出灰褐色至紫黑色霉层，即病菌的孢囊梗及孢子囊。严重时，病斑连成片，全叶像被火烧烤过一样枯黄、脆裂、死亡。遇连阴雨天气病叶会腐烂。

(二)发病规律 西瓜霜霉病菌为真菌中的藻状菌。病菌以卵孢子在土壤中的病叶残体上越冬，翌年温、湿度合适时，经风吹传播危害。病菌的卵孢子在气温5℃～30℃、湿度适宜时都可萌发侵染危害，而以气温15℃～25℃、空气相对湿度又大时发病最快。

另外，地势低洼、排水不良、种植过密、生长衰弱时都易发病。病菌还可在温室黄瓜上越冬，以后从黄瓜传播到西瓜上，所以靠近黄瓜的西瓜往往容易发病。

(三)防治方法

1. *农业防治措施* 培育选栽壮苗。要选择地势高、排水良好的肥沃砂壤土地种植，而且要远离黄瓜地。要施足基肥，增施有机肥和磷、钾肥。栽植密度适宜，注意植株调整使之通风透光良好。苗期浇水要选晴暖天气，并注意中耕松土，提高地温，促使幼苗生长健壮，增加抗病能力。

在温室或大棚等保护地栽培西瓜，应严格控制温、湿度，注意通风透光，适当控制浇水，切忌阴天灌水。

2. 药剂防治 发现病株要立即拔除烧毁，并喷药防治。可喷50％甲霜·铜可湿性粉剂600倍液，或50％福美双可湿性粉剂600倍液，或75％百菌清可湿性粉剂600倍液。也可用新农药72％霜霉疫净可湿性粉剂、10％霜克乳剂、50％谱克水分散粒剂等对水喷洒。

七、白粉病

白粉病俗称白毛，是瓜类作物的严重病害之一。能危害西瓜、甜瓜、黄瓜、西葫芦、南瓜、冬瓜等。

（一）危害症状 西瓜白粉病可发生在西瓜的蔓、叶、果等部分，但以叶片上为最多。发病初期，叶正面或叶背面出现白色近圆形小粉斑，以叶正面为最多。以后病斑扩大，成为边缘不明显的大片白粉区。严重时，叶片枯黄停止生长。以后，白粉状物（病菌的分生孢子梗和分生孢子）逐渐变成灰白色或黄褐色，叶片枯黄变脆，一般不脱落。

（二）发病规律 西瓜白粉病为子囊菌侵染发病。病菌附着于植株残体上在土表越冬，也可在温室西瓜上越冬。病菌主要由空气和流水传播。白粉病菌发育要求较高的湿度和温度，但病菌分生孢子在空气相对湿度低至25％时也能萌发，叶片上有水滴时反而不利于萌发。分生孢子在10℃～30℃内都能萌发，而以20℃～25℃为最适宜。田间湿度较大、温度在16℃～24℃时，发病严重。植株徒长、蔓叶过密、通风不良、光照不足，均有利于发病。

（三）防治方法

1. 农业防治措施 选用抗病品种。加强栽培管理，注意氮、磷、钾肥的配合施用，防止偏施氮肥。培养健壮植株。注意及时进行植株调整，防止叶、蔓过密影响通风透光。及时剪掉病叶烧毁，防止病害蔓延。

2. 药剂防治　发病初期,可喷70%甲基硫菌灵可湿性粉剂1000～1500倍液,每隔7～10天喷1次,连喷2～3次。也可选用30%得惠、70%大佳托或25%乙嘧酚等新农药,施用方法及剂量请参阅所购药品包装上的使用说明。另外,还可用20%三唑酮乳油2000倍液、庆丰露素400毫克/千克,每隔5～7天喷1次,连喷2～3次。

定植时在栽植穴内撒施药土,还可兼治枯萎病。药土配方:每667平方米用50%多菌灵可湿性粉剂83.3～100克,按1份药、50份细干土的比例,将药土混合均匀即可使用。

发病重时,用50%硫磺悬浮剂与80%代森锌可湿性粉剂等量混匀,然后对水700倍液喷雾,还可兼治炭疽病、霜霉病。

八、猝倒病

猝倒病为西瓜苗期的一种主要病害。

(一)危害症状　发病后先在瓜苗茎部出现水渍状,维管束缢缩似线,而后倒折,病部表皮极易脱落,病株在短期内仍呈绿色。

(二)发病规律　猝倒病菌活动要求较低的温度和较高的湿度,在气温为15℃～16℃、土壤相对湿度为85%以上时发病最快。苗床温度低、湿度高、夜间冷凉、白天阴雨时发病严重。

(三)防治方法　以预防为主。要加强苗床管理,培育壮苗,增强幼苗抗病力。苗床及时通风,控制适宜的温、湿度,可防止猝倒病发生。对已发病的幼苗,应及时拔除烧掉。

1. 药剂拌种　播种时,可用相当于种子量0.3%的45%代森锌可湿性粉剂,或50%多菌灵可湿性粉剂、50%福美双可湿性粉剂拌种,也可用相当于种子量0.2%的50%二氯苯醌粉剂拌种。

2. 用消毒土盖种　育苗时用1份硫酸铜、10份生石灰掺土100份,或用65%代森锌可湿性粉剂1份掺土1000份作为种子覆土。

3. 喷药或灌药防治　在苗床发现个别猝倒病苗时，除应立即把病苗及病根附近土壤挖除深埋外，可普遍喷药或用药灌病苗根部，以防止病害蔓延。喷药可用铜铵合剂。配法是硫酸铜粉 2 份、碳酸铵粉 11 份，充分混合装瓶密闭一昼夜即可使用。用时取药粉 1 份，溶于 400 份水中喷雾，每 7～10 天喷 1 次，连喷 2～3 次。也可用 70％敌磺钠原粉或 10％四〇一抗菌剂醋酸溶液 500 倍液，每株灌配好的药液 200 毫升。

九、白绢病

白绢病在长江以南地区发生较多，除西瓜外，甜瓜、黄瓜等类作物也常发生。

(一)危害症状　病菌主要侵害近地部的瓜蔓和果实。发病初期，病部呈水渍状小斑，病斑扩大后由浅褐色变黑褐色，其上生出白色丝状菌丝体，多数呈辐射状，边缘特别明显。后期在病斑部可产生许多茶褐色油菜籽形的小菌核。病情进一步发展，可造成近地部瓜蔓基部腐烂，叶片萎蔫，直至枯死。

(二)发病规律　病菌以菌核在土壤中越冬，翌年萌发出的菌丝而侵染西瓜基部茎蔓。病菌借流水、压蔓整枝等传播引起侵染。菌核在土壤中可存活 5～6 年。病菌发育最适温度为 32℃～33℃，适温范围为 8℃～40℃，但在高湿、高温条件下发病较重。酸性土壤和棚室连作发病严重。

(三)防治方法

1. 农业防治　①轮作。在南方可进行水旱轮作。②施用腐熟有机肥。③酸性土壤施用石灰。④早期发现病株及时拔除并深埋。⑤西瓜采收后彻底清理田间残株，集中深埋或烧毁。

2. 药剂防治　可用 50％速可灵，扑海因可湿性粉剂 1 000 倍液，50％甲基硫菌灵或多菌灵可湿性粉剂 300 倍液浇灌西瓜茎基部，隔 7～10 天再灌 1 次，每株灌药液 250 毫升。

十、灰霉病

灰霉病是西瓜常见多发病,全国各地均有发生。

(一)危害症状 苗期发病幼叶易受害,造成“龙头”枯萎,进一步发展到全株枯死,病部出现灰色霉层。幼果发病,多发生在花蒂部,初为水渍状软腐,以后变为黄褐色并腐烂、脱落。受害部位表面均密生灰色霉层。

(二)发病规律 病菌以菌丝体和菌核随病残体在土壤中越冬,翌年春天菌丝体产生分生孢子、菌核萌发产生分生孢子盘,并散布分生孢子,借气流和雨水传播,危害西瓜幼苗、花及幼果,引起初侵染,并在病部产生霉层,进一步产生大量分生孢子,再次侵染西瓜扩大蔓延。入秋气温低时,又产生菌核潜入土壤越冬。病菌生长适宜温度为22℃～25℃,存活温度为－2℃～33℃。分生孢子形成的空气相对湿度为95%。所以,在高温、高湿条件下,病害发生较重。

(三)防治方法

1. 农业防治

(1)轮作　实行3年以上的轮作换茬。

(2)苗土消毒　每平方米育苗床或定植穴用70%敌磺钠原粉1 000倍液4～5千克浇灌。

(3)施肥　施用充分腐熟的有机肥。

(4)棚室消毒　用百菌清烟剂或异菌脲烟剂熏棚,每个大棚用药0.25千克,每隔8～10天熏1次,连熏2～3次。

2. 药剂防治

(1)生物制剂　可选用1%武夷菌素水剂200倍液,每667平方米喷洒20～30千克,每隔7天左右喷1次,连续喷2～3次。

(2)化学农药　发病初期,可选用50%腐霉利或异菌脲可湿性粉剂1 000～1 500倍液,或60%防霉宝可湿性粉剂500倍液,或

70%甲基硫菌灵可湿性粉剂 800 倍液，每隔 7 天左右喷 1 次，连续喷 2～3 次。还可用 40%施灰乐悬浮剂或 21%百菌敌或 20%丙环唑乳剂，均有很好的防治效果。其用法、用量请参阅所购药品包装上的使用说明。

第二节　细菌性病害防治

一、果腐病

果腐病是一种毁灭性细菌病害，主要侵染西瓜果实，有时也侵染叶片和幼苗。该病菌由国外传入，近年来我国东北、西北等地时有发生。

（一）危害症状　发病初期，果实出现水渍状水斑点，后逐渐发展扩大为边缘不规则的深绿色水渍状大斑。果面病斑连片后致使西瓜表皮溃烂变黄而开裂，最后造成果实腐烂。叶片感病后背面初为水渍状小斑点，后变成黄色晕圈斑点。西瓜幼苗一旦感病，整株出现水渍状圆斑，迅速扩大后使全株溃烂死苗。

（二）发病规律　潮湿多雨或高湿高温是本病发生的有利条件。该菌在土壤中存活时间很短，只有 8～12 天。其传染途径主要为种子带菌。

（三）防治方法　以预防为主，加强综合防治。加强种子检疫，要特别防止进口种子带菌。

1. 种子消毒　方法见第三章第一节“二、播种前的准备”中的“（四）播种前对西瓜种子的处理”。

2. 拔除病株　发现病株应及时拔掉，带出瓜田深埋。

3. 药剂防治　用 2%宁南霉素水剂或 20%噻菌铜悬浮剂或新植霉素或硫酸链霉素等药液喷雾。用量按所购药品包装上的使用说明执行。

二、细菌性角斑病

细菌性角斑病是西瓜大田生产中后期和棚室生产前期多发、常见的细菌病害,如控制不好,危害较大。

(一)危害症状　主要侵染叶片、叶柄、茎蔓。卷须和瓜上也可发病,但不常见。在子叶上病斑呈水渍状圆形或近圆形凹陷小斑,后期病斑变为淡黄褐色,并逐渐干枯。在真叶上,病斑初为透明水渍状小斑点,以后发展成沿叶脉走向的多角形黄褐斑;潮湿时,叶背病斑处可见白色菌液,后变为淡黄色,形成黄色晕圈;干燥时,病斑中央呈灰白色,严重时呈褐色,质脆易破呈多孔状。茎蔓、叶柄、果实发病时,初为水渍状圆斑,以后逐渐变成灰白色。潮湿时,病斑处有白色菌液溢出。干燥时,病斑变为灰色而干裂。

(二)发病规律　种子带菌,发芽后细菌侵入子叶;土壤带菌,细菌随雨水或浇水溅到蔓、叶上均可造成初次侵染。病斑所产生的菌液,可通过风雨、昆虫、整枝打杈等进行传播。细菌通过叶片上的气孔或伤口侵入植株。开始先在细胞间繁殖,后侵入组织细胞内扩大繁殖,直至侵入蔓、叶的维管束中。西瓜发病时,细菌沿导管进入种子表皮。

在高温高湿的条件下,有利于病菌的繁殖,所以发病较重。

(三)防治方法

1. 种子消毒　用 50℃～55℃温水浸种 20 分钟或用 200 毫克/升的新植霉素或硫酸链霉素浸种 2 小时。

2. 农业防治　控制苗床或棚室适宜西瓜生长的温、湿度,特别应适当降低湿度、提高地温。整枝打杈时,遇到病株,在摘除病叶、病蔓后,要远离瓜田深埋,并用肥皂充分洗手后或用 75%酒精擦手后再到瓜田继续进行整枝打杈等管理工作。

3. 药剂防治　①发病初期可用农用链霉素 200 毫克/升药液喷雾,每隔 5～7 天喷 1 次,连喷 2～3 次。②用 50%丁戊己二元酸铜可湿性粉剂500倍液,或60%百菌清或50%甲霜·铜可湿性粉剂600倍液,或50%福美双可湿性粉剂500倍液喷雾,每隔5～7天喷1次,连续喷3～4次。以上药物可交替使用。③可喷洒30%扫细悬浮剂或20%噻菌铜悬浮剂。用法、用量请参阅所购药品包装上的使用说明。

三、青枯病

西瓜细菌性青枯病又称西瓜凋萎病。过去只发生在我国南方局部地区,近年来随着棚室等保护地栽培的发展,北方的河北、山东、河南等西瓜老产区也不断发现细菌性青枯病,且发病面积有逐年扩大、发病程度有逐年加重的趋势。

(一)危害症状　西瓜茎蔓发病时,受害处初为水渍状不规则病斑,后蔓延扩展,可环绕茎蔓一周。病部变细,两端仍呈水渍状。茎蔓前端叶片出现萎蔫,自上而下萎蔫程度逐渐加重。剖视病蔓,维管束不变色。但用手挤压病斑严重处,可见有乳白色黏液自维管束断面溢出。此病不侵染根系,故根部不变色,不腐烂。

以上几种特点也是与西瓜枯萎病相鉴别的特征。

(二)发病规律　细菌从伤口侵入植株,引起初次侵染。细菌在25℃～30℃条件下迅速繁殖,其黏液可阻塞、破坏西瓜蔓、叶的维管束,从而引起蔓、叶萎蔫甚至凋枯而死。只要温度适宜细菌繁殖,西瓜整个生育季节均可发病。病菌传播者主要是某些食叶甲虫类害虫,如黄跳甲、象甲(象鼻虫)等。当瓜田甲虫发生越严重或管理越粗放时,青枯病发生就越严重。此外,当温度在18℃以下或33℃以上时,也不发生青枯病。

(三)防治方法

1. **结合虫害防治**　检查田间或棚室内食叶甲虫类害虫的发生发展情况,一旦发现及时扑杀或喷药专防(详见虫害防治部分)。

2. **拔除病株**　发现有萎蔫病株,要立即拔除,并将其带出棚室深埋。

3. **药剂防治** 可用50%丁戊己二元酸铜可湿性粉剂300倍液，或200毫克/升农用链霉素药液喷洒西瓜蔓叶，每隔6～7天喷1次，连续喷2～3次。或用2%宁南霉素水剂或20%噻菌铜悬浮剂喷雾，使用剂量请参阅所购药品包装上的使用说明。

第三节　病毒病害防治

西瓜病毒病也叫毒素病、花叶病，俗称疯秧子、青花。近年来西瓜病毒病有发展趋势，已成为西瓜生产中的一种主要病害。

一、危害症状

西瓜病毒病分花叶和蕨叶两种类型。花叶型的症状，主要是叶片上有黄绿相间的花斑，叶面凹凸不平，新生出的叶片畸形，蔓的顶端节间缩短。蕨叶型(即矮化型)的症状，主要表现为新生出的叶片狭长、皱缩、扭曲。病株的花发育不良，难于坐瓜。即使坐瓜也发育不良，而成为畸形瓜。

二、发病规律

西瓜病毒病主要是由甜瓜花叶病毒侵染引起。本病毒还可侵染西葫芦。西瓜种子可以带病毒传播。春季在甜瓜上最先发病，可由蚜虫带毒传染给西瓜。春季西瓜多在中后期发病。天气干热、天旱无雨、阳光强烈，是主要的发病条件。西瓜植株缺肥、生长势弱，容易感病。在西瓜生长期间，病毒主要靠蚜虫带毒传播。另外，进行整枝、打杈等田间管理工作时，也可将病毒从病株传至健康株，病毒从伤口侵入而发病。

三、防治方法

（一）选用抗病品种，建立无病留种田　如种子可能带有病毒，应浸种消毒。种植西瓜的地块要远离菜园，也不要靠近甜瓜地。西瓜地里种甜瓜的习惯应改掉，防止甜瓜、西葫芦上的病毒经蚜虫传给西瓜，发现病株要立即拔除烧掉。在进行整枝、授粉等田间管理工作时，要注意减少损伤。打杈时要在晴天阳光下进行，使伤口迅速干缩。而且要对健康植株和可疑病株（如病株附近的植株）分别进行打杈，防止接触传病。

（二）加强田间管理　施足基肥，注意追肥，增施钾肥。及时浇水防止干旱，并做好植株调整工作，使西瓜植株生长健壮、提高抗病能力。

（三）及时消灭蚜虫　防治方法详见第九章第五节“主要虫害防治”。

（四）药剂防治　播种时用10%磷酸三钠溶液浸种10分钟。发病初期喷20%病毒A可湿性粉剂500倍液，或1.5%植病灵乳剂1 000倍液，隔10天左右再喷1次。此外，可选用40%克毒宝或2%宁南霉素水剂。用法、用量请参阅所购药品包装上的使用说明。

第四节　生理性病害防治

一、锈根病

锈根病也叫沤根、烂根毛病。在苗床或移栽定植后，遇到低温、阴雨天时易发生这种病。

（一）危害症状　幼苗生长极慢以至叶片萎蔫。根部最初呈黄锈色，以后变黏腐烂，而且迟迟生不出新根来。

(二)发病规律 西瓜锈根病是一种生理病害。如苗床管理不当或阴雨天气温下降,苗床无法通风晒床,土壤低温高湿,根系生长发育受到抑制或根毛死亡等原因,均可发生锈根病。

土壤温度过低、湿度过大是发生锈根病的根本原因。在土壤低温高湿条件下,根系发育受阻,根部的再生能力、吸收功能和呼吸作用遭到严重抑制,根毛大批死亡,进而使地上部萎蔫。

(三)防治方法 以综合措施为主,如多施有机肥料作基肥、选择晴朗天气定植,定植不要过深,灌水量不要过大,勤中耕松土以及培育大苗、移栽多带土(营养钵、营养纸袋或割大土坨)等,可避免或大大减少锈根病的发生。

二、西瓜叶白枯病

西瓜叶白枯病是一种生理性病害,多在西瓜生长中、后期发生。

(一)危害症状 发病初期由基部叶片、叶柄表皮老化、粗糙开始,且叶色变淡,逆光透视叶片可见叶脉间有淡黄色斑点。发展后,病斑叶肉由黄色变褐色,数日后叶面形成一层像盐斑似的凹凸不平的白斑。

(二)发病规律 此病发生与根冠比失调有关,特别与强整枝、晚整枝有关。侧蔓摘除越多且摘除越晚或节位越高时,发病越重。

(三)防治方法 ①及时整枝,低节位打杈。②叶面喷施光合微肥,或0.3%～0.4%磷酸二氢钾水液,每667平方米每次喷900升水液,每隔3～5天喷1次,连续喷2～3次。

三、西瓜卷叶病

西瓜卷叶病为生理性病害。当土壤中缺镁或植株坐瓜过多、生长势过弱时,坐果节及附近节位的叶片易发生病状。

(一)危害症状 发病时叶脉间出现黑褐色斑点,发展后扩大遍及全叶,最后叶片上卷而枯死。坐果节位及相邻高节位叶片易发病,严重时基部节位叶片也会发病。

(二)发病规律　不坐瓜或徒长植株不发病。土壤缺镁易发病。嫁接栽培者,葫芦砧比南瓜砧易发病。土壤水分波动过大(忽涝忽旱)时易发病。

(三)防治方法　①叶面喷施0.5%硫酸镁,每隔5~7天喷1次,连续喷2~3次。②合理灌水,勿使土壤忽干忽湿,波动剧烈。③增施有机肥料,提高植株生长势。合理留瓜(勿使坐果过多)。

第五节　主要虫害防治

一、瓜地蛆

瓜地蛆又叫根蛆,是种蝇的幼虫。

(一)形态和习性　瓜地蛆的成虫,是一种淡灰黑色的小苍蝇,体长4~6毫米(雄成虫较小,雌成虫较大),复眼、赤褐色,腹背面中央有一条灰黑色纵线,第三、第四节腹背板中央有较明显的长三角形黑色条纹。全身生有黑色刚毛,而以胸背部的刚毛最明显。幼虫即瓜地蛆,蛆状,体长6~7毫米,白色,头咽骨黑色。体末臀节斜切状,周缘有5对三角形小突起、各突起的末端均不分叉。蛹为纺锤形,尾端略细,长4.5~4.8毫米,淡黄褐色,尾端灰黑色,外壳很薄、半透明(图9-1)。

种蝇1年发生3~4代,以蛹在粪土内越冬,4月份开始在田间活动。成虫喜在潮湿的土面产卵,每只雌蝇可产卵150粒左右。卵期在10℃以上7~8天,老熟幼虫在土内化蛹。

(二)为害状况　瓜地蛆除为害西瓜外,还为害甜瓜、黄瓜等其他瓜类、豆类等多种蔬菜及玉米、棉花等作物,是一种主要的地下害虫。瓜地蛆常常三五成群地为害瓜苗表土下的幼茎(即下胚轴),使

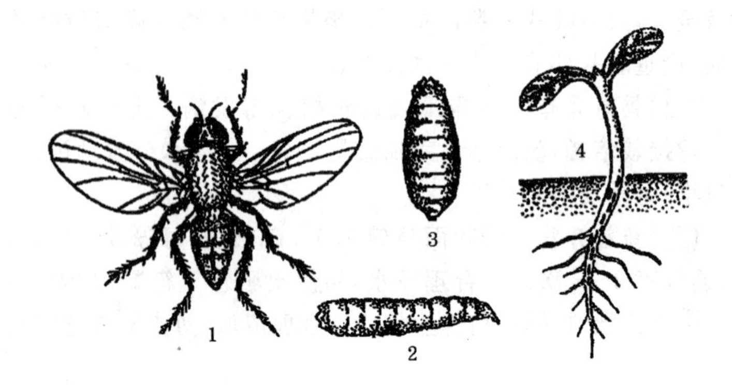

图 9-1　瓜地蛆

1. 瓜种蝇(成虫)　2. 瓜地蛆(幼虫)
3. 蛹　4. 西瓜子叶苗被害状

已发芽的种子不能正常出土。或从幼苗根部钻入,顺着幼茎向上为害,使下胚轴中空、腐烂,地上部凋萎死亡,引起严重缺苗。

(三)防治方法

1. *农业防治措施*　要施用充分腐熟的有机肥。人粪尿、圈肥在堆积发酵期间要用泥封严,防止成虫聚集产卵。种植西瓜时,最好不用大田直播法,而采用大田移栽法,以防止种蝇聚集在播种穴上产卵。

2. *药剂防治*　大田直播时,可用 40%二嗪磷微乳剂 800 倍液浸种,然后播种。播种或定植前,先在沟穴内喷洒 90%敌百虫晶体 800～1 000 倍液,或 75%辛硫磷乳油 2 000 倍液,或 50%辛硫磷乳油 1 000 倍液。也可用来喷洒苗床表面和幼苗周围,以杀死土中、地面的卵和成虫等。有机肥可于施用前喷洒 50%敌敌畏乳油或 90%敌百虫晶体 600～800 倍液,充分拌匀后再施用,可杀死其中的卵和幼虫等。平时注意检查,发现幼苗被害时,用 4%二嗪磷颗粒剂或高端、诺达等药液灌根,使用剂量请参阅购药包装上的使用说明。

二、地老虎

地老虎俗称土蚕、地蚕、切根虫。地老虎分小地老虎、黄地老虎、大地老虎和八字地老虎等多种。在山东省为害西瓜的主要是小地老虎和黄地老虎，其中以小地老虎为害最严重。

(一)形态和习性

1. 小地老虎　成虫体长19～23毫米，翅展40～50毫米，灰黑色以至棕褐色，所以又叫黑地老虎。小地老虎成虫的主要特征在前翅：翅窄长、呈船桨形，有内外横线、楔形纹、环形纹及肾形纹；肾形纹外侧有一条黑色的“一”字纹。幼虫体长可达50毫米。幼虫背部淡灰褐色，两侧颜色较深，体表有明显的大小颗粒状突起，臀板上有“][”形褐色斑纹。卵半球形，橘子状。蛹体长26～30毫米，淡红褐色(图9-2)。

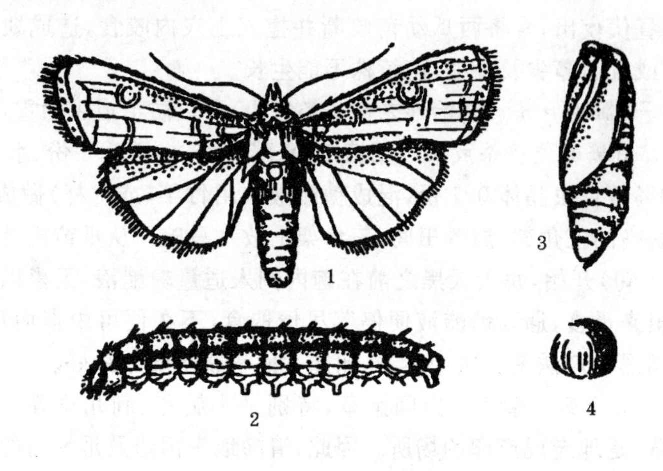

图9-2　小地老虎

1. 成虫　2. 幼虫　3. 蛹　4. 卵

小地老虎每年可发生 3～5 代,在山东省和华北地区通常只发生 3 代。大部分地区第一代幼虫于 5 月下旬至 6 月上旬为害西瓜主蔓或侧蔓,特别在阴雨天为害较重。1 只雌蛾可产卵 1 000 粒左右,卵散产在地面或西瓜蔓、叶上。第一代卵期 5～6 天,孵出的幼虫先在嫩叶上啃食,3 龄后转入土内,昼伏夜出为害。幼虫有伪死习性。幼虫共 6 龄,4 龄以后为害最重,以蛹越冬。

2. 黄地老虎　成虫体长 14～20 毫米,翅展 32～44 毫米,土褐色或暗黄色。前翅略窄而短,表面斑纹变化较大,有的内外横线、环形纹、肾形纹、楔形纹都比较明显(多为雄成虫),有的前翅为灰黑色,只是肾形纹较清楚(多为雌成虫)。

黄地老虎每年可发生 3 代。第一代幼虫 5～6 月发生为害,第二代幼虫 8～9 月发生为害。

(二)为害状况　小地老虎和黄地老虎对西瓜的为害状况基本相同。在 3 龄以前,多聚集在嫩叶或嫩茎上咬食。3 龄以后转入土中,昼伏夜出,常将西瓜幼苗咬断并拖入土穴内咬食,造成缺苗断垄;或咬断蔓尖及叶柄,使植株不能生长。

(三)防治方法　防治地老虎一类害虫,要以防治成虫为重点。

1. 用糖醋液诱杀成虫　用糖 1 份、醋 2 份、白酒 0.5 份、水 10 份、90%敌百虫晶体 0.1 份,混成糖醋液。用竹竿(或木杆)做成 1 米左右高的三角架,放置田间,三角架上放 1 只碗。从瓜苗定植后(4 月下旬)开始,每天天黑之前在碗内倒入适量糖醋液,天黑以后成虫出来觅食,遇到糖醋液便停落尽情取食,不久便可中毒而死。也可用黑光灯诱杀。这些办法,如能大面积联防效果最好。

2. 清除瓜地杂草　田间杂草,特别是小旋花、刺儿草等双子叶杂草,是地老虎产卵的场所。因此,清除地头田边及瓜地内的杂草,是防治地老虎的重要措施。

3. 人工捕杀　发现小地老虎为害时,可于每天早晨扒土捕杀。一般地老虎为害后并不远离,仍在附近表土层隐藏。亦可在灌水后及时捕杀，因为地老虎遇水后即很快从土内爬出，极易捕杀。

4. 毒饵诱杀　幼虫4龄以后，可用毒饵诱杀。毒饵的配制法：用麦麸25～30份、50%辛硫磷乳油1份、水30份，先将麦麸炒香，然后用水将药配好，洒入麦麸中拌匀，每667平方米用3.5～5千克；也可用饼粕（棉籽饼、豆饼、花生饼）40份、3.5～5千克；也可用饼粕（棉籽饼、豆饼、花生饼）40份、50%敌敌畏乳油1份、水10份，先将油饼磨碎炒香，然后用水将药配好，洒入饼粕中拌匀，每667平方米用4～5千克。还可用新鲜嫩草、菜叶50～80份、90%敌百虫晶体或4%二嗪磷颗粒剂1份、水10～15份，先将鲜草、菜切碎，再用水将药配好，洒入草、菜中拌匀，每667平方米用15～20千克。毒饵的用法：在傍晚地老虎活动为害前，撒在西瓜苗附近，特别是要撒在地老虎经常出现的地段。

5. 药剂防治　地老虎1～3龄幼虫抗药力差，是药物防治适期，可用2.5%溴氰菊酯或20%氯氰菊酯乳油3000倍液、20%菊・马乳油3000倍液喷洒。还可用4%二嗪磷颗粒剂、诺达、高端等进行防治，使用方法与剂量见包装上的使用说明。

三、金龟子和蛴螬

金龟子又名金龟甲，俗称瞎撞子，是蛴螬的成虫。蛴螬俗称地漏、地黄，是金龟子的幼虫。金龟子的种类很多，为害西瓜的主要是大黑金龟子、暗黑金龟子和它们的幼虫——蛴螬。

（一）形态和习性

1. 大黑金龟子　又名华北大黑金龟甲、朝鲜金龟甲，各地发生比较普遍。成虫长椭圆形，体长16～21毫米，体宽8.1～11毫米，黑褐色，有光泽。胸部腹面有黑色长毛，鞘翅上散生小黑点，并各有3条隆起线。幼虫体长40毫米，头部黄褐色，胴部黄白色，头宽4.9～5.3毫米；头部顶毛每侧3条，后顶毛各1条，额中毛各1

条(少数 2 条);臀节覆毛区散生钩状刚毛,肛门三裂。

大黑金龟子 2 年发生 1 代,以成虫和幼虫隔年交替在土中越冬。越冬成虫 4 月上中旬开始出土。越冬幼虫 4～5 月开始为害,5～6 月间陆续化蛹,6 月下旬至 7 月下旬羽化,在土中越冬。成虫寿命很长,白天潜伏土内,早晚活动为害。有伪死习性,趋光性不强。

2. 暗黑金龟子　又名黑金龟子,各地发生比较普遍。成虫长椭圆形,体长 18.3～19.5 毫米。初羽化为红棕色,以后逐渐变为红黑色,被有灰蓝色粉,无光泽;前胸背板前缘密生黄褐色毛;鞘翅上散生较大的黑点,并有 4 条隆起线。幼虫体长可达 4.5 毫米,头部黄褐色,胴部黄白色,头宽 5.6～6.1 毫米;头部前顶毛每侧 1 根,后顶毛每侧各 1 根,额中毛每侧各 1 根;臀节覆毛区形态与大黑金龟子基本相同(图 9-3)。

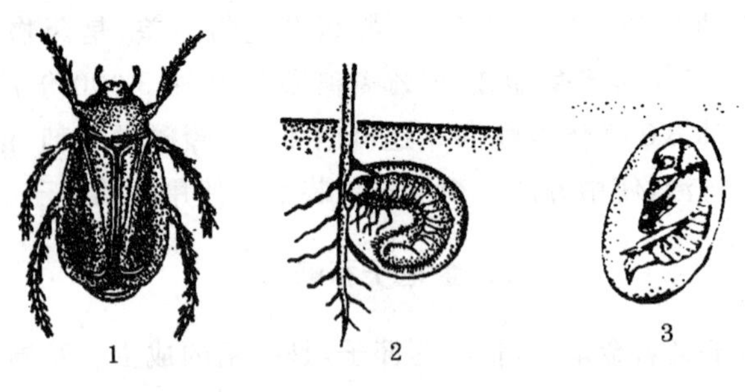

图 9-3　黑金龟子

1. 成虫　2. 幼虫　3. 蛹

暗黑金龟子每年发生 1 代,以幼虫和少数成虫在土中越冬。越冬幼虫在翌年 5 月份化蛹,6 月中旬至 7 月中旬羽化,7 月间发生小幼虫,一直为害到 9 月,以后潜入深土层越冬。成虫有伪死习性和趋光性。

(二)为害状况　金龟子昼伏夜出,从傍晚一直为害到黎明,主要咬食叶片。蛴螬是西瓜的一种主要地下害虫。它咬断幼苗根茎,造成缺苗断垄。在西瓜生长期,蛴螬继续为害,使根部受损伤,吸收水、肥的能力大大降低,植株生长瘦弱,严重时会使全株枯死。

(三)防治方法

1. 杀死成虫　金龟子多有假死性,可振动瓜蔓趁其落地装死时捕捉杀死,也可用毒饵诱杀。撒饵的方法:4%二嗪磷颗粒剂或诺达 25 克对水 1.5 升,洒拌于 2.5 千克切碎的鲜草或菜叶内。在早晨或傍晚,将毒饵撒在西瓜苗周围(特别是靠近麦田的西瓜苗周围),可引诱金龟子取食而被毒死。

2. 药杀幼虫　蛴螬多在瓜苗根部附近为害,或在鸡粪、圈粪等有机肥料内生活,可在西瓜根际灌药或在粪肥内洒药杀死。根际灌药,可用 90%敌百虫晶体 800 倍液,或用 4%二嗪磷颗粒剂、高端等。有机肥料用上述药液喷洒后拌匀,经堆闷后即可施用。

四、瓜　蚜

瓜蚜也称棉蚜。蚜虫俗称蜜虫、腻虫、油汗,是作物的一种主要害虫。

(一)形态和习性　成虫分有翅和无翅两种体型。无翅孤雌胎生蚜(不经交尾即胎生小蚜虫)成虫,体长 1.8 毫米,夏季为淡黄绿色,秋季深绿色,复眼红褐色,全身有蜡粉,体末生有 1 对角状管。有翅孤雌胎生蚜成虫,黄色或浅绿色,比无翅蚜稍小,头、胸部均为黑色,有 2 对透明翅(图 9-4)。

瓜蚜在山东省以卵越冬。瓜蚜每年可繁殖 20～30 代,在适宜的温、湿度条件下,每 5～6 天便完成 1 个世代。成虫寿命 20 多天。1 头雌虫一生中能胎生若蚜(小蚜虫)50 余只。瓜蚜 5 月份由越冬寄主(某些野菜等)迁入西瓜田继续繁殖为害,形成点片发生阶段,至 6 月份可出现大量有翅孤雌胎生蚜,形成大面积的普遍发生。西瓜收获后,瓜蚜转移到棉花上继续为害。秋季棉株衰老时,

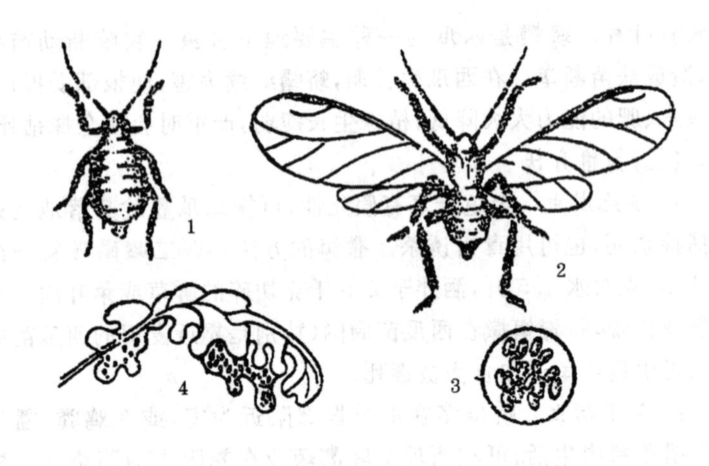

图 9-4 瓜 蚜

1. 无翅雌蚜 2. 有翅雌蚜 3. 越冬卵 4. 西瓜叶片被害状

产生有翅雌蚜和雄蚜并交尾，飞回越冬寄主上产卵越冬。在高温干旱的天气里瓜蚜发生特别严重。

(二)为害状况 瓜蚜主要为害西瓜叶片或幼苗、嫩茎。瓜蚜以针管状的口器刺吸被害植株的汁液。叶片被害后多形成皱缩、畸形以至向叶背面卷缩，严重为害时植株生长发育迟缓、甚至停滞；开花及坐瓜延迟、瓜变小、含糖量降低，影响西瓜的产量和质量。瓜蚜还能传染西瓜病毒病，造成更大的为害。

(三)防治方法

1. 清除杂草 在 4 月上旬以前，清除瓜田内外的杂草，可消灭越冬瓜蚜。

2. 药剂防治 用药剂防治瓜蚜，必须及早进行，即在点片发生阶段应及时喷药。喷药后 5～6 天再检查 1 次叶片背面，若仍有瓜蚜，应再喷 1 次药。由于瓜蚜繁殖数多、繁殖率高，所以在普遍发生阶段应连续多次喷药。一般应每隔 5～6 天喷药 1 次，连续喷 3 次即可。但喷药时须对叶片背面和幼嫩瓜蔓部分要格外仔细喷洒。对为害较重、叶片向背面卷曲者,应加大喷药量,以药液在叶片背面形成药流为度。

防治瓜蚜的药剂有多种,在生产中经常使用而且效果较好的药剂有以下几种:幼苗期可喷2.5%溴氰菊酯或20%氰戊菊酯乳油3000倍液,还可施用20%甲氰菊酯乳油2500倍液,或2.5%高效氯氟氰菊酯乳油3000倍液,或2.5%联苯菊酯乳油3000倍液。最好将上述药液交替使用,效果会更好。结果期可用4%剑诛乳油或25%吡蚜酮、25%吡虫啉等。

五、黄 守 瓜

黄守瓜全名叫黄守瓜虫,俗称黄萤子、瓜萤子。

(一)形态及习性　成虫长8～9毫米,身体除复眼、胸部及腹面为黑色外,其他部分皆呈橙黄色。体型前窄后宽,腹部末端较尖、露出于翅鞘之外,雌虫露出较多,雄虫露出较少。幼虫长筒形,体长可达14毫米,头灰褐色,身体黄白色,前胸背板黄色。臀板为长椭圆形,有褐色斑纹,并有纵凹纹4条(图9-5)。蛹呈纺锤形,乳白色。

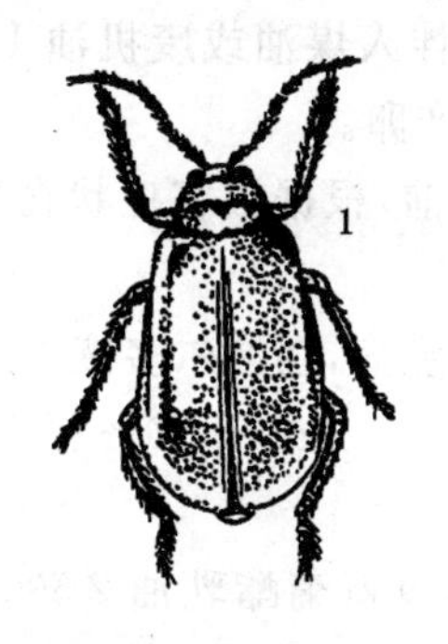

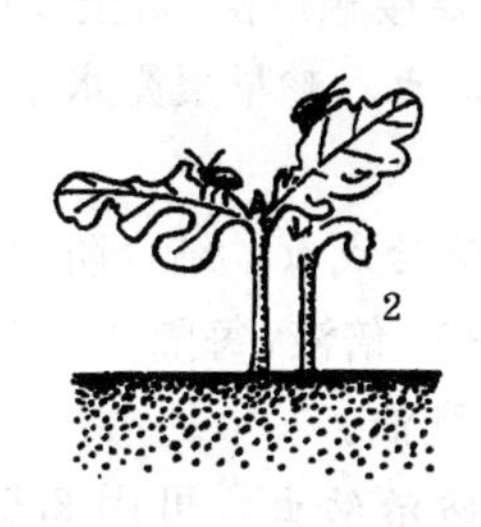

图9-5　黄 守 瓜

1. 成虫　2. 为害西瓜苗状

（二）为害状况 黄守瓜的成虫和幼虫都能为害西瓜。成虫多为害瓜叶，以身体为半径旋转咬食一周，然后取食叶肉，使叶片残留若干环形食痕或圆形孔洞。幼虫半土生，常常群集于瓜根及果实贴地面部分，蛀食为害。初期多蛀食表层，随着虫体长大便蛀入幼嫩皮内为害。瓜根受害后，轻者植株生长不良，重者整株枯死。果实受害后，轻者果面残留疤痕，重者形成蛀孔深入瓜瓤，常因由蛀孔浸入污水或侵入菌类而引起西瓜腐烂。黄守瓜幼虫为害重于成虫。

黄守瓜在山东省每年发生 1 代，以蛹在表土下越冬，少数成虫亦能在草丛、土隙中越冬。4 月份开始出蛰活动，先在蔬菜田间为害，以后转移到瓜田为害。成虫白天为害，并在西瓜主根部和瓜的下面潮湿土壤中产卵，在瓜的垫草下面和土块上产卵最多。幼虫孵出后，在土中取食瓜根和近地面的茎蔓和幼果，老熟后在表土下 10～15 厘米处化蛹。成虫在晴天的午间活动最盛，夜晚、雨天和清晨露水未干时都不活动，有假死性，对声音和影子都很敏感。

（三）防治方法

1. **防止成虫产卵** 在西瓜根周围 30 厘米内铺沙，成虫便不去产卵。也可用米糠或锯末 10 份，拌入煤油或废机油 1 份，撒在瓜苗周围（不要接触瓜苗）防止成虫产卵。

2. **捕捉成虫** 趁早晨露水未干前，根据被害症状在瓜叶下捕捉成虫。

3. **药剂防治成虫** 结合防治炭疽病，在波尔多液中加入 90％敌百虫晶体 800 倍液，每隔 1 周喷 1 次。或用 20％瓢甲敌乳油、5％阿维菌素乳油。

4. **药剂防治幼虫** 可用 2.5％溴氰菊酯乳油 2 500 倍液，或 10％氯氰菊酯 3 000 倍液喷雾。

六、蓟　马

蓟马属缨翅目蓟马科。为害西瓜的蓟马主要有烟蓟马和黄蓟马。

(一)形态和习性

1. 烟蓟马　雌虫体长1.2毫米，淡棕色，触角第四、第五节末端色较深。前胸后角有2对长鬃。前翅前缘脉鬃7根或8根，端鬃4～6根，后缘脉鬃15根或16根。

2. 黄蓟马　黄蓟马的雄虫体长1～1.1毫米，黄色。头宽大于头长，短于前胸。前胸背板有弱横交线纹，前角1对短鬃，后角2对长鬃间夹有2对短鬃。前缘鬃约26根，后缘鬃15根。

(二)为害状况　成虫和若虫均能锉吸西瓜心叶、幼芽和幼果汁液，使心叶不能舒展，顶芽生长点萎缩而侧芽丛生。幼果受害后表皮呈锈色。幼果畸形，发育迟缓，严重时化瓜。

(三)防治方法　①喷洒4%剑诛乳油或15%莱盛乳油或5%阿维菌素乳油，使用方法及剂量因厂家不同，请参阅包装上的使用说明。②用20%甲氰菊酯乳油2 000倍液或2.5%三氟氯氰菊酯乳油4 000倍液或2.5%联苯菊酯乳油3 000倍液喷雾。③覆盖苗床和棚室内可用杀蚜烟剂，每平方米苗床用烟剂0.6～0.8克，每平方米棚室地面用烟剂0.8～1克。

七、潜叶蝇

潜叶蝇又称夹叶虫。常见为害西瓜的是豌豆潜叶蝇。

(一)形态特征　成虫体小，似果蝇。雌虫体长2.3～2.7毫米，翅展6.3～7毫米。雄虫体长1.8～2.1毫米，翅展5.2～5.6毫米。全体暗灰色而有稀疏的刚毛，复眼椭圆形、红褐色至黑褐色；眼眶间区及颅部的腹区为黄色；触角黑色、分3节、第三节近方形，触角芒细长、分成2节、其长度略大于第三节的2倍。中胸黑色或稍带灰色，有 4 对粗大的背中鬃，但无中鬃，小盾片后缘有 4 根粗长的小盾鬃。足黑色，腿节端部黄褐色，翅透明且有闪光。第二、第三脉几乎平行，第四脉直。平衡棒黄色或橙黄色，腹部灰黑色，但各节背板及腹板的后缘为暗黄色。雌虫腹部末端有粗壮而漆黑的产卵器；雄虫腹部末端有 1 对明显的抱握器。幼虫体呈圆筒形，外形为蛆形。蛹为围蛹，长卵形略扁，长 2.1～2.6 毫米，宽 0.9～1.2 毫米。卵为长卵圆形，长 0.3～0.33 毫米，宽 0.14～0.15 毫米。

(二)发生规律 该虫属 1 年多世代害虫，发生代数由北往南逐渐增加，如东北 1 年发生 5 代，福建则多达 13～15 代。在北方以蛹越冬，在南方无固定虫态越冬。

(三)为害状况 幼虫在叶片内潜食叶肉，形成弯弯曲曲潜道，老熟后在潜道末端化蛹，从而破坏叶片组织，影响光合作用，降低产量。

(四)防治方法 ①清除瓜叶用于沤肥或做饲料，降低春季虫口密度。②药剂防治。用 25%吡虫啉可湿性粉剂 2 000 倍液，或 80%敌敌畏乳油 2 000 倍液在瓜叶出现潜道时喷洒，可杀死幼虫，也可杀死成虫，这是防治的关键时期，须重视做好。

八、白粉虱

白粉虱属同翅目，粉虱科。俗称小白虫、小白蛾。原产于北美西南部，20 世纪 70 年代传入我国。近年来，随着温室大棚的发展，迅速传遍大江南北。目前，在一些西瓜主产区，已严重威胁棚室西瓜的生产。

(一)形态和习性 成虫体长 1.5 毫米左右，淡黄色，翅面覆盖白色蜡粉(图 9-6)。

卵长椭圆形，长 0.2～0.25 毫米，有短卵柄，初产时淡黄色，后变黑色。若虫长卵圆形、扁平，淡黄绿色，体表有长短不一的蜡质

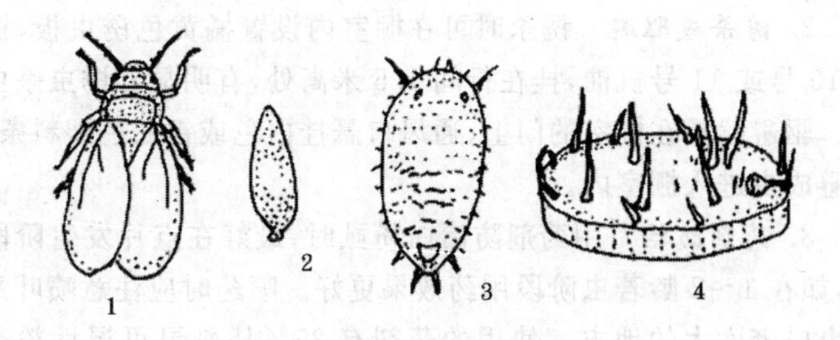

图 9-6　白粉虱

1. 成虫　2. 卵　3. 若虫　4. 伪蛹

丝状突起，共 3 龄。伪蛹实为 4 龄若虫，体长 0.7～0.8 毫米，椭圆形。初期扁平，随发育逐渐加厚，中央略高，体背有长短不齐的 8～11 对蜡质刚毛状突起。

白粉虱不耐寒冷。成虫繁殖适温为 18℃～21℃，卵的发育适温为 20℃～28℃。在棚室生产条件下，白粉虱每 24～30 天可繁殖 1 代。其中卵期 6～8 天，1 龄若虫 5～6 天，2 龄若虫 2～3 天，3 龄若虫 3～4 天，伪蛹 8～9 天。成虫寿命 12～60 天，随温度升高而减少。

白粉虱的繁殖方式除雌雄交尾产卵外，也能进行孤雌生殖。成虫喜食西瓜幼嫩叶片，故卵多产于瓜蔓顶部嫩叶背面。

（二）为害状况　白粉虱主要以成虫和若虫刺吸西瓜的幼叶汁液，使叶片生长受阻变黄或萎缩不展。此外，因成虫和若虫分泌蜜露而污染叶片，常引起煤污病的发生，影响西瓜叶片的光合作用和呼吸作用，造成叶片或瓜苗萎蔫，还能传播病毒病，使西瓜产量和品质降低。植株上各虫态分布有一定规律：最上部幼叶以成虫和淡黄色的卵为主，稍下部叶面多为低龄若虫和黑卵，再下多为中老龄若虫。基部叶片蛹最多。

（三）防治方法

1. **农业防治**　定植前棚室内应清除杂草，密闭消毒。

2. 诱杀或驱避　诱杀时可在棚室内设置橘黄色诱虫板，板上抹10号或11号机油，挂在行间1.5米高处，有明显的诱虫杀虫效果。驱避就是在棚室的门上、通风口悬挂白色或银白色塑料条，可驱避成虫进入棚室内。

3. 药剂防治　用药剂防治白粉虱时，最好在点片发生阶段用药，如在1～2龄若虫阶段用药效果更好。喷药时应注意喷叶片背面虫口密度大的地方。使用的药剂有25%扑虱灵可湿性粉剂或5%氯氰菊酯乳油1 500倍液。2.5%溴氰菊酯乳油3 000倍液、10%吡虫啉可湿性粉剂4 000倍液，1.8%阿维菌素乳油2 000倍液喷雾。因为白粉虱世代重叠，故应连续多次喷药，可根据虫情，每隔6～8天喷1次，连续喷2～3次。此外，还可用25%虱乌可湿性粉剂或4%剑诛乳油或施惠等，喷施方法与剂量可参阅所购药品包装上的使用说明。

九、茶黄螨

茶黄螨又名侧多食跗线螨、茶半跗线螨，俗称茶嫩叶螨。该虫杂食性强，可为害茶、果树、瓜类蔬菜等30个科的70多种植物。近年来，随着大棚、温室栽培面积的增加，茶黄螨在我国南北各地均有不断扩大为害的趋势。据安徽、湖南、浙江、山东、河北、北京、黑龙江等省（直辖市）的调查，茶黄螨在大棚和日光温室内以成螨和若螨为害西瓜、甜瓜的叶片、花蕾和幼果。

（一）形态和习性　成螨身体卵形，长0.19～0.21毫米，淡黄色至橙黄色，半透明，有光泽。足4对，背部有1条白色纵带。雌螨腹部末端平截，雄螨腹部末端呈圆锥形。卵椭圆形，长约0.1毫米，灰白色而透明。卵面具有5～6行纵向排的瘤状突起。幼螨椭圆形、乳白色，足3对，体背有1条白色纵带，腹部末端有1根刚毛。若螨菱形、半透明，是发育的一个暂时静止阶段，被幼螨的表皮所包围（图9-7）。

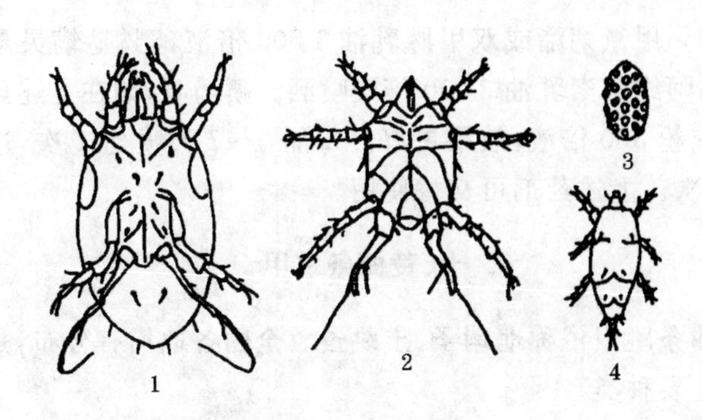

图 9-7　茶 黄 螨

1. 雌成螨　2. 雄成螨　3. 卵　4. 幼螨

茶黄螨 1 年能繁殖 20 多代,可在棚室中全年生活。茶黄螨以两性生殖为主,也能进行孤雌生殖,但卵孵化率低。雌成螨将卵散产于西瓜叶背面、幼果或幼芽上。雌成螨寿命最长 17 天,最短 4 天,平均 10.7 天。在不同温度下,其发育历期不同。温暖、高湿的环境有利于茶黄螨的发生为害,所以在棚室栽培西瓜时发生较重。茶黄螨主要靠爬行和风扩散蔓延,也可通过田间管理、衣物和农具等在棚室内传播。

(二)为害状况　茶黄螨以成螨和若螨刺吸西瓜幼嫩叶片、花蕾和幼果汁液致使幼叶变小,叶片变厚而僵直,叶背呈油渍状,叶缘向背面卷曲。嫩茎表面变成茶褐色。花蕾受害后,不能正常开花或成畸形花。幼果受害后,子房及果梗表面呈灰白色或灰褐色,无绒毛,无光泽,生长停滞,幼果变硬。

(三)防治方法

1. 农业防治　在西瓜定植前应彻底清除棚室中的杂草以减少虫源。密闭棚室,用熏蒸法或日光高温消毒法消灭病虫害。

2. 药剂防治　一旦发现有螨虫为害,应及时喷药防治。可使用1.8%阿维菌素乳油 1 500 倍液,或 73%炔螨特乳油 1 000 倍液，或20%甲氰菊酯或双甲脒乳油1 500倍液，5%哒螨灵悬浮剂或0.9%阿维菌素乳油3 000倍液喷洒。喷药时，如在上述药剂中混加洗衣粉300倍液，效果更好。每隔5～7天喷药1次，连续喷洒2～3次。上述药剂可交替使用。

十、黄曲条跳甲

黄曲条跳甲俗称地蹦子、土跳蚤。全国各地均有分布，是跳甲虫科的主要种类。

（一）形态和习性 成虫体长约2毫米，长椭圆形、黑色、有光泽，前胸背板及鞘翅上有许多刻点排成纵行。鞘翅中央有一黄色纵条，两端大、中部窄而弯曲（故名为黄曲条跳甲）。足3对、后足腿节发达，善跳。卵长约0.3毫米、椭圆形，刚产下为淡黄色、后变乳白色。幼虫体长4毫米、长圆筒形，尾部稍细，头和前胸背板淡褐色，胸腹部黄白色，各节有短小肉瘤。蛹长约2毫米，椭圆形、乳白色，头部隐现于前胸下面，翅芽和足达第五腹节，腹末有1对叉状突起（图9-8）。

成虫性喜温暖，冬季多在土缝、杂草或棚室内越冬，夏季炎热时则在阴凉瓜叶下或土块下潜伏。生长繁育适温为22℃～28℃。在我国北方每年可发生4～5代，南方7～8代。成虫趋光性较强，不但对黑光灯敏感，而且还有趋黄光和绿光的习性。

（二）为害状况 跳甲以成虫和幼虫为害西瓜，成虫主要咬食幼嫩瓜叶，使西瓜幼苗叶片造成许多小孔。幼虫主要在瓜苗根部剥食表皮，蛀食成许多环状虫道，可引起地上部叶片黄化。

（三）防治方法

1. **安排好茬口** 最好选大田作物（如玉米、谷子等）为前茬作物，避免用十字花科蔬菜为前茬。

2. **加强中耕松土** 在西瓜幼苗期要加强瓜田中耕松土，使土壤通气升温，促进根系发育，降低土壤湿度，不利于跳甲卵的孵化，

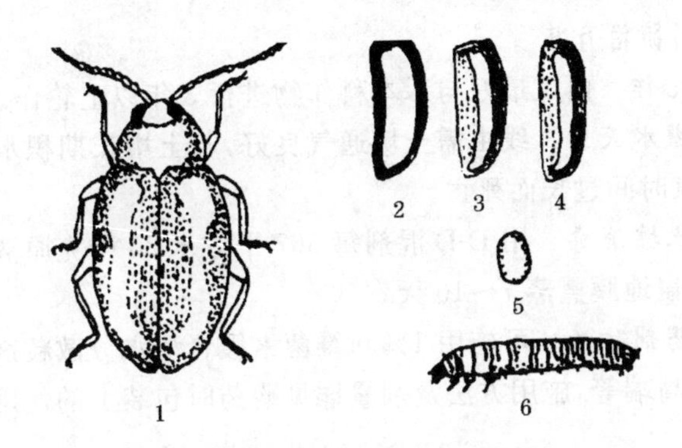

图 9-8 黄曲条跳甲

1. 黄曲条跳甲 2. 黄宽条跳甲鞘翅 3. 黄狭条跳甲鞘翅
4. 黄直条跳甲鞘翅 5. 卵 6. 幼虫

可明显减轻瓜苗受害。

3. 药剂防治 育苗时，在瓜苗出土至真叶出现期间，每10平方米苗床喷洒2.5%敌百虫粉剂0.5千克。西瓜苗团棵后，喷洒20%瓢甲敌乳油或2.5%溴氰菊酯乳油2000倍液。

十一、西瓜根结线虫

根结线虫侵入并寄生在西瓜根系，引起根部变形、膨大，形成许多瘤状结节，对西瓜产量和品质影响很大。

(一)为害症状 根系寄生线虫后，首先在西瓜须根和侧根上产生瘤状结节，反复侵染寄生时则形成根结状肿瘤，或呈串球状、鸡爪状根系。严重时，植株发育不良，瓜蔓细短，不易坐瓜。

(二)生活习性 根结线虫主要在土壤中生活，以2龄幼虫侵入西瓜根系，刺激根部细胞增生，形成根结或瘤状物。根结线虫在地温为25℃～30℃、土壤含水量为40%左右时发育最快，10℃以下幼虫不活动。连作地块该虫为害严重，前茬为蔬菜、果树苗木时该虫为害也严重。

（三）防治方法

1. 轮作　西瓜最好与禾本科作物进行3年以上轮作。

2. 灌水灭虫　线虫需土壤通气良好，若土壤长期积水时线虫会因缺氧时间过长而死亡。

3. 土壤消毒　用D-D混剂每667平方米20千克原液施入瓜沟内，覆盖地膜熏蒸7～10天。

4. 药剂防治　可施用1%阿维菌素缓释型水分散粒剂或爱福丁1号、高端等，施用方法及剂量详见购药时包装上的使用说明。

第六节　病虫害的综合防治

一、农业防治措施

农业防治是作物病虫害综合防治中的一项措施。农业防治措施，主要包括选用抗病虫品种、深耕深翻、轮作换茬、适当密植、合理施肥、适时浇水、调节播种期等。在西瓜栽培上较有效的病虫害防治措施有以下几项。

（一）选用抗病虫品种　不同品种对病虫害的抵抗力不同。例如，蜜宝西瓜甚易感染炭疽病、疫病等，而西农8号、美抗9号、华西7号、西农10号、豫艺15、郑抗1号、丰乐旭龙等品种对炭疽病抵抗力较强。多数品种对枯萎病缺乏抵抗力，而高抗3号、墨丰、美国重茬王、新先锋和四倍体西瓜对枯萎病抵抗力较强。山东省德州喇嘛瓜对蚜虫有一定抗性，这可能由于它产生的某种特殊气味对蚜虫有驱避作用。在一般情况下，一代杂交种比常规固定品种具有较强的抗逆性；多倍体西瓜比普通二倍体西瓜具有较强的抗病虫能力。

（二）实行轮作　不同作物发生不同的病虫害，实行轮作可以减少土壤中的病虫害。特别是对西瓜枯萎病，轮作是防病的最好方法(除嫁接外)。

(三)冬季深翻　许多病菌和害虫在土壤中越冬,冬季深翻西瓜沟可以冻死大量病菌和害虫。

(四)清洁田园　西瓜田中病株、病叶是继续发病的传染源,应及时清除烧毁。田间杂草则是许多害虫的藏身之所,因而清除杂草是防止虫害的重要措施。

(五)合理施肥　施用腐熟粪肥可减少瓜地蛆、蛴螬等地下害虫;氮、磷、钾肥配合适当,适当控制氮肥和增施磷、钾肥,可以促进植株健壮成长,提高抗病能力。

(六)加强苗期管理　苗期病虫害防治十分重要。如苗期治虫彻底,可以大大减轻病害。苗床中常易发生立枯病、猝倒病和沤根等。苗床和苗期管理工作,如合理浇水、松土、铺沙以及通风调温、调湿等,能减轻这些病害的发生。同时,西瓜苗期生长健壮,也会提高抗病虫的能力。

(七)人工捕杀害虫　有些害虫,如金龟子、黄守瓜等有假死习性,可以人工捕捉;小地老虎等为害症状明显,可以人工捕杀。

(八)控制病虫传播　在进行田间管理,如理蔓、整蔓和摘心等工作时,应避免将病菌、虫体无意间由有病虫处带至无病虫处。例如,病毒病可因人员整枝、摘心时不注意手的消毒而由病株传至健株;蚜虫也可因整枝由甲地传至乙地。

二、用药剂防治西瓜病虫害时应注意的问题

(一)早发现,早防治　有些病虫害在普遍发生之前,一般先在田间部分植株上为害,称为发病(虫)中心或中心病株。如西瓜病毒病、白粉病等,往往首先在个别生长衰弱的植株上发生,因此经常检查瓜田,要特别注意弱苗、衰株和老叶,一旦发现中心病(虫)株要及时用药,这样可以缩小中心病(虫)区,把病虫消灭在初始发生阶段,防止扩大蔓延;还可以缩小药剂可能有的污染面积,节约

用药和保护害虫天敌。

（二）连续用药，维持药效 任何药物施用后都有一定的有效时间，称为残效期。西瓜农药的残效期一般为7～10天，果实生长后期施用的多为5～7天。但是病菌和害虫却是在不断地传播和繁殖，所以喷药应根据所用药剂的残效期和病虫危害情况，连续交替使用。

（三）轮换用药，避免抗药性 防治同一种病虫害，经常使用某种药剂，防治效果会逐渐降低，这种现象称为病虫害的抗药性。如果不同药剂轮换交替使用，就可以避免病虫产生抗药性。

（四）发挥药效，减少药害 药剂喷雾应在露水退去后进行，以免药液变稀或流失。喷粉剂应在早晨有露水时进行，有利于作物黏着药粉，因不能充分发挥药效。在气温较高的中午或风雨天不可喷药，因为此时喷药不能充分发挥药效。用药量和用药浓度一定要严格控制，防止因用药过多、浓度过大而发生药害。

（五）安全用药，防止中毒 由于西瓜的生长期较短，又是生食瓜果，所以禁止使用剧毒农药；结果期禁止使用药效长的农药，以免发生中毒事故。喷药人员应戴口罩、手套、风镜等防护用具，并应顺风喷药。配药、用药等都要严格按照要求操作，防止发生中毒事故。

（六）综合防治，重点用药 防治病虫害的措施有农业防治、生物防治、物理和机械防治、化学防治等，只有综合运用各种防治措施，才能收到最大的防治效果。使用农药防治病虫害是化学防治，它虽然有吸收快、作用大、使用方便、不受地区和季节限制等特点，但是不少农药能污染环境，可能发生药害和中毒事故、病虫会产生抗药性等，应尽量用在发病（虫）中心、用在病虫迅速蔓延之时。一般情况下，如采用其他措施有效时，应尽量少用农药。

第七节　草害防治

一、除草剂的施用

(一)西瓜地杂草的种类　西瓜地常见的主要有马齿苋、野苋菜、灰菜、马唐、画眉草、狗尾草、旱稗、三菱草、蒺藜、牛筋草、苍耳、田旋花、刺儿菜、苦菜、车前子等。杂草一般都具有繁殖快,传播广,寿命长,根系庞大,适应性强,竞争肥水能力强等特点。杂草同西瓜争夺阳光、水分、肥料和空间,使西瓜的生活条件恶化,得不到正常的营养供应,生长受到抑制,致使产量降低;有些杂草还是传播病虫害的媒介,许多杂草都是病原菌、病毒和害虫的中间寄主。所以,杂草的滋生有助于病虫的蔓延和传播,对西瓜生产造成很大的危害。

杂草对西瓜危害严重,还往往形成"草盛瓜苗稀"的局面。尤其是西瓜膨大阶段,由于气温较高,浇水或降雨增多,常常使瓜田杂草丛生,拔不胜拔。如果施用化学除草剂,则可以防除杂草,减少除草用工,节约肥水,提高西瓜产量。

除草剂种类很多,仅我国生产并在农业生产中使用的就有20多种。各种除草剂杀草的特点不同。有的除草剂只杀草不杀苗,称为选择性除草剂;有的除草剂既杀草又杀苗,称为灭生性除草剂。西瓜地施用除草剂的目的是除草保苗,因此要选用能杀死杂草而对西瓜无毒害的除草剂,如地乐胺、扑草净、氟乐灵、氟吡甲禾灵、吡氟禾草灵、甲草胺、喹禾灵、杀草净等。

(二)除草剂的使用方法　有直接杀草、处理土壤和顺水冲灌3种方法。西瓜地常用的方法是处理土壤,即把药剂施入土壤,使在土壤表层形成药层,由杂草根系吸收而起杀草作用,或直接触杀杂草根芽。土壤处理的方法,可进行地面喷雾,也可配成毒土或颗粒剂撒施到土壤表面。

西瓜对不同除草剂及应用的剂量有不同的反应，如施用量不当，常常发生药害。各种西瓜除草剂的安全用量见表 9-1。

表 9-1　西瓜除草剂的安全用量

除草剂名称	有效含量(%)	剂　型	每公顷用量
氟乐灵	48	乳　油	1125～1875 毫升
地乐胺	48	乳　油	2250～3000 毫升
氟吡甲禾灵	12.5	乳　油	975～1250 毫升
吡氟禾草灵	15	乳　油	1125～1950 毫升
甲草胺	48	乳　油	1950～3000 毫升
喹禾灵	10	乳　油	975～1500 毫升
杀草净	80	粉　剂	2750～3250 克
扑草净	50	粉　剂	2250～3000 克

备注：每 667 平方米用药量对水 60～70 升，于西瓜定植前在土壤表层喷施。氟乐灵见光易分解，喷后应划锄约 5 厘米深

喷洒除草剂应先稀释，才能喷洒均匀。稀释浓度可不必计算，但必须严格掌握每 667 平方米地的用药量。药量过大，会引起药害。药害的症状是，西瓜叶片变脆，甚至整个植株死亡。药量不足，杀草效果不好。喷洒除草剂时，土壤湿度越大，杀草效果就越明显。

1. *扑草净的施用方法*　扑草净是一种触杀型除草剂，虽然叶面吸收但在植物体内传导性不强，通常只做土壤处理。其除草作用与日光有密切关系，光线越强杀草效果越好，在黑暗中没有除草活性。对西瓜田中各种 1 年生杂草均有杀伤能力，药效一般可维持 20～30 天。

扑草净可杀死西瓜田间的马齿苋、藜、旱稗、马唐、狗尾草、灰

菜及莎草等。其使用方法是：在西瓜播种前或移栽前，用50%扑草净可湿性粉剂对水进行地面喷雾。具体配药方法是：每667平方米用扑草净150克、清水70升，先用少量清水将扑草净调成糊状，再逐渐加水稀释，一边加水一边搅拌，最后使总用水量达到70升即停止加水。药液配好后，用喷雾器均匀地喷洒在西瓜田地面。

扑草净的使用效果，受土壤温度和湿度的影响很大。为了提高扑草净的除草效果，在喷洒扑草净前后，应使土壤维持适宜的温度和湿度。

2. *氟乐灵的施用方法*　氟乐灵又叫茄科宁，是一种选择性较强的除草剂。除了用于茄科和瓜类蔬菜外，还可应用于棉花、大豆、花生等作物。氟乐灵对1年生禾本科杂草，如马唐、牛筋草、狗尾草、旱稗、千金子、画眉草等有特效，在喷药后70～80天仍有90%左右的防除效果。另外，对马齿苋、婆婆纳、山藜、野苋菜等及小粒种子的阔叶草也有较好的防除效果。但对宿根性的多年生杂草效果很差或无效。

氟乐灵在西瓜地施用，主要用来处理土壤。播种前或定植前土壤处理的方法是在地面整平后，每667平方米用48%氟乐灵乳油75～125毫升，对水60～70升均匀喷雾，并随即耙地，使药剂均匀地渗入5厘米深的土层中，然后播种或定植。播种后或定植后土壤处理的方法，是在西瓜播种或定植成活后或雨季到来之前中耕松土，锄去已长出的杂草，然后再用48%氟乐灵乳油75～100毫升对水60～70升对地面喷雾(注意避开幼苗)，然后立即耙土拌药，使药渗入土中。氟乐灵的用量随土质的不同而有变化。一般黏土或黏壤土每667平方米用48%乳油100～125毫升，沙土或砂壤土每667平方米用75～100毫升，对水60～70升喷雾。

地膜覆盖西瓜地使用氟乐灵进行土壤处理，药效更好。处理的方法是每667平方米用48%氟乐灵乳油50～100毫升对水60～70升均匀喷雾，喷后立即耙地使药剂渗入土中，2天后再播种和覆盖地膜。

使用氟乐灵防除杂草应特别注意以下几个问题：①用药量应根据土壤质地确定，但每667平方米48%乳油施用量不能超过150毫升，否则会对西瓜产生药害。②氟乐灵见光易分解、挥发失效，因此必须随施药随耙土混药，一般施药到耙土的时间不能超过8小时，否则就会影响除草效果。耙土要均匀，一般应使氟乐灵药剂混在5厘米的土层内。③当西瓜与小麦、玉米或其他禾本科作物间作套种时，不能使用氟乐灵，否则间套作物易发生药害。

二、施用除草剂应注意的问题

（一）选择适宜的除草剂 目前市售除草剂有许多种，如果不注意选择，使用后不仅除草效果不好，而且有杀伤瓜苗的危险。西瓜田常用的有效而又安全的除草剂及施用剂量见表9-1。

（二）温度的影响 一般来说，土壤处理除草剂效果的优劣与温度有密切关系。温度高效果好，温度低效果差。从试验、调查资料分析，气温在20℃以上杀草效果较好。在早春低温时施用除草剂，剂量可适当增加；在夏季高温时施用，用量可适当减少。

（三）土壤湿度的影响 土壤湿度是使用除草剂成败的重要因素之一，施药以后经常保持地表湿润。据调查，每667平方米使用50%扑草净150克，施药后经常保持地面湿润的，除草效果一般都在90%以上；而在土壤干燥的情况下（干土层5厘米）每667平方米使用50%扑草净180克，除草效果只有20%～30%。其原因可能是土壤潮湿有利于草籽萌发，而草籽萌发正好和药剂有效高峰相遇，有利于杂草吸收药剂而被杀死。土壤干旱杂草发芽慢而不整齐，药剂不易为杂草吸收，因此不能充分发挥除草剂的作用。

（四）土质的影响 据调查，在砂壤土使用除草剂比在黏性土或有机质丰富的土壤上使用杀草效果好。这是因为黏土或有机质丰富的土壤对药剂的吸附能力强，杂草根对药剂的吸收就受到影响，所以药效较差。也正因为它吸附能力强，药剂不易淋溶下渗，对西瓜比较安全。而砂壤土虽然杀草效果较好，但药剂容易被淋洗到土壤深层而造成药害，所以在沙性土上不宜使用可溶性大的除草剂。

（五）注意施用时期　据各地试验报道，在杂草发芽前或刚发芽时使用除草剂，除草效果都在 80%以上。而杂草长大以后，除草效果则显著下降。而对西瓜来说，在播种或定植前用除草剂进行土壤处理比较安全，而在西瓜生长期处理则要慎重。

此外，在瓜田用除草剂喷雾必须加防护罩，喷头距地面要近，防止将药液喷到西瓜蔓、叶上；如露地喷洒 4 小时内遇到降雨冲刷，应在雨后补喷；配药时应采用塑料容器，用完后对喷雾器及配药用具要立即用清水彻底洗刷。

第十章　西瓜的收获与贮藏

第一节　西瓜的采收

一、采收适期

西瓜采收过早过晚，都会直接影响其产量和质量，特别是对含糖量以及各种糖分的含量比例影响更大。用折光仪只能测定出可溶性固形物的浓度，一般称为全糖量。但是西瓜所含的糖有葡萄糖、果糖和蔗糖等，其甜度各不相同。若以蔗糖甜度为100％，则葡萄糖甜度为74％，而果糖甜度则为173％，麦芽糖甜度仅为33％。成熟度不同的西瓜，各种糖类的含量不同，最初葡萄糖含量较高，以后葡萄糖含量相对降低，果糖含量逐渐增加。至西瓜十成熟时，果糖含量最高，蔗糖含量最低。但是西瓜十成熟之后，葡萄糖和果糖的含量相继减少，而蔗糖的含量则显著增加。因此，不熟的西瓜固然不甜，过熟的西瓜甜度也会降低。所以，正确判定西瓜的成熟度，在其果糖含量最高时采收是保持西瓜优良品质的重要一环。

二、西瓜的成熟度

根据西瓜用途和产销运程，西瓜的成熟度可分为远运成熟度、食用成熟度、生理成熟度。

远运成熟度可根据运输工具和运程确定。如用普通货车运程在5～7天者，可采收九成熟的瓜；运程在5天以下者，可于九成半熟时采收。当地销售者可于十成熟时采收。食用成熟度要求果实完全成熟，充分表现出本品种应有的形状、皮色、瓤质和风味，含糖量和营养价值达到最高点，也就是所说的达到十成熟。生理成熟度就是瓜的发育达到最后阶段，种子充分成熟，种胚干物质含量高，胎座组织解离，种子周围形成较大空隙。由于大量营养物质由瓜瓤流入种子，而使瓜瓤的含糖量和营养价值大大降低。所以，只有供采种用的西瓜才在达到生理成熟度时采收。

三、采收时间

采收西瓜最好在上午或傍晚进行，因为西瓜经过夜间冷凉之后，散发了大部分田间热，采收后不致因瓜体温度过高而加速呼吸，引起质量降低，影响贮运。如果采收时间不能集中在上午进行，也要避免在中午烈日下采收。西瓜成熟时节如果正遇连阴雨而来不及采收、运输时，可将整个植株从土中拔起，放在田间，待天晴时再将西瓜割下，否则西瓜易崩裂。

四、判断西瓜成熟度的方法

西瓜生熟的程度叫做成熟度。判断西瓜成熟度的方法有几种，可灵活掌握，综合运用。

（一）目测法 根据西瓜或植株形态特征，标记对比。首先是看瓜皮颜色的变化，由鲜变浑、由暗变亮，显出老熟状态。这是因为当西瓜成熟时，叶绿素渐渐分解，原来被它遮盖的色素（如胡萝卜素、叶黄素等）渐渐显现出来。不同品种在成熟时，都会显出其品种固有的皮色、网纹或条纹。有些品种（如蜜玉、核桃纹、大青皮等）成熟时的果皮变得粗糙，有的还会出现棱起、挑筋、花痕处不凹陷、瓜把处略有收缩、坐瓜节卷须枯萎 1/2 以上等。此外，瓜面茸毛消失，发出较强光泽，以及瓜底部不见阳光处变成橘黄色等均可作为成熟度的参考。

（二）计日定熟法 也叫标记法。西瓜自开花至成熟，在同一环境条件下大致都有一定的天数。如庆农5号为32天，京欣8号为35天，庆农6号为33天，京欣7号为32天，京欣2号为28天。一般早熟品种从开花到成熟需30～35天，晚熟品种需35～40天。同一品种，头茬瓜较二茬瓜晚熟3～5天。对同一时期内坐的瓜胎立一标记，可参照该品种果实的发育期计日收瓜，漏立标记者可参考坐瓜节位和瓜的形态采收。这种方法对生产单位收瓜十分可靠。但由于不同年份气候有差异，使瓜的生长期略有不同。如果按积温计算更为可靠，如蜜宝的发育积温约为1 000℃。

(三)物理法 主要通过音感和比重鉴定西瓜成熟度。当西瓜达到成熟时，由于营养物质的转化，细胞中胶层开始解离，细胞间隙增大，接近种子处胎座组织的空隙更大。所以，当用手拍击西瓜外部时，便发出浊音。细胞空隙大小不同，发出的浊音程度也不同，借此可判定其成熟度。或者一手托瓜，一手拍瓜，托瓜之手感到颤动时，其颤动程度可判定成熟度。一般说来，当敲瓜时，声音沉实清脆多表示瓜尚未成熟；当声音低浊时则多表示接近成熟，当声音发出闷哑或“嗡嗡”声时，多表示瓜已过熟。但只限于同一品种间相对比较，不同品种常因含水量、瓜皮厚度及“皮紧”、“皮软”等不同，其发出的声音差别很大。

当西瓜成熟后，细胞密度通常下降。因此，同品种同体积的西瓜，不熟的比成熟的重，熟过头(倒瓤)的比成熟的轻。应用本法时，可先选好“标”(对照)，同体积的瓜可用手托瓜衡量其轻重进行判断。

五、西瓜的采收、包装及运输

(一)采收 准备贮藏保鲜的西瓜，宜从瓜形圆整，色泽鲜亮，瓜蔓和瓜皮上均无病虫害的果实中挑选。宜选择八成熟左右的瓜作为贮藏用瓜。采收时间最好在无雨的上午进行。因为西瓜经过夜间的冷凉之后，散发出了大部分的田间热，瓜体温度较低，采收后不致因瓜温过高而加速呼吸强度。如果采收时间不能集中在上午进行，也应尽量避开中午的烈日，到傍晚时再采收。准备贮藏的西瓜达到成熟要求时，若遇连阴雨而来不及采收时，可将整个植株从土中拔起，放在田间，待天晴时再将西瓜割下，否则西瓜因含水量过大而引起崩裂。用于贮藏的西瓜至少应在采摘前1周停止灌水。采摘时应连同一段瓜蔓用剪刀或镰刀割下，瓜梗保留长度往往影响贮藏寿命（表10-1）。这可能是与瓜蔓中存在着抑制西瓜衰老的物质及伤口感染距离有关。另外，采收后应防止日晒、雨淋，而且要及时运送到冷凉的地方进行预冷。采下的西瓜应轻拿轻放，用铺有瓜蔓或木屑的筐搬运，并尽量避免摩擦。

表10-1　瓜梗保留长度与贮藏的关系

处　理	10天后发病率（%）	20天后发病率（%）	30天后发病率（%）
基部撕下	16	36	82
保留3厘米	0	4	18
保留8厘米	0	6	14
两端各带半节瓜蔓	0	0	8
两端各带一节瓜蔓	0	0	12

（二）包装及运输　采收后的西瓜要包装后再运往贮藏场所。西瓜的包装最好用木箱和纸箱，木箱用板条钉成，体积为60厘米×25厘米，箱的容量为20～25千克，每箱装瓜4个。近年来，为了节省木材，已逐步改用硬纸箱包装。西瓜装箱时，每个瓜用一张包装纸包好，然后在箱底放一层木屑或纸屑，把包好纸的西瓜放入箱内。若采用西瓜不包纸而直接放入箱内的方法时，瓜与瓜之间要用瓦楞纸隔开，并在瓜上放少许纸屑或木屑衬好，防止摩擦，而后封好待运。

贮藏用瓜运输时要特别注意避免任何机械损伤。异地贮藏时必须轻装轻卸，及时运往贮藏地点，途中尽量避免剧烈震荡。近距离运输时可以采用直接装车的方法，但车厢内先铺上 20 厘米厚的软麦草或纸屑，再分层装瓜。装车时大瓜装在下面，小瓜装在上面以减少压伤，每层瓜之间再用麦草隔开，这样可装 6～8 层。

第二节　西瓜的贮藏

一、影响西瓜耐贮运性的因素

（一）成熟度及瓜皮特性　拟作贮藏的西瓜宜选择八成熟左右的瓜，九成熟以上者不宜作长期贮藏。瓜皮较厚且硬度较大、具有弹性的西瓜耐贮运性也较强。

（二）贮藏期间瓜内的生理变化　主要是含糖量和瓜瓤硬度的变化。在贮藏期间测定西瓜含糖量的变化，发现在最初 20 天内，可溶性固形物含量减少较大，由 10.4%减少到 7.3%，减少了 29.8%，以后则缓慢减少。在贮藏期间瓜瓤的硬度逐渐下降，总的趋势是前期下降快、后期下降慢。

（三）机械损伤　西瓜采收后，在搬运过程中常常造成碰、压、挤、捂。由于西瓜大小和品种间的差异，这些损伤的程度可能不同，在当时一般从外表难以看出，但经短时间的贮藏即可逐渐表现出来，如伤处瓜皮变软，瓜瓤颜色变深变暗，细胞破裂，汁液溢出，风味变劣等。

（四）温、湿度的影响　西瓜贮藏期间，在不受冻害的前提下，尽量要求较低的温度，最好维持在 5℃～10℃。温度越高，呼吸消耗越大，后熟过程也越强烈，糖分和瓜瓤硬度的下降也就越大。而且温度高，有利于某些真菌的滋生，会造成西瓜的腐烂。对湿度的要求则不可过低、也不可过高，湿度过低易使西瓜失水多、皮变软；

湿度过高，易滋生真菌。据试验，空气相对湿度以80％为宜。

二、提高西瓜耐贮运性的主要措施

（一）选择耐贮运的品种　凡是耐贮运的西瓜品种，大都是瓜皮硬，而且具有弹性，含糖量和瓜瓤硬度的变化比较缓慢。例如西农8号、红冠龙、开杂12、庆发黑马、豫艺2000、陕农9号、丰乐圣龙、大江2008等。

（二）适宜的成熟度　西瓜的产销运程在5天以上者，八成熟采收；运程在3～5天者，可八成半至九成熟采收；运程在3天以内者，可于九成半熟时采收；当地销售者，在九成半至十成熟采收。

（三）减少机械损伤　从采收到运销过程中，要始终轻拿轻放。尽量减少一切碰、压、刺、挤等机械损伤。

（四）适宜的温、湿度　在贮藏运输过程中，应避免温度和湿度过高或过低，作为长期贮藏的设施环境，以5℃～8℃的温度和80％的空气相对湿度最为适宜，可以有效地延长贮藏时间。

三、西瓜贮藏应注意的问题

第一，选瓜皮较硬而且具有弹性的品种，或者选晚熟品种或进行延后栽培的西瓜果实。

第二，尽量避免一切机械损伤。

第三，在低温（但不致受冻害）和较适宜的空气相对湿度（例如80％）条件下贮藏。

第四，贮藏场所和瓜应进行严格消毒，例如用1％高锰酸钾溶液或福尔马林100倍液喷洒贮藏场所。

第五，每隔10天左右进行一次倒垛，将不宜继续存放的西瓜挑出尽快投放市场。

四、贮藏前的准备

(一)预冷 所谓预冷是指运输或入库前,使西瓜瓜体温度尽快冷却到所规定的温度范围,才能较好地保持原有的品质。西瓜采后距离冷却的时间越长,品质下降越明显。如果西瓜在贮运前不经预冷,品温较高,则在车中或库房中呼吸加强,引起环境温度继续升高,将很快进入恶性循环,容易造成贮藏失败。

预冷最简单的方法是在田间进行,利用夜间较低的气温预冷一夜,在清晨气温回升之前装车或入库。有条件的地方可采用机械风冷法预冷,采用风机循环冷空气,借助热传导与蒸发潜热来冷却西瓜。一般是将西瓜用传送带通过有冷风吹过的隧道。

(二)贮藏场所及西瓜表面的消毒 西瓜贮藏场所及西瓜表面的消毒可选用福尔马林 150～200 倍液,或 6%硫酸铜溶液,或倍量式波尔多液,或 70%甲基硫菌灵可湿性粉剂溶液,或 15%～20%食盐水溶液,或 0.5%～1%漂白粉溶液,或 1 000 毫克/千克多菌灵+500 毫克/千克橘腐净混合液,或 250 毫克/千克抑霉唑溶液,或 0.1 毫升/千克克霉灵溶液喷洒。

五、贮藏方法

(一)简易贮藏方法

1. 普通室内贮藏　选择阴凉通风、无人居住的空闲房屋作为贮藏场所。清扫干净,严格消毒,房屋内先铺放一层河沙,然后摆放西瓜。西瓜要按其在田里生长的阴阳面进行摆放,高度以 2～3 层为宜。房屋中间要留出宽 1 米左右的人行道,以便出入库房及贮藏过程中的管理检查。白天气温高时,封闭门窗,管理人员也要尽量避免白天出入库房,以免过多的热空气进入库房。夜间气温低时,开启门窗进行通风降温,温度最好控制在 15℃以下,空气相对湿度保持在 80%左右,空气干燥时可适时地在地面洒水或将用水浸湿的草苫子放入室内以提高空气湿度。相对湿度过高时，可采用通风降湿法通风散湿。这样可贮藏西瓜1个月左右，其色泽、风味与刚采摘的西瓜差别不大。

2. 沙藏法　选择干净、通风的房屋，铺6～10厘米厚的干净细河沙，在晴天傍晚采收七成熟的西瓜，每个西瓜留3个蔓节，蔓的两端离节3厘米处切断，切口立即蘸上草木灰，每个蔓节留1片绿叶。将瓜及时运回屋后，一个个地排放在河沙上，加盖细河沙5厘米厚。

3. 涂抹法

(1)褐藻酸钠涂抹法　贮藏前将贮藏室及贮藏木箱用点燃的硫磺熏蒸消毒，每50立方米用硫磺0.5千克。将褐藻酸钠用温水溶解，加水稀释为0.2%的溶液，涂抹于西瓜上，晾干，放入用木箱搭成的西瓜架上。每一木箱放2个西瓜，瓜下垫一粗草绳圈。采用此法，在室内最高气温为28℃，最低气温为21℃，平均气温为24℃，空气相对湿度为71%～87%的条件下，经贮藏36天后，瓜瓤质脆、汁多、风味甜爽、品质较好，但含糖量略有降低。

(2)瓜蔓浸出液涂抹法　将新鲜的西瓜茎蔓研磨成浆，经过滤后稀释为300～500倍液，喷湿西瓜表面，稍经晾干，即用包装纸(牛皮纸)包好，放到凉爽通风、不过分潮湿处存放。贮存过程中，每隔10天翻拣1次，把其中瓜顶变软、有霉烂斑的个体挑出进行处理。

4. 盐水浸泡法　将八成熟的中等大小的西瓜，放到15%盐水中浸泡10～15分钟，然后取出晾干放入无毒塑料袋中密封，置于阴凉处的地窖内，可存放1～2个月，西瓜仍鲜嫩如初。

(二)窑窖贮藏

1. 窑窖的建造　选择地势高燥，土质较好的地方建窖。为了充分利用窖外冷空气降温，特别注意选用偏北的阴坡。窖形根据地形而定，可以打平窖、直窖，也可打带有拐窖的子母窖。窖的结构要牢固安全，便于降温和保温。以平窖为例，窖内长度不短于30米，高2.5～3米，宽3米左右。门道深3米、宽1.5米左右，设3道门，门上留小通风窗。第一道门为栅栏门；第二道门紧靠一道门，要能关严；第三道门位于门道的末端，加设棉被门帘。窖顶呈“人”字形，窖正中设排气孔，底部直径1.5米，顶部1米左右，排气孔高度不少于窖长的1/3，顶部高出地面。为了能迅速降低后部窖温，也可在窖内加设地下通风道。

建造棚窖时，先在地面挖一长方形的窖身，窖顶用木料、作物秸秆、土壤做棚盖，根据窖的深浅可分为半地下式和地下式两种类型。较温暖的地区或地下水位较高处，多采用半地下式，一般入土深1～1.5米，地上堆土墙高1～1.5米。窑窖的长度不限，视贮藏量而定，也不宜太长。为便于操作管理，一般以20～50米为宜。窖顶上开设若干个窖口（天窗），供出入和通风换气之用。窖口的数量和大小应根据当地气候特点确定，一般每隔8～10米设1个50厘米×50厘米的天窗。大型的棚窖常在两端或一侧开设窖门，以便于西瓜入窖，并加强贮藏初期的通风降温作用，天冷时再堵死。

2. 窑窖的贮藏方法与管理

（1）消毒　窑窖特别是已贮藏过西瓜的旧窖，入库前一定要进行打扫和消毒，以减少病菌传播。一般消毒可采用硫磺熏蒸（10克/米^3）或采用福尔马林150倍液均匀喷布，然后密闭2天，再通风使用。地面可撒一层石灰。

（2）码垛　西瓜一般先包纸箱或装筐后再在窖内码垛。装筐最好立垛，筐沿压筐沿，做“品”字形码垛，箱装最好采取横直交错的花垛，箱间留3～5厘米宽的缝隙。垛高离窖顶1米左右，下面用枕木或石条垫起，离地5～10厘米，以利于通风，窖内靠两侧码垛，中间留50厘米宽的走道。也有在窖内散装的，一般排2～3层。

(3)温度调节　这是窑窖贮藏西瓜成败的关键。窖温一般是上部高,下部低;靠门外受外界影响大,后部比较稳定。一般在窖身中间部位设置温度计,定时观察窑温并记录。西瓜入窖后,窖内温度就会迅速上升,当高于贮藏的适宜温度、而窖外气温又较低时,应打开窖门及通风孔通风降温,特别要注意利用每天凌晨4～6时的低温或寒流通风降温。

(4)湿度调节　用干湿球温度计观察窖内空气相对湿度,当湿度过高时,可通风换气以降低湿度;湿度过低时,可采用撒湿锯末、喷水等方法提高湿度。

(5)质量检查　每隔10天左右进行1次倒架,将不宜继续存放的瓜挑出尽快投放市场。采用这种方法,一般可贮藏30～50天。

(三)通风库贮藏　这是在良好的绝热建筑和灵活的通风设备条件下,利用库外昼夜气温变化的差异进行通风换气,使库内保持比较稳定而又适宜的贮藏温度。通风贮藏库应有冷气进口和热气出口的良好控制设备。自然温度的变化大,而贮藏库的温度要求保持相对恒温。为了防止库外高温影响库内西瓜的贮藏,对库房的墙壁、天花板、地面、门窗、通风设备等,均要求安装隔热材料。

1. 通风库的建造

(1)库址选择　库底应距最高地下水位1米以上,库址地势开阔、通风良好。

(2)库墙的建筑　根据热阻系数计算,以双层砖墙中间加隔热填充材料的结构较为理想。为减少建筑成本和提高隔热效果,尽量采用地下式和半地下式。

(3)库顶结构　采用人字形结构性能较好,库顶的内部设天花板,板上铺一定厚度的隔热材料,如干锯末、糠壳等,并铺油毡或塑料薄膜作防潮用。

(4)库门结构　最好建造分列式通风贮藏库,库门在通道之内，这样具有良好的气温缓冲地带，开关库门对库温的影响较小。

(5)通风设备　利用通风设备导入低温的新鲜空气，排除西瓜在贮藏中放出的二氧化碳、热量、水气及乙烯等气体，使库内保持适宜的低温。

一般在库房基部设有导气管或导气窗，每隔 5～6 米设置 1 个，口径为 35 厘米×35 厘米。排气方面，一般在库顶设排气管或排气窗，排气窗的多少与口径要与导气窗对应相等。建筑中应注意以下问题：在导气管和排气管的面积一定时，两者的垂直距离越大，通风效果越好；在导气口和排气口垂直距离一定时，通风的速度和导气管的面积成正比。导、排气管均应设置隔热层。导气管在地下的入库口和排气管的出库口设活门，作为通风换气的调节开关。

2. 通风贮藏库的管理

(1)贮藏准备　在西瓜贮藏前及贮藏后，应进行清扫、通风、设备检修和消毒工作，消毒方法同窑窖贮藏。入库码垛也同窑窖贮藏。

(2)温、湿度控制　通风库的管理工作，主要是根据库内外温差和西瓜要求的适宜温度，灵活掌握通风的时间和通风量，以调节库内的温、湿度条件。为了加速库内空气对流，可在库内设电风扇和抽气机。